文化ファッション大系

ファッション流通講座 ❽

ディスプレイ・VP・VMD
ビジュアルプレゼンテーション　ビジュアルマーチャンダイジング

文化服装学院編

序

　文化服装学院は今まで『文化服装講座』、それを新しくした『文化ファッション講座』をテキストとしてきました。

　1980年頃からファッション産業の専門職育成のためのカリキュラム改定に取り組んできた結果、各分野の授業に密着した内容の、専門的で細分化されたテキストの必要性を感じ、このほど『文化ファッション大系』という形で内容を一新することになりました。

　それぞれの分野は次の五つの講座からなっております。

　「服飾造形講座」は、広く服飾類の専門的な知識・技術を教育するもので、広い分野での人材育成のための講座といえます。

　「アパレル生産講座」は、アパレル産業に対応する専門家の育成講座であり、テキスタイルデザイナー、マーチャンダイザー、アパレルデザイナー、パタンナー、生産管理者などの専門家を育成するための講座といえます。

　「ファッション流通講座」は、ファッションの流通分野で、専門化しつつあるスタイリスト、バイヤー、ファッションアドバイザー、ディスプレイデザイナーなど各種ファッションビジネスの専門職育成のための講座といえます。

　それに以上の3講座に関連しながら、それらの基礎ともなる、色彩、デザイン画、ファッション史、素材のことなどを学ぶ「服飾関連専門講座」、トータルファッションを考えるうえで重要な要素となる、帽子、バッグ、シューズ、ジュエリーアクセサリーなどの専門的な知識と技術を修得する「ファッション工芸講座」の五つの講座を骨子としています。

　このテキストが属する「ファッション流通講座」では、ファッション商品が生産されてからの各流通分野においての基礎知識・技術を学び、流通関連分野で幅広く活躍できる人材の育成を目的としています。

　流通分野の中にも専門分野が確立しつつある現代にかんがみ、ファッションビジネス、スタイリスト、ファッション情報、ディスプレイデザインなどの専門講座を組んでいます。

　情報化時代といわれる現代社会では、流通経路を的確に築き上げ、効果的な情報を与え、さらにその時代の流れに乗ったイメージ操作と消費者の心をとらえる販売活動が行なわれないかぎり、商品は売れるものではありません。

　また成熟社会になり、消費者の個性化・多様化が進み、生産者優先の時代から、消費者優先の時代といわれるように、消費の情報は消費者が発信する時代になりました。それだけに流通に携わる人の役割は極めて重要になってきました。この講座を通じて、幅広い知識・技術と研ぎ澄まされた感性を身につけて流通分野で活躍できるすばらしい人材となっていただきたいものです。

目次 ディスプレイ・VP・VMD

序 ……………………………………… 3
はじめに ……………………………… 8

第1章 ディスプレイ・VP・VMD概論 …… 9

1. ディスプレイ・VP・VMD概論 ……………………………… 10
   - (1) ディスプレイ・VP・VMD ……………………………… 10
   - (2) ディスプレイ ………………………………………… 10
   - (3) ディスプレイの分野 ………………………………… 11
   - (4) ディスプレイ・VP・VMDの変遷 ……………………… 12
   - (5) リテールディスプレイ（ショップディスプレイ、ストアディスプレイ）…… 14
     - ◧ディスプレイ素材 …………………………………… 15
   - (6) ビジュアルマーチャンダイジング（VMD）…………… 16
   - (7) ビジュアルプレゼンテーション（VP）
     マーチャンダイズプレゼンテーション（MP）…………… 18
   - (8) VP、PP、IP演出（例）………………………………… 22
2. 照明 ……………………………………………………… 24
   - (1) 光の基礎 …………………………………………… 24
   - (2) 照明器具の種類（取りつけ状態による）……………… 25
   - (3) 照明手法（ライティング）…………………………… 25
3. 色彩 ……………………………………………………… 26
   - (1) 色彩の基礎 ………………………………………… 26
   - (2) 配色調和 …………………………………………… 27
   - (3) 色とイメージ ……………………………………… 27
   - (4) 色彩計画（売り場におけるカラーコントロール）…… 28
   - (5) 色の連想・象徴 …………………………………… 29
   - (6) 販売促進計画とテーマカラー ……………………… 29
   - (7) 流行色（ファッションカラー）……………………… 29
4. 什器、器具、マネキン、ボディ、プロップス、オブジェ …… 30
   - (1) 什器、器具 ………………………………………… 30
   - (2) マネキン、ボディ、プロップス、オブジェ ………… 31
5. VMDマップ演習ー衣ー（例）……………………………… 32
6. 商品知識 ………………………………………………… 34
   - (1) アパレルアイテムの種類（レディス）………………… 34
   - (2) アパレルアイテムの種類（メンズ）………………… 36
     - ◧フォーマルウェアの知識 …………………………… 36
   - (3) ファッショングッズ ………………………………… 37
   - (4) JISサイズ（衣料サイズ）…………………………… 38
   - (5) ファッション素材 ………………………………… 39
7. 用語と表示記号 …………………………………………… 41
   - (1) 用語 ………………………………………………… 41
   - (2) 表示記号 …………………………………………… 47
8. 商品装飾展示技能検定 …………………………………… 48

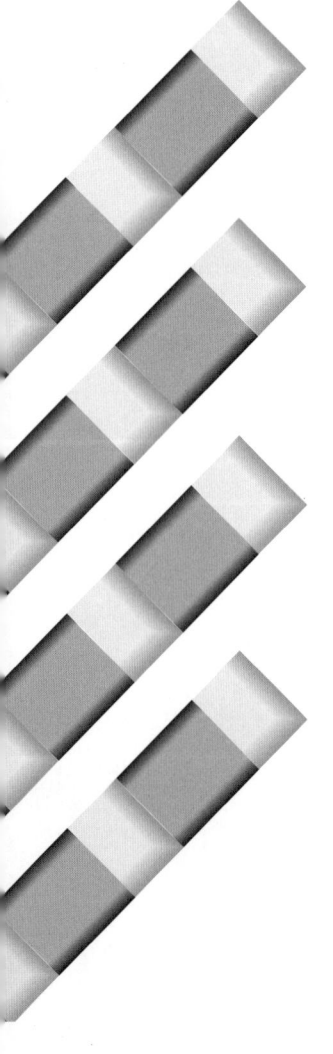

第2章 ビジュアルプレゼンテーションテクニック 基 礎 ……………… 49

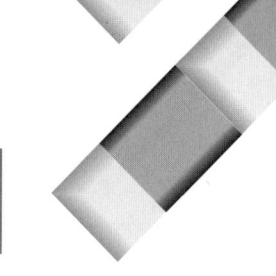

- 1. ビジュアルプレゼンテーションテクニックの基礎 ………………………………50
  - ◘PL法 ………………………………………………………………………50
  - ◘形式原理 …………………………………………………………………50
- 2. 用具の種類とその使い方 ……………………………………………………51
- 3. 構図・構成 ……………………………………………………………………52
  - (1) 構図・構成A …………………………………………………………52
  - (2) 構図・構成B …………………………………………………………54

第3章 ビジュアルプレゼンテーションテクニック ショーイング ……………… 57

- VP演出（参考） ………………………………………………………………58
  - ◘ディスプレイ・VP演習（学生作品） …………………………………63
- 1. ショーイング（アパレル） …………………………………………………65
  - (1) ショーイング …………………………………………………………65
  - (2) ショーイングとスペース ……………………………………………65
  - (3) ショーイングと5W1H ………………………………………………65
  - (4) ショーイングテクニック ……………………………………………65
- 2. 基礎テクニック（レディスウェア） ………………………………………66
  - (1) フォールデッド（たたむ、置く） …………………………………66
    - ◘重ねる・束ねる ……………………………………………………67
  - (2) レイダウン（置く） …………………………………………………72
    - ◘ピン（pin） ………………………………………………………73
  - (3) ピンナップ（張る） …………………………………………………74
    - ◘パネルボードの布（フェルト）の張り方 ………………………77
  - (4) スタンディング（立てる） …………………………………………78
  - (5) ウェアリング（着せる） ……………………………………………80
    - ◘パンツの張りつけ方 ………………………………………………82
    - ◘スカーフの扱い方 …………………………………………………86
  - (6) ハンギング（コーディネートハンガー、ハーフボディ）（掛ける、吊るす）……87
- 3. 応用テクニック（レディスウェア） ………………………………………88
  - (1) テグスワーク（フライングワーク）（吊る） ……………………88
  - (2) ワイヤリング（動き） ………………………………………………89
- 4. ライフスタイルと空間構成 …………………………………………………90
  - (1) タウンウェア（スーツ＋フレキシブルハンガー器具） …………90
  - (2) スポーツウェア（テニスウェア＋グッズ＋ピンナップ） ………90
  - (3) フォーマルウェア（セミフォーマルウェア＋マネキンのウェアリング）………90
  - (4) ヤングカジュアルウェア（ジーンズウェア＋グッズ＋マネキンのウェアリング）…90
  - (5) スポーツウェア（ゴルフウェア＋グッズ＋ボディウェアリング＋レイダウン）…91
  - (6) タウンウェア（コート＋マネキン＋プロップス） ………………92
  - (7) リゾートウェア（水着＋グッズ） …………………………………93
  - (8) インナーウェア（ランジェリー） …………………………………93
  - (9) ファッショングッズ …………………………………………………93
- 5. メンズウェア …………………………………………………………………94

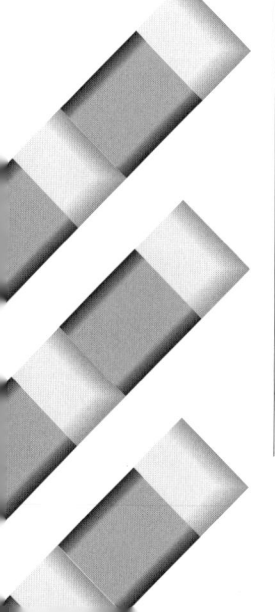

　　　(1) メンズボディのウェアリングポイント……………………………………………94
　　　(2) メンズグッズテクニックA〜F………………………………………………………94
　　　(3) ワイシャツのウェアリングテクニック……………………………………………95
　　　(4) メンズボディとパンツの扱いA、B、C……………………………………………97
　　　(5) ワイシャツのたたみ方………………………………………………………………97
　　　(6) メンズグッズ…………………………………………………………………………98
　　6. キッズウェア……………………………………………………………………………99
　　　(1) 子供服売り場のPP演出（ハンギング）……………………………………………99
　　　(2) 棚什器トップハンギングバーのPP演出……………………………………………99
　　7. VPデザイン：販売促進（SP）タイムスケジュール・テーマプレゼンテーション……100
　　　(1) クリスマスディスプレイ（アパレル＋クリスマスオブジェ＋ギフト＋POP）……100
　　　(2) クリスマスギフト（ギフト＋クリスマスリース＋POP）…………………………102
　　　(3) ラッピングとリボンの掛け方・結び方……………………………………………104
　　　　　◆ディスプレイフラワーの作り方…………………………………………………108

第4章　ビジュアルプレゼンテーションテクニック　ピンワーク …………… 109

　　VP演出（参考）……………………………………………………………………………110
　　1. ピンワーク………………………………………………………………………………117
　　　(1) ピンワークの先駆者…………………………………………………………………117
　　　(2) ピンワークテクニック………………………………………………………………117
　　　(3) ピンワークと空間デザイン…………………………………………………………117
　　2. 基礎テクニック…………………………………………………………………………118
　　　(1) アン・ビエ、ドゥブル・ビエ………………………………………………………118
　　　(2) ドレープ………………………………………………………………………………120
　　　　　◆土台布のつけ方……………………………………………………………………120
　　　(3) ギャザリング…………………………………………………………………………125
　　　(4) タッキング……………………………………………………………………………127
　　3. 応用テクニック…………………………………………………………………………128
　　　(1) 布地のたたみ方………………………………………………………………………128
　　　(2) ウール（厚地の扱い）………………………………………………………………130
　　　(3) チュール（薄地の扱い）……………………………………………………………130
　　　(4) ワイヤーワーク………………………………………………………………………130
　　　(5) ガンワーク……………………………………………………………………………131
　　4. アパレルアイテムピンワーク…………………………………………………………132
　　　(1) スーツ（マネキン）…………………………………………………………………132
　　　(2) パンツ＋ジャケット（マネキン）…………………………………………………134
　　　(3) ワンピース（マネキン）……………………………………………………………136
　　　(4) パンツ＋ジャケット（ボディスタンド）…………………………………………137
　　　(5) パンツ（ボディスタンド）…………………………………………………………138
　　　(6) パンツスーツ（ハーフボディ）……………………………………………………138
　　　(7) ジャケット＋スカート、ワンピース＋コート（コーディネートハンガー）……139
　　5. ゆかた……………………………………………………………………………………141
　　6. 民族衣装から……………………………………………………………………………144
　　　(1) サリータイプ…………………………………………………………………………144
　　　(2) カンガタイプ…………………………………………………………………………145
　　　(3) パレオタイプ…………………………………………………………………………145

7. メンズ素材の扱い ･･･146
　　8. 広告・宣伝、販促アイデアとしてのピンワーク ･････････････････146
　　　　（1）異素材 ･･146
　　　　（2）造形的なピンワーク（レリーフ）･･････････････････････146
　　　　（3）モデルピンワーク ････････････････････････････････････147
　　9. 素材展示会 ･･･148

第5章 インテリア関連・生活雑貨関連 ビジュアルプレゼンテーションテクニック …… 149

　　VP演出（参考）･･･150
　　1. インテリア関連・生活雑貨関連 ･････････････････････････････153
　　　　◆観葉植物（インテリアグリーン）･･････････････････････153
　　2. ウインドートリートメント（窓装飾）････････････････････････154
　　　　（1）ウインドートリートメントファブリックス：カーテン ････154
　　　　（2）カーテン演出 ･････････････････････････････････････155
　　　　　　◆ボディの布の張替え方 ･････････････････････････155
　　　　（3）カーテンアクセサリー ･････････････････････････････156
　　　　（4）ウインドートリートメント（窓装飾）スタイル ･････････156
　　3. テーブルウェア ･･157
　　　　（1）テーブルセッティング ･･････････････････････････････157
　　　　（2）食器 ･･･157
　　　　（3）グラス ･･･157
　　　　（4）カトラリー ･････････････････････････････････････157
　　　　（5）テーブルリネン ･･･････････････････････････････････158
　　　　（6）テーブルアクセサリー ･････････････････････････････158
　　　　　　◆ナプキンのたたみ方 ･･･････････････････････････158
　　4. キッチンウェア ･･160
　　　　◆フォーピークスのたたみ方 ･･････････････････････････160
　　　　◆日本の正月・祝い事 ･･･････････････････････････････161
　　5. タオル、バス・トイレタリー ･････････････････････････････162
　　　　（1）タオルの基礎テクニックと構成 ･･･････････････････162
　　　　（2）売り場棚什器トップのPP演出 ･･････････････････････163
　　6. 化粧品 ･･･164
　　7. ステーショナリー ･･164
　　8. クリーングッズ ･･164
　　9. ガーデニンググッズ ･････････････････････････････････････164

第6章 ディスプレイ・VP・VMDの実際 …… 165

　　1. ディスプレイ・VP（ウインドーディスプレイ）･････････････････166
　　2. VMD ･･･169
　　3. 見本市・展示会 ･･･170
　　4. 見本市・展示会一覧表（日本・海外）･･････････････････････172

はじめに

　ますます多様化、個性化、情報化、高度化、グローバル化する現代の成熟社会は、物から心へ、デジタルとアナログ、スピードとスロー、癒し、エコロジー、ユニバーサルなど、時代のキーワードが次々変化し、人々の価値観、ライフスタイルを変化させる。

　人間の五感の中で、視覚は最も高い訴求力を持つ。商空間、売り場空間の活性化を図る、視覚表現を重視した戦略・戦術であるディスプレイ・VP・VMDは、流通の場で重要な手段である。単に「きれいに物（商品）を並べる」ということではなく、幅広い知識と造形力、感性、時代情報が必須であり、その上に専門の知識・技術、アイデア、クリエイション、デザインで総合的な空間演出をする。本書は、ディスプレイ、ビジュアルプレゼンテーション（VP）テクニックを主体にまとめたものである。概論は、その目的を把握して、的確なプレゼンテーションを実践するための知識である。したがって「ディスプレイ・VP・VMD」のタイトルとした。

　第1章は、ディスプレイ・VP・VMD概論、第2章から第5章は、ビジュアルプレゼンテーション（VP）テクニックで、第2章 基礎、第3章 ショーイング、第4章 ピンワーク、第5章 インテリア関連・生活雑貨関連に細分化して、各テクニックと演出を写真と文章でわかりやすく解説、第6章にはディスプレイ・VP・VMDの実際を掲載した。また、本書は、見やすさも考慮して見開きページで構成することを基本としてまとめた。

　ディスプレイ・VP・VMDを初めて学ぶ人、関心のある人、プロを目指す人、売り場や販売にかかわる人たちの基礎テキストとして活用していただければ幸いである

第1章
ディスプレイ・VP・VMD概論

1. ディスプレイ・VP・VMD概論

(1) ディスプレイ・VP・VMD

　ディスプレイは、人間を取り巻くあらゆる場所や空間で行なわれる立体的総合表現のコミュニケーション（伝達）表示の方法である。広義には、店舗、ショールーム、展示会、見本市、博覧会、ミュージアムなどさまざまな分野で行なわれる。狭義には、ショップ、ストアなどの小売業をはじめ、流通の場で商品の販売促進を目的として行なわれる商空間演出の総合的なディスプレイで、ビジュアルマーチャンダイジング（VMD）、ビジュアルプレゼンテーション（VP）が含まれる。また、商品演出のフィニッシュテクニックとしてのディスプレイは、ビジュアルプレゼンテーション（VP）と同義語である。この本は、広義のディスプレイをとらえ、狭義のディスプレイである商空間演出の理論（VMD）を把握したうえで、そのプレゼンテーションテクニック（ディスプレイ・VP）を主体にまとめたものであるため、タイトルを「ディスプレイ・VP・VMD」とした。人間の五感の中で、視覚は最も高い訴求力を持つ。ビジュアルマーチャンダイジング（VMD）、ビジュアルプレゼンテーション（VP）は、特にその視覚（見せる）に焦点を当てた戦略・戦術で、商空間の売り場づくり（店頭・店内ディスプレイ）の有効な手段・方法として盛んに活用されるようになった。ビジュアルマーチャンダイジング（VMD）は、視覚に訴える商品政策、ビジュアルプレゼンテーション（VP）は、視覚に訴える商品演出と解釈され、コンセプトを明確に視覚情報伝達する手法である。

　ディスプレイ・VP・VMDを実践するためには、ビジュアルマーチャンダイジング、ビジュアルプレゼンテーション（ウインドーディスプレイ、ショーイング、ピンワークなど）、マテリアルデザイン、マーケティング、セールスプロモーション、設計・製図、パース（透視図法）、CAD、グラフィックワークス、基礎・応用造形、色彩、照明など幅広い知識・技術が必要である。ディスプレイは、単に「きれいに物（商品）を並べる」ということではなく、市場動向、消費者ニーズ、ライフスタイルなど、時代の情報を素早くキャッチして、感性と創造性で、人間の生活や心に豊かさをもたらす、創造的快適生活空間を提供するものである。そのためには、あらゆるものに関心を持ち、積極的に行動して自己啓発を心がけることが大切である。また、それぞれの国の伝統・文化などにより、ディスプレイの表現は異なるものであり、常に柔軟で的確に目的に合った対応をすることが重要である。

(2) ディスプレイ

　現代の成熟した社会を取り囲む環境は、ますます複雑になり、多様化、個性化、情報化、高度化、グローバル化し、時代の変化は人々の価値観を変化させる。

　ディスプレイは、あらゆる人々の生活空間、都市空間を快適に、魅力的に活気づけるビジュアルコミュニケーションメディアであり、現代社会に欠かせない重要な活動である。人々が集まり、集める場には、にぎわいと活気がある。人々のさまざまな願望・欲求をどのように満足させるか、その演出をどのようにするかをテーマに、あらゆる要素を構成演出して、創造性豊かで新鮮な時代情報ともてなしを提供する総合的空間づくりがディスプレイである。情報を発信する「送り手」と、その情報を受信する「受け手」が、直接的に同一の空間と時間を共有し交流するところにディスプレイの特徴があり、新聞、雑誌、ラジオ、テレビなどのマスコミュニケーションメディアとの相違点がある。直接的かつその場での共有・交流ということから、ダイレクトコミュニケーションメディア、ライブコミュニケーションメディアともいわれる。なお、今後のコンピュータを活用した高度情報化社会では、ディスプレイ表現にさまざまな影響を与えると思われる。

　ディスプレイ（Display）の語義は、並べる、広げる、見せる、見せびらかす、陳列、展示、展覧などのことである。語源は「たたんだものをひらく」を意味するラテン語の「dis-plicare」に由来する。

　ディスプレイの起源は、昔の「市」に見られる。市には人々が集まり、物々交換やさまざまな情報交換が行なわれてきた。やがて市に商人が定住し、常設店舗ができ、町が形成されて「みせ」は「見世棚」→「見世」→「店」に変化して、あらゆる商品を「並べ、陳列、展示」して「見せ」て「販売する」現在の店舗形式に変化した。さらに店の存在やその商品内容を知らせる「のれん」やそこに標した屋号は、現在のCI・SI・VIの原点につながる。ガラスの普及とともに、店舗にショーウインドーが出現し、多種多様な商品陳列ケースや棚ができ、明確でわかりやすく、自由に買い物を楽しむ場、さまざまな情報とコミュニケーションを発揮する現在の店舗に発展した。いろいろな商品を陳列する「市」は、商業系ディスプレイの原点であり、伝統・文化や、祭り・芸能・娯楽などの情報交換の場としての「市」は、文化系ディスプレイ、エンターテインメント系ディスプレイの原点につながる。

(3) ディスプレイの分野

ディスプレイの分野は広く、目的、機能などによりさまざまな分類がある。

商業系ディスプレイでは、消費者に商品を直接販売する百貨店、量販店、専門店、ショッピングセンターなどの小売業における販売、販売促進を目的とするリテールディスプレイ（ショップ、ストアディスプレイ）は、店頭・店内で展開されるディスプレイであり、その戦略・戦術としてVMD（SD、MD、MP、VP、PP、IP：16～17ページ参照）がある。

ディスプレイの主な種類は、場所、状態、目的などにより、店舗付属サイン、ショーウインドーディスプレイ、スタンドディスプレイ（POPを含む）、ショーケースディスプレイ、シェルフ（棚）ディスプレイ、ステージディスプレイ、アイランドディスプレイ、フロア（床）ディスプレイ、ウォール（壁）ディスプレイ、シーリング（天井）ディスプレイ、柱回りディスプレイ、コーナーディスプレイ、オープンディスプレイ（裸陳列）、各種催事のディスプレイなどがある。

手法では、置く、立てる、張る、着せる、掛ける、吊るなどのディスプレイや、アソートメントディスプレイ（多種分類陳列）、トークンディスプレイ（少量象徴陳列）、コーディネートディスプレイ（組合せ陳列）、ハンドテクニックディスプレイ（スキルを駆使した陳列）などがある。

また、ショーウインドーの形状分類は、背面開放型のオープンウインドー（シースルーウインドー）、背面閉鎖型のクローズドウインドーが代表的である。

商品宣伝、企業PR、販売促進を目的とするものには、ショールーム、展示会、見本市・国際見本市などがある。ショールームは、企業が所有する常設展示室。展示会は、開発商品を商談目的で取引業者、バイヤーなどに見せる催しの展示。見本市・国際見本市は、見本展示、商談、売買契約など市場開拓を目的とする展示会である。

文化系ディスプレイでは、文化、産業、経済、サービス、情報などのPRを目的とする大規模な展示催しの博覧会・万国博覧会。文化、教育啓蒙を目的とする博物館、美術館、科学館、資料館などのミュージアム。

エンターテインメント系ディスプレイでは、祝祭、催事、行事などのフェスティバル、セレモニー、イベント、フェア、ショー、パーティや、娯楽のアミューズメント、テーマパーク、プレイランド、レジャーランドなどがある。

その他、情報伝達サインとしての標識、看板、屋外広告や、都市・地域環境としてのベンチ、くず入れ、吸い殻入れ、公衆電話ボックス、ポスト、電柱、信号、街路、モニュメントなど、都市空間や生活空間のディスプレイなどさまざまなものがある。

なお、ほかにディスプレイという用語を用いる分野は、動物学では動物の求愛誇示・威嚇誇示、軍隊では兵器や戦陣の展開、電子工学ではコンピュータの文字や絵を表示する装置などがある。

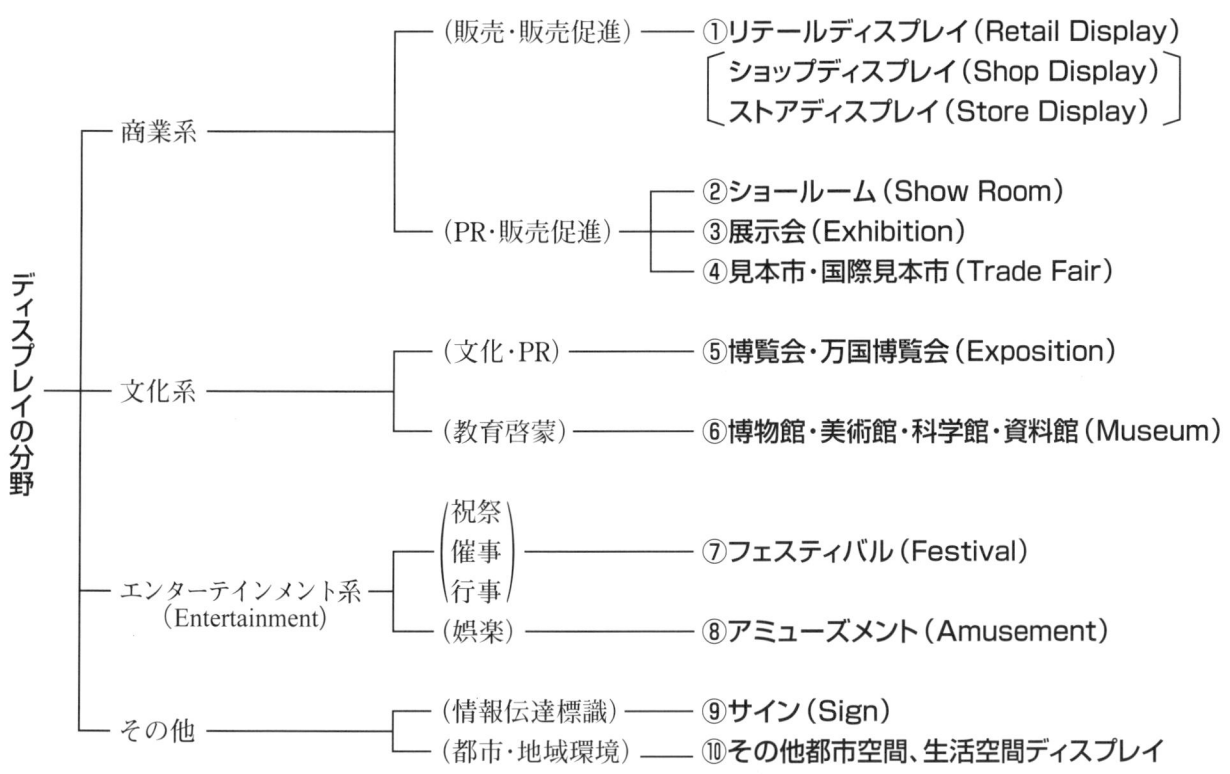

第1章　ディスプレイ・VP・VMD概論　11

(4) ディスプレイ・VP・VMDの変遷

歴史をさかのぼると、物々交換の時代から「みせ」「店」の原点が見られ、日本の洛中洛外図にも「見世棚」が描かれていて現代へのつながりを感じる。また13世紀西欧の食器店などにも見世棚と似た構造のものがあり、什器活用の売り方、見せ方の工夫が見られる。日本での店舗の発展は江戸文化にも見うけられ、商魂、商人気質、知恵や工夫、美意識など多くの再発見がある。文明開化の明治時代は近代化や洋風化の波とともに、洋風建築の百貨店第1号（三越）ができるなど、

●戦後日本の社会環境・ファッションとディスプレイ・VP・VMDの変遷

年代	経済	社会	環境	消費者（生活者）動向		ファッション・ファッションビジネス（リテール）	
1945 (昭和20)	復興期	終戦、ポツダム宣言受諾 '45 日本国憲法公布 '45 国際連合成立 '45	衣・食・住 生活整備 物理的志向	抑圧と開放の揺籃期	更生服 アメリカンルック シネモード・バリモード	更生服 パンツルック '46 洋裁熱高まる '46 「装苑」復刊 '46（創刊 '36）	日本百貨店協会設立 '48
1950 (昭和25)		テレビ元年 '53 三種の神器 （電気冷蔵庫・洗濯機・掃除機）'56 皇太子殿下御成婚 '59	生活向上 物理的志向	アメリカン模倣期 マスマーケット { 量 　10人1色（人並みに）		アメリカンルック全盛 ナイロン登場（ナイロンストッキング）'51 　　　　　　　　（ナイロンブラウス）'52 真知子巻き ディオール旋風 '53 日本流行色協会（JAFCA）創立 '53 マンボ族・太陽族 '56 ロカビリー族 '58 黒のブーム、ダッコちゃんブーム '59 ミッチー（美智子妃）ブーム	日本初のスーパーマーケット '53 （青山紀ノ国屋のセルフサービス方式） 第二次百貨店法施行 '56 主婦の店ダイエー設立 '57
1960 (昭和35)	高度成長期	ソ連有人宇宙飛行成功 '61 東京オリンピック '64 東海道新幹線開通 '64 3C（カー、クーラー、カラーテレビ）'66 アポロ11号人類初の月面着陸 '69	物理的志向	マスマーケット { 大量生産、大量消費 　中流意識 　マスカルチャー 　レジャー志向 　10人1色（人と同じ）	ミニスカート ピーコック革命	六本木族 '60 国際流行色委員会（インターカラー）発足 '64 アイビールック、みゆき族 '64 ミニスカート登場 '65 ビートルズ来日、ツイッギー来日 '66 宇宙ルック／T・P・Oの一般化 '66 ピーコック革命 '67 サイケデリック／ヒッピールック '68 グループサウンズ全盛 モッズルック '66〜'69	百貨店海外デザイナープレタ提携 '60 日本スーパーマーケット協会発足 '60 流通革命、スーパー進出 '62 ヤングファッションとプレタポルテ '64 専門店大型化、チェーン化 '64 マンションメーカー誕生 '67 伊勢丹、日本初の「男の新館」'68 ショッピングセンター（SC）出現 '69
1970 (昭和45)	低成長期	大阪万国博／歩行者天国 '70 ドルショック／ディスカバージャパン '71 列島改造論／地価高騰 '72 第一次オイルショック '73 狂乱物価／買いだめ '73 ニューファミリー '76 ジョギングブーム／円高不況 '77 省エネ 第二次オイルショック／東京サミット '79	心理的志向	付加マーケット { 量より質 　生活高級化・多様化 　自然志向 　本物志向 　スポーツ・ヘルシー志向 　ライフスタイル志向 　10人10色（人と違う） 情報化	第1次ジーンズブーム 第1次インポートブランドブーム	アンノン族 ジーンズ大流行 '71 フォークロアファッション '72 レイヤードファッション '75 ユニセックス／チープシック スポーツアイテム（トレーニングウェア）ブーム ニュートラ／ハマトラ '79	日本人デザイナー海外進出 （ケンゾー、寛斉、イッセイ） DCブランド台頭 '70 ダイエー、売上げ三越を抜く '72 大店法施行 '74 ファッションビル・専門店拡大 （多店舗化、アパレルビジネス） 東京ファッションウィーク（TFW）開始 '75 単品コーディネート販売 '78
1980 (昭和55)	安定成長期／バブル期	ディズニーランド開設 '83 ファミコンブーム '85 男女雇用機会均等法 '85 つくば科学博 '85 円高低利 '86 バブル景気始まる '87 DINKS '87 消費税導入 '89	心理的志向 生活成熟志向	パーソナルマーケット { 個性化・多様化 　ライフスタイル志向 　アメニティ志向 　1人10色（人と無関係）	DCブランドブーム 第2次インポートブランドブーム	竹の子族 '80 クリスタル族 '81　省エネルック カラス族 '82 DC人気高まる '82（モノトーンの流行） ヤングファッション低年齢化 '84 ボディコン '85 東京ファッションデザイナー協議会 '85 東京コレクション開始 '85 アメカジ、渋カジ '87 カウチポテト '87 イタリアンブランドブーム '87	無店舗販売ビジネスの台頭 '80 スーパー、PB商品開発 DCブランドブーム '81 ハウスマヌカン登場 '83 ファッションビル多立 '85 複合型ニューSC登場 SPA（製造販売小売業）脚光 '87
1990 (平成2)	バブル崩壊／平成不況期	東西ドイツ統合 '90 湾岸戦争、EC市場、統合批准 '92 不況、リストラ '92 皇太子御成婚 '93 マルチメディア化 '94 阪神淡路大震災 '95 インターネット、パソコン '95 消費税率5％にアップ '97 IT革命 '99	心理的志向 個・多様化環境	パーソナルマーケット { 自分らしさ、原点回帰 　本物志向、本質見直し 　ネイチャー志向、癒し 　クオリティライフ 　グローバル化 　ボーダレス化 　1人10色（共生）	第3次インポートブランドブーム	ベーシックトラッド '91 フレンチカジュアル '92 グランジファッション流行 '93 レトロ調ファッション（ネオモッズ）'96 和・東洋調ファッション '97	自主編集MD '90 ロードサイド型専門店台頭 '90 アウトレットストア台頭 '92 CS（顧客満足）発想 '92 プロダクトアウトからマーケットインへ インポートセレクトショップ '94 海外SPAの日本進出活発 '95
2000 (平成12)〜	複合不況・再建期	中央省庁再編実施 '01 　（1府12省庁体制） 9.11アメリカ同時多発テロ発生 '01 ユニバーサルスタジオジャパン（USJ）'01 東京ディズニーシー '01 FIFAワールドカップ韓国／日本大会 '02 住基ネットシステム稼働 '02	心理的志向 情報のグローバル化、ボーダレス	パーソナライズマーケット { ライフスタイルの個化 　生活創造、癒し 　環境創造 　共創的価値観 　エコロジー 　リサイクル、リユース 　ユニバーサル 　ユビキタス	グローバルな巨大小売業 スーパーブランド	ユニバーサルファッション '01 異民族の複合ファッション '02 ジュニア市場（ファッションの低年齢化）'02 ラグジュアリーとチープの二極化 '02 自分オリジナルのスタイル '03	大規模小売店舗立地法施行 '00 （大店法から大店立地法へ） 異業種複合業態増大 インテリアショップ、雑貨ショップ増大 メガ小売業（グローバルな巨大小売業） スーパーブランド多店舗化 ネットワークビジネス 　（グローバル化） 都心集中型再開発（巨大建築）'02、'03 （丸ビル、汐留サイト、六本木ヒルズ）

大正・昭和へと大きく変化した。ヨーロッパにおいても19世紀産業革命の影響は、世界を大きく変えた。

また第二次世界大戦後、大量生産大量販売体制が成立し、アメリカでマーチャンダイジング概念が生まれた。経営を立て直すべくVMDの導入では実践成功例の店舗が注目された。ディスプレイ・VP・VMDは時代の流れの中で、移り行く環境とともにそのとらえ方も変化している。ここでは、日本における変遷を、戦後1945年から現代までを中心に一覧表にしている。

			ディスプレイ・VP・VMDの変遷		年代
ヨーロッパの影響	ディスプレイの時代	装飾の時代	[アメリカ] ディスプレイ業者のアルバート・ブリスが「ビジュアルマーチャンダイジング」という語を初めて使用する '44	銀座復興祭り '46 アメヤ横丁にぎわう '46	'45 (S20)
			●装飾・アート志向——ショーウインドーディスプレイ主体の時代 　舞台美術の影響、アーティスト、建築家、インテリア・インダストリアル・グラフィックデザイナーなどが活躍したディスプレイ 　イージーオーダー方式の売り場拡大とレンタルマネキンの急増 　戦後の洋風マネキン登場 ●マーケティング導入と進展	店舗コンクール（銀座）'52 第1回大阪国際見本市 '54 第1回東京国際見本市（晴海）'55 日本インテリアデザイナー協会設立（JID）'58 日本ディスプレイデザイナー協会創立（大阪）（dda）'59	'50 (S25)
		装飾全盛時代	●装飾全盛・アート志向——ショーウインドーディスプレイ主体の時代 　ディスプレイの専門分化、ディスプレイデザイナー、デコレーター、エタラジストの活躍 　装飾的なディスプレイテクニック表現中心（クラフト、スキル、デコレーション） ●マーチャンダイジング（MD）概念の定着とビジネス志向 　MDを意識した単品コーディネートの売り場。より人間に近いボディサイズマネキンの登場 [ヨーロッパ] グローブス百貨店の品揃え、見せ方、売り方や、ハビタのライフスタイルに根ざしたMDのビジュアル化に世界が注目。	文化服装学院ピンワークコース新設 '61 　　　　　（現 ディスプレイデザイン科） 日本店舗設計家協会創立（JCD）'61 日本ディスプレイデザイン協会設立（東京）（現DDA）'63 ディスプレイセミナー（東京）'63 日本サインデザイナー協会発足（SDA）'65 日本マネキンディスプレイ協会結成（MDA）（現JAMDA）'68 日本ディスプレイ業団体連合会創立（NDF）'68	'60 (S35)
アメリカの影響		脱装飾時代	●ディスプレイが一般に認知される（万博に全国のディスプレイ関係企業が集結） ●脱装飾化——売り場重視の時代 　（'73 第一次オイルショックの影響）省エネ対策でショーウインドーをなくし、店内重視トータルシステム什器展開 ●ビジュアルマーチャンダイジング（VMD）導入期 　百貨店にライフスタイル対応の売り場出現（スーパーリアルマネキン採用） 　百貨店リニューアルでVMDに基づく売り場出現 　MDコンセプトに対応したマネキンのバリエーション多様化 [アメリカ] （VMDマスコミに登場・実用化。ニューヨークの百貨店で成功事例）	日本万国博覧会（大阪）アジア初 '70 第1回グッドリビングショー '71 第1回店舗システムショー開催 '72 第1回POPAI JAPAN SHOW '72	'70 (S45)
	VPの時代		●ビジュアルプレゼンテーション（VP）——視覚効果の商品演出主体の時代 　VMD・VPの視覚に訴える商品政策・商品演出の戦略・戦術化 　日本VMD協会設立、定義発表。VMDがマスコミから注目される 　日本型VMDの追求と売り場創造 　商品（MD）コンセプト、ショップコンセプトに基づく売り場づくりの重要性 　商品・宣伝・装飾を連動した三位一体型の百貨店VMD展開 ●ビジュアルマーチャンダイジングの普及	労働省技能検定「商品装飾展示」1・2級施行 '86 日本ビジュアルマーチャンダイジング協会設立 　　　　　（JAVMA、日本VMD協会）'87 日本VMD協会「VMD定義」発表 '88 日本コンベンションセンター（幕張メッセ） 　　　　　　国際展示場開設 '89	'80 (S55)
アメリカ、ヨーロッパ、日本＋アジア	VMDの時代		●ビジュアルマーチャンダイジング（VMD）——視覚効果の売り場づくりの時代 　VMD＝MD、MP（VP・PP・IP）、SD、運営・組織の連携 　MD（品揃え）、VMD（売り方）、VP（見せ方）、SD（売り場環境）の一貫性、個性、異差化 　エコ、環境対応素材のマネキン、ボディの開発 　クリエーションとデザインの再考の必要性 　コンピュータ出力（CG）の巨大ポスター出現とディスプレイの活用化 ●ビジュアルマーチャンダイジングの定着	PL法（製造物責任法）施行 '95 東京国際展示場（東京ビッグサイト・有明）開設 '96 労働省技能検定「商品装飾展示」3級施行 '97	'90 (H2)
アメリカ、ヨーロッパ、日本、アジア、グローバル			●ビジュアルマーチャンダイジング（VMD）——新VMD創造の時代 　国際コミュニケーションのVMD開発 　MD・VMD・VPの高度化（コンピュータ革新、ネットビジネス化） 　パーソナルコミュニケーションのVMD開発 　クリエイションとデザインの再考 　　生活創造、環境創造、リデザイン、リユース、リサイクル、ユニバーサル 　アートと融合する空間。建築、芸術、文化、科学的創造	「商品装飾展示」1・2・3級厚生労働省技能検定に改称 '01	'00 (H12) 〜

第1章　ディスプレイ・VP・VMD概論　13

(5) リテールディスプレイ
（ショップディスプレイ、ストアディスプレイ）

1）リテールディスプレイ

リテールディスプレイは、ショップ、ストアなどの小売業をはじめ、流通の場で商品の販売促進を目的として行なわれる商空間演出の総合的なディスプレイである。消費者に商品を直接販売する百貨店、量販店、専門店などの小売業において、店頭・店内で行なわれるディスプレイであり、その戦略・戦術としてビジュアルマーチャンダイジング（VMD）、ビジュアルプレゼンテーション（VP）が重要視されている。小売店コンセプト、商品コンセプトである個性・価値を明確に視覚情報伝達する手法で、快適で創造的な売り場空間を提供するものである。（11ページ参照）

2）小売業業種・業態

業種は、取扱い商品の種類による分類で、婦人服店、紳士服店、子供服店、化粧品店などがある。業態は、営業形態の方法による分類で、有店舗小売業は、百貨店、量販店、専門店、ディスカウントストア、ショッピングセンター、コンビニエンスストア、一般小売店などがある。ほかに、品揃え型専門店のセレクトショップ、製造小売業のSPAなどさまざまな業態が開発されている。無店舗小売業には、訪問販売、通信販売（カタログ、TV、CATV、インターネット）などがある。

3）マーケティング

商品やサービスを消費者に移行することに関するすべての活動。市場調査、商品化計画、販売促進、広告宣伝、販売、物的流通などがある。アメリカマーケティング協会は「個人と組織の目標を満足させる交換を創造するために、アイデア、財、サービスの概念領域、価格、プロモーション、流通を計画・実施する過程」と定義している。

4）マーチャンダイジング（MD）

商品化計画、商品政策。適品を適所、適時、適量、適価で提供するための計画活動。メーカーでは、製品計画・開発・管理のことで、小売業、卸売業では、商品の販売計画、仕入れ計画、品揃え計画のことである。

5）販売促進（セールスプロモーション：SP）

需要を喚起・刺激して、販売を促進し拡大するための手段で、広告、ポスター、DM、カタログ、チラシ、POP、ディスプレイ、イベント、展示会などがある。

6）POP広告（ピーオーピー広告）

Point of Purchase Advertisingのことで、購買時点広告を指す。店頭・店内で行なわれる広告で、屋外看板、ウインドーディスプレイ、カウンターディスプレイ、チラシ、ショーカード、プライスカードなどがある。

7）販売促進VPスケジュール（年間歳時記）

年間の販売促進計画において、生活歳時記カレンダーと連動しながら販促テーマを設定し、提案したい商品を、実売時期に先駆けて打ち出すことで、より顧客へのイメージ喚起を促す。テーマのキーワード、キーカラー、キーアイテムなど、歳時記を活用し、販促VP展開をする。

月	生活歳時記	シーズン	販促テーマ
1月 むつき（睦月）	正月 / 七草がゆ / 鏡開き / 成人の日	新春 ●新春、梅春	梅春 / 成人の日 / クリアランスセール
2月 きさらぎ（如月）	節分 / 建国記念の日 / 針供養 / バレンタインデー	●春の立上り	スプリングファッション / バレンタインデー / フレッシャーズ / ひなまつり / ホワイトデー
3月 やよい（弥生）	ひなまつり / ホワイトデー / 卒業式、謝恩会 / 春休み	春	フォーマル セミフォーマル / 花まつり
4月 うづき（卯月）	入園・入学・入社式 / 春まつり		アウトドアライフ / レジャースポーツ / 母の日 / 子供の日
5月 さつき（皐月）	ゴールデンウィーク / 子供の日、端午の節句 / 母の日	初夏 ●夏の立上り	サマーファッション / ブライダル
6月 みなづき（水無月）	衣替え / ジューンブライド / 父の日	●盛夏の立上り	父の日 / リゾートサマースポーツ
7月 ふみづき（文月）	七夕 / 中元 / 盆 / 夏休み	夏	七夕 夏まつり / 中元
8月 はづき（葉月）	花火大会 / 立秋	●秋の立上り	オータムファッション / スポーツトラベル / クリアランスセール / ブライダル
9月 ながつき（長月）	十五夜 / 敬老の日 / 秋分の日		
10月 かんなづき（神無月）	体育の日 / 秋の行楽 / ブライダル / 秋の七草 / ハロウィン	秋 ●冬の立上り	ウインターファッション / ハロウィン
11月 しもつき（霜月）	文化の日 / 七五三 / 立冬		ウインタースポーツ / フォーマル セミフォーマル
12月 しわす（師走）	忘年会 / 歳暮 / クリスマス / 大晦日 / 冬休み	冬	クリスマス / 歳暮 / 梅春 / 正月

8）ファッション

ファッションは流行と同義語で、あらゆるモノ・コトに見られる様式の変化を前提とし、その変化した様式を多くの人々が受け入れることが条件であり、繰り返しあらわれる社会心理的現象である。財団法人日本ファッション協会は「多くの人々にある一定の期間、共感をもって受け入れられた生活様式」と定義している。ファッションの分野は、狭義には服飾関係を指し、広義には、思想、言語、歌謡などの無形のものから、衣・食・住の生活様式にあらわれる有形のものまで含まれる。現在、ファッションは「生活のしかた」「生きかた」ともいわれるように、その時代の社会的、文化的背景の反映であり、新しい様式の変化は価値観を変化させる。ファッションを意味する言葉は、ほかにクレイズ（ほんの一時的、熱狂的）、ファド（一時的、小集団的）、ヴォーグ（流行、特に新奇性）、ブーム（景気づく、広告などで人気をあおる）などがある。

9）ファッションビジネス

ファッションビジネスは、消費者のファッション生活ニーズを満たすファッション商品や、サービスを提供することを通じて、利益を確保することを目的とした企業活動である。生活の向上、ライフスタイルの多様化、個性化が進展する現在、顧客志向のマーケットインのビジネスが重要視されている。

10）ファッション産業と流通

ファッション産業は、狭義には、繊維素材産業、アパレル産業と同義語である。アパレルとは、衣服、服装の意で、広義には、アクセサリー、帽子、靴、バッグなどの服飾品も含まれる。アパレル産業は、アパレルメーカー、縫製メーカー、下請け加工業、付属品メーカーなどを含み、婦人服、紳士服、子供服、ニットウェア、ランジェリー、ファンデーションなどのファッション商品を企画、製造し、小売業へ卸す業種の総称である。ファッション衣料の生産と流通経路は、多岐で複雑であるが、川の流れにたとえて、第一次製品段階の繊維素材・テキスタイル産業を川上、既製服を中心とする第二次製品段階のアパレル産業を川中、小売最終段階のファッション小売業を川下という。

11）ファッション商品知識

ディスプレイ（VP）は、商品コンセプト（特性）を明確に表現演出することであり、その第一条件は商品知識である。アパレルアイテム（品種、品目）、ファッショングッズ（ファッション小物）、素材・柄（34～40ページ参照）、色（26～29ページ参照）の基礎知識の上に、ファッショントレンド情報をキャッチして的確な演出をすることが重要である。

◘ディスプレイ素材

木材	天然材	針葉樹	杉、桧、松、栂、サワラ、米松、米栂、など
		広葉樹	楢、ブナ、タモ、オーク、メープルなど
		〔小割、たる木、貫、角材、丸太、板材〕	
		集成材	杉、桧、楢、シルクパイン、桐など
	材質	普通合板	ラワン、シナ、楢、ブナ、タモ、樺など
	木	コア合板	ランバーコア、フラッシュコア、ハニカム
		表装材	天然突板、合成樹脂オーバーレイなど
		加工処理	防炎加工、難然合板、耐水合板、防虫合板
	かんなくず、削りくず、木片、コルクなど		
草	葦、荻、藤、皮藤、つる、いぐさなど〔よしず、畳表〕		
竹材	染竹、晒竹、煤竹、黒竹、虎竹、亀甲竹、四方竹など〔ざる、かご、すだれ、ちょうちん、垣根〕		
紙	洋紙		印刷用紙（塗工紙・非塗工紙）、新聞用紙、筆記・図画用紙、書道用紙、包装用紙、加工紙、特殊紙など
		壁紙類	加工紙、ふすま紙、クロス類、ビニール壁紙、不織布壁紙、織物壁紙など
		板紙	段ボール原紙、白板紙（ボール紙）など
	和紙	唐紙、金銀砂子細工、染め紙、手すき和紙など	
布・皮	キャラコ、ブロード、帆布、裏地、サテン、チュール、オーガンジー、ジョーゼット、レース、ベルベット、別珍、フェルト、不織布、合成皮革、各種皮革など		
ひも類	カタン糸、ナイロン糸、金銀糸、毛糸、テグス、麻ひも、リボン、テープ類、コード、ビニールチューブ、綿ロープ、綱など		
金属	鉄、銅、ステンレス、アルミニウム、ジュラルミン、真鍮、錫、シルバーなど〔丸パイプ、角パイプ、型鋼、鉄筋、棒材、針金、ピアノ線、ワイヤーロープ、金網、平板、ブリキ板、波板、金具、鎖、釘、ボルト、リベットなど〕		
石材	花崗岩、大理石、御影石、大谷石、那智石、砂岩、川砂、白砂、色砂、五色砂利、玉砂利、テラゾー（人造石）など		
焼物	テラコッタ、レンガ、瓦（洋瓦、日本瓦）、ビニール系タイル、セラミック系タイルなど		
セメント	コンクリートブロック、耐水ブロック、スレート、セメント系ボード、石膏ボードなど		
粘土	油粘土、モデリングクレイ、紙粘土、石粉粘土、木粉粘土、樹脂系粘土、ブロンズ粘土、陶磁器粘土など		
土	本聚楽、黄土、赤土、青土、白土、浅葱土、珪藻土など		
ガラス	板ガラス	普通ガラス	透明ガラス、すりガラス、磨きガラスなど
		型板ガラス	梨地、石目、モール、田毎、木の葉など
		網入ガラス	網入り型板ガラス、網入り磨きガラスなど
		特殊ガラス	強化ガラス、ペアガラス、色ガラスなど
	多泡ガラス、ガラスブロック、ステンドガラス、ガラス棒など		
プラスチック材	熱硬化性		フェノール樹脂、ユリア樹脂、エポキシ樹脂、メラミン樹脂、ポリエステル樹脂、ポリウレタン樹脂など〔平板、波板、化粧板、床材、包装用フィルムなど〕
	熱可塑性		塩化ビニール、ポリスチレン、フッ素樹脂、ポリアミド樹脂（ナイロン）、ポリエチレン、アクリル樹脂など〔発泡材、スチレンボード、粘着シート類など〕
塗料	水性		ポスターカラー、ネオカラー、合成樹脂塗料、エマルジョン塗料、水溶性塗料、ポアーステイン、柿渋など
	油性		アクリル絵具、リキテックス、カシュー塗料、エナメル塗料、オイルステイン、ラッカー類、合成樹脂塗料など
花植物	造花類		造花（紙、布、ポリエステル）、枝、実、トピアリー、芝生、ガーランド、ピック、オーナメント、正月・クリスマス他催事用品など
	生花樹		生け花、アレンジメント、盛り花、ブーケ、鉢花、盆栽、白樺、トピアリー、観葉植物（153ページ参照）など
	ドライフラワー、木の実、こけ、ラフィア、雑木枝など		
	花器、つぼ、鉢、かご、オアシス、ガーデニンググッズなど		
美術品	絵画、彫刻、オブジェ、工芸品、アート作品など		
写真	額入り、大型グラッフィック、特殊プリントなど		
インテリア	家具・調度品、カーテン、ブラインド、スクリーン、絨毯、カーペット、照明器具、日用雑貨など		
その他	レジャー、アウトドア、スポーツ用品、玩具、遊具など		

上記の他、ディスプレイデザインの対象材料は限りなく存在する。

(6) ビジュアルマーチャンダイジング (VMD)
〔売り場づくりの基礎知識—①〕

1) ビジュアルマーチャンダイジング (VMD)

ビジュアルマーチャンダイジング (Visual Merchandising: VMD) は、視覚に訴える商品政策・商品演出のことで、MD (品揃え)、VMD (売り方)、VP (見せ方) の視覚的統一と一貫性を重視した売り場づくりの戦略・戦術である。

「ビジュアルマーチャンダイジング」という語は、1944年、アメリカのディスプレイ業者アルバート・ブリスが初めて使用したとされる。アメリカでVMD (アメリカではVM) が本格的に始動したのは1970年代である。1970年代後半、アメリカの百貨店がリニューアルイメージの核 (劇場的表現) として実用化し、成功事例がマスコミに登場、世界の注目を集めた。これは、日本の小売業にも大きな影響を与えた (13ページ参照)。VMD発生の背景は、ライフスタイルマーチャンダイジングの台頭によるマーチャンダイジング発想の変化により、プレゼンテーションの強化を必要とした。市場競争の激化、ショップ、ストアアイデンティティの確立、買い物行動の迅速化サービス、商品の体系的ビジュアル伝達の必要性などである。

日本ビジュアルマーチャンダイジング協会は「ビジュアルマーチャンダイジングとは、文字通りマーチャンダイジングの視覚化である。それは企業の独自性を表し他企業との差異化をもたらすために、流通の場で商品をはじめすべての視覚的要素を演出し管理する活動である。この活動の基礎になるものがマーチャンダイジングであり、それは企業理念に基づいて決定される」と定義 (1988年) している。

多様化、個性化する時代の市場対応は、市場細分化 (マーケットセグメンテーション) と的確な標的市場 (ターゲットマーケット) の設定が重要である。企業理念 (CI)、ショップ、ストア理念 (SI) に基づいたMD計画 (販売・仕入れ・品揃え計画)、販売促進計画に基づいて、視覚統一 (VI) の連動と一貫性のVMD、VPが実践される。VMD、VPはコンセプト (概念：小売店・商品の個性・価値) を明確に視覚情報伝達する手法で、その活動は商品情報提案、新しい生活提案、個性・差異化、CS (顧客満足)、創造的快適生活空間の提供である (「VMDのとらえ方図」参照)。

なお、広義のVMDはVPを含み、ディスプレイはVPと同義語である。また、広義のVPはMPと同義語で、さらにVP、PP、IPに分類される (「VMDのとらえ方図」、17ページ「相関図」、18ページ参照)。

2) VMDのとらえ方図

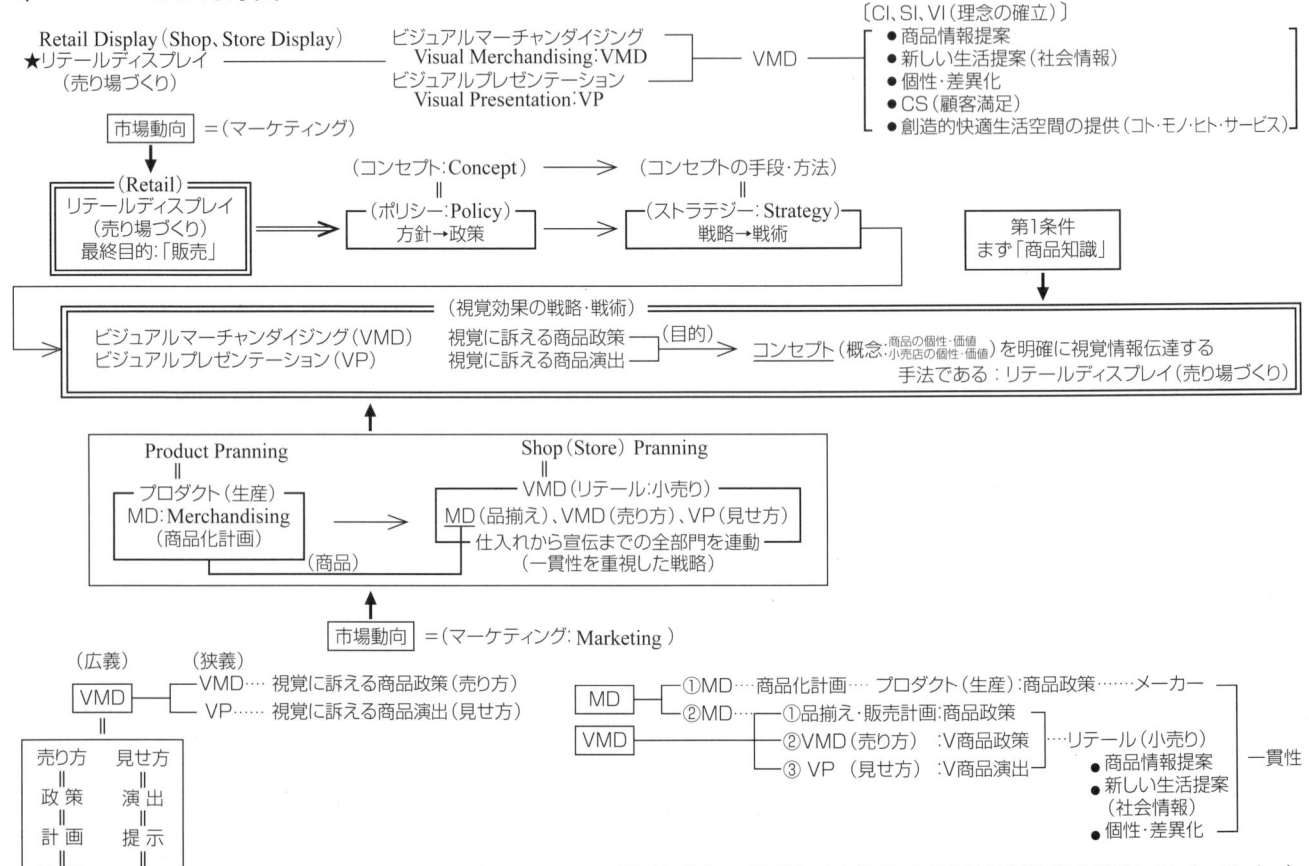

3) VMD、SD、MD、MP、VP（VP、PP、IP）の相関図

　VMDは、快適な売り場環境の中で、商品とその商品情報を、いかに的確に魅力的に提供するかの売り方、見せ方の手法であり、運営システム、実施組織が重要である。

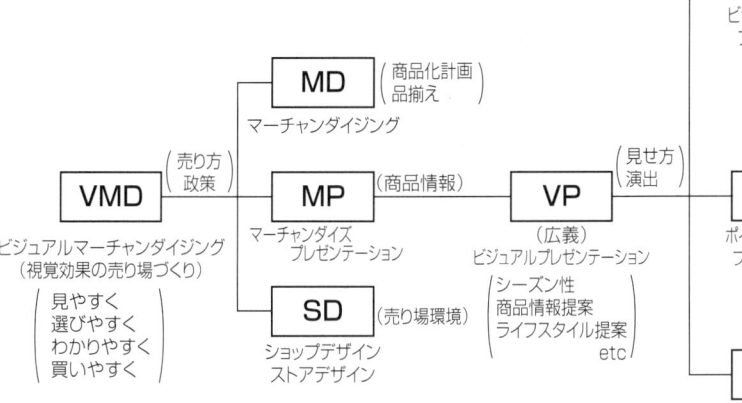

- 店舗、売り場全体のイメージ訴求
  店の顔、店内・売り場への導入
- 重点テーマ、重点商品の訴求
  シーズン性、ライフスタイル提案
  テーマ、コンセプトの総合演出
- 正面ショーウインドー、売り場入り口、エスカレーター前、フロアメインステージ、ディスプレイテーブル、VPポイント
  マネキン、ボディ、プロップス、オブジェ、etc

- 各売り場のイメージ訴求
  各コーナー、売り場エンド（奥）への誘引
- 訴求商品のクローズアップ、コーディネート提案演出
  実売商品（IP）との連動
- ディスプレイテーブル、棚上、ハンガーエンド、柱、壁面、PPポイント
  ボディ、マネキン、コーディネートハンガー、器具、etc

- 実売商品（アイテム）の訴求、購買に直結
- 実売商品分類・整理陳列（セリングストック）
  見やすく、触りやすく、選びやすく、買いやすい陳列
- 棚、ハンガーラック、ショーケースetc

4) 売り場構造の立面的とらえ方

　売り場全体が見渡せるように、視線、什器の高さ、商品、通路幅などを計画する。什器の高さは、入り口から奥へ高くなるようにして、視線をさえぎらない什器選びと配置をする（19ページ参照）。

5) 売り場構造の平面的とらえ方

　フロア（平面）計画は、店の個性、品揃えの特徴、情報、サービスなど、売り場全体のイメージの特性を知らせる手段である。フロア計画の基本は、品揃え（品種、品目）とその商品分類・売り場分類（グルーピング）をし、売り場のどの位置に配置（レイアウト）するかを区分計画し、売り場構成（ゾーニング）することである。顧客が見やすく、選びやすく、買いやすく、回遊しやすい通路と通路幅の導線計画が重要である。フロアの導線計画には、格子型、斜線型、円型などがある。主通路幅は大型店では210〜350cm、専門店では120〜150cm、副通路幅は大型店では150〜210cm、専門店では90〜120cm、その他の通路幅の最低は90cmが一般的な基準である。また、人間は左から右へ行動する習性が多いとされ、導線計画に活用されることが多い。

　VP、PP、IPの連動も左から右の導線を基本に魅力的なVP演出で店内導入を図り、品揃えされた商品のクローズアップ（マグネット効果）のPP演出で店内奥まで誘引し、品揃えされた商品のセリングストック（ハンガーラック陳列、棚陳列）のIP陳列でデザイン、色、素材・柄、サイズ、価格などの商品特性を一目瞭然に知らせ、購買に直結させる。自然な導線とカラーコントロール、照明効果で活気のある売り場づくりを計画することが重要である。

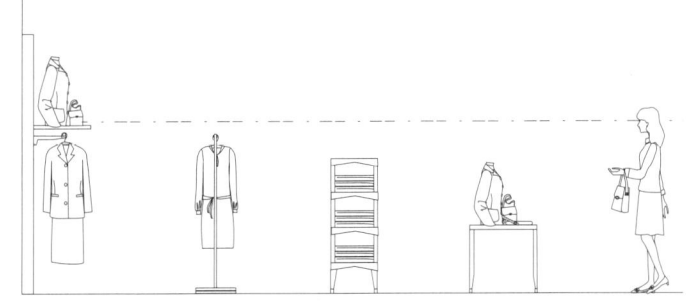

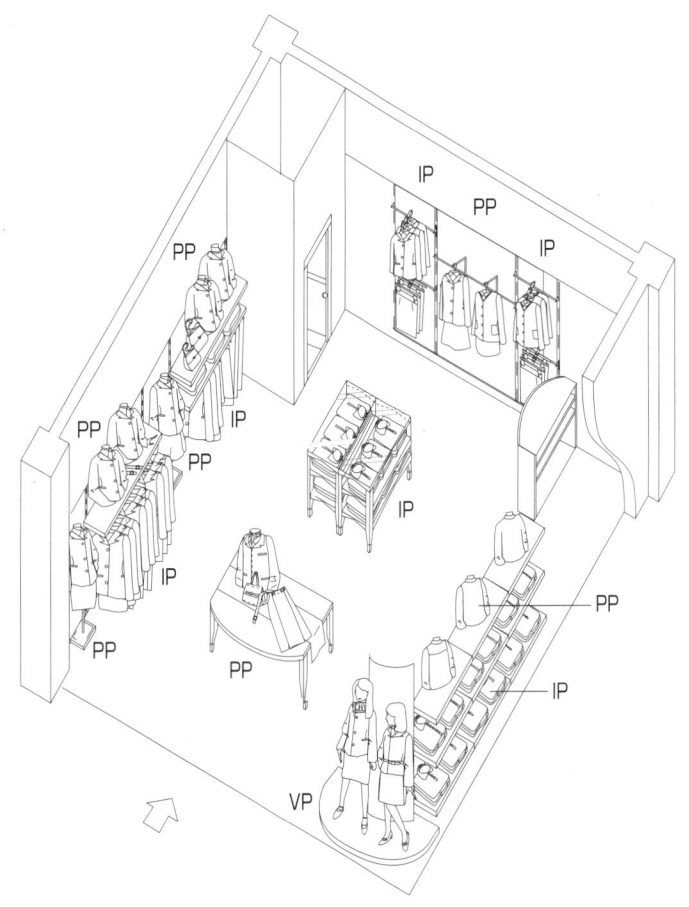

(7) ビジュアルプレゼンテーション（VP）マーチャンダイズプレゼンテーション（MP）
〔売り場づくりの基礎知識—②〕

1）ビジュアルプレゼンテーション（VP）、マーチャンダイズプレゼンテーション（MP）

ビジュアルプレゼンテーション（Visual Presentation：VP）は、視覚に訴える商品演出（見せ方）、マーチャンダイズプレゼンテーション（Merchandise Presentation：MP）は、商品情報提示（見せ方）の手法である。VMDとMP、VPの関係は、時代の変化で用語の表現に二つのとらえ方があり、VMD、MP（VP、PP、IP）とVMD、VP（VP、PP、IP）がある。どちらも商品プレゼンテーション（見せ方）のことである。VPは商品情報演出の意味が強いが、ここでは、広義のVPはMPと同義語ととらえて以降解説する。また、狭義のディスプレイは、VPと同義語である。いずれにしても、MP、VP、ディスプレイは、VMD（売り方、政策）の戦略・戦術の中で、売り場の商品情報を見やすく、選びやすく、わかりやすく、買いやすく、快適にすることを目的として行なわれる視覚情報伝達の活動である（17ページ参照）。

2）VP、PP、IP

VP（MP）は、目的、表現、場所などにより、VP、PP、IPに分類される（17ページ参照）。

① VPは、店の顔であり、店舗、売り場全体のイメージを訴求し、店内、売り場への導入を図る重要な演出である。店のテーマ、コンセプト、重点商品、シーズン性、ライフスタイル提案などを、マネキン、ボディ、演出小道具（プロップス、オブジェなど）で美的に、魅力的にエキサイティングに総合演出する。おもに、ショーウインドー、エスカレーター前、フロアメインステージ、ディスプレイテーブル、VPポイントなどで展開される。

② PPは、ポイントオブセールスプレゼンテーション（Point of Sales Presentation）のことで、IP（実売商品）と連動して、訴求商品をクローズアップ、コーディネート提案演出で関連販売を促進する。PPポイントのマグネット（磁石）効果で、店内奥まで誘引し、回遊性を高め、実売商品に直結させる重要な演出である。商品を主体に、ボディ、マネキン、コーディネートハンガー、器具などで演出し、ディスプレイテーブル、棚上、ハンガーエンド、柱、壁面、PPポイントなどで展開される。

③ IPは、アイテムプレゼンテーション（Item Presentation）のことで、セリングストック（Selling Stock）と同義語である。実売商品（アイテム）の訴求、購買決定に直接結びつく重要な陳列である。品揃えされた商品の分類・整理（デザイン、色、素材・柄、サイズ、価格など）陳列で、見やすく、触りやすく、選びやすく、買いやすい陳列をする。売り場のハンガーラック、棚、ショーケースなどの什器に、商品、商品量、商品フェイス（面）などをどの位置にどのように配置して陳列するかのフェイシング計画が重要である。フェイシングには、商品の豊富さ、バリエーションを見せる側面陳列、側面の肩と袖の特徴を見せるショルダーアウト、商品の特徴的な面（顔）である正面（前面）を見せる陳列のフェイスアウト、たたみ置き陳列のフォールデッドなどがあり、商品政策に合わせて的確にコントロールする。（19〜21ページ参照）

売り場の魅力的なVP、PP、IP（セリングストック）の連動と一貫性は、回遊性、滞留性、購買意欲を喚起させ、快適な売り場を演出する。

3）売り場演出

MD計画（販売計画、仕入れ計画、品揃え計画）、販売促進計画に基づいて、ビジュアルマーチャンダイジング（VMD）の売り方が計画され、ビジュアルプレゼンテーション（VP）の見せ方が計画される。売り場の品揃えされた商品情報を、いかに魅力的に、見やすく、選びやすく、わかりやすくプレゼンテーション（VMD、VP、PP、IP）するかが課題である。

① 5W1H

売り場づくりは、どのような店に、どのような商品を、どのような人たちに向けて発信するかを的確にとらえて演出・展開する。そのプロセスの基本となる考え方が5W1Hである（65ページ参照）。Why なぜ（原因・理由：目的）、Who だれが、だれに（対象者）、When いつ（時：時期・季節）、Where どこで（場所：地域・店舗・売り場）、What 何を（事・物：商品）、どのくらい（数量）、How どうするか、どのように（対策・手段・方法）である。

② 購買心理

消費者が商品を見て、購買決定するまでのプロセスに購買心理がある。注意、興味、連想、欲望、比較、信頼、決定の7段階を経て購入すると言われている。類語のAIDMA（アイドマ）は、A（注意）、I（興味）、D（欲望）、M（記憶）、A（行動）の5段階の心理過程でAIDCA（アイドカ）は、MをC（確信）に置き換えたものである。

③ 売り場陳列（IP、セリングストック）の基本

売り場の主役は商品であり、消費者が求めている

商品がその売り場に置かれていること、その商品特性（デザイン、色、素材・柄、サイズ、価格など）が見やすく、触りやすく、選びやすく、買いやすく商品分類・整理され陳列・配置されていることが重要である。陳列の5要素は「何を（品目）」「どれくらい（陳列量）」「どの面を（商品フェイス）」「どの場所に（位置）」「どの型で（型）」陳列するかである。

④ **見やすい範囲（視野）（52ページ参照）**

見やすく、選びやすく、わかりやすい売り場づくりの効果要因に視覚がある。視覚は人間の五感のうちで最も訴求効果が高い。視覚には、視角と視野があり、物があることがわかる範囲の全視野と、識別できる範囲の直接視野がある。一般的に人間の視野範囲（全視野）は、両眼静視野状態で左右それぞれ100°、両眼動視野状態で左右それぞれ115°、垂直方向では上方50°、下方75°と言われている。直接視野は40°から60°の円錐体以内、適当なのは30°、よく見えるのは25°の円錐体以内とされる。また、視線は左から右へ、上下では視線の中心範囲を1番として、下方、上方の順番で視線は流れやすい。

⑤ **見やすく、触りやすい範囲**

商品が顧客にとって、最もよく見え、取りやすい高さの範囲をフェイスのゴールデンスペースという。ゴールデンスペースは、一般的に床面から85〜125（130）cmとされ、主力商品、多く売りたい商品を重点的に陳列する最も有効なスペースである。85〜70、125〜140cmは、次に見やすく、取りやすい高さの範囲で、有効スペースとして活用される。70〜60cmは少しかがめば手で取れる範囲、140〜170cm（180cmは限度）は、手を伸ばして取ることのできる範囲で、準有効スペースである。60cm以下はかがまなければ取れない（30cm以下はさらにひざを折らなければ取れない）範囲で、おもにストックスペースとして活用する。180cm以上は手が届かない範囲であるが、遠くから認識しやすく、IPと連動した商品サンプルのクローズアップ演出（PP）の見せ場として有効なスペースである。また、肩線より下が触りやすい範囲とされ、商品を選びやすい幅は120°で、180cmが限度とされる。おもにIP（セリングストック）の棚陳列、ハンガーラック陳列などに効果的に活用される。

⑥ **フェイシング（IP、セリングストック）の基本**

シングルハンガーラック陳列、棚陳列の基本。

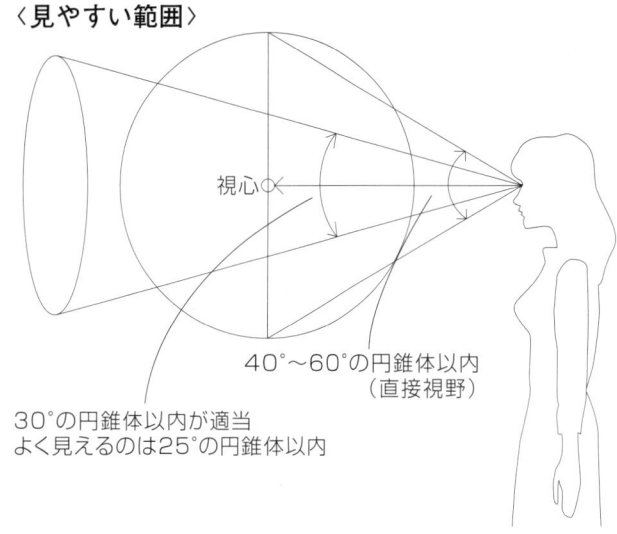

〈見やすい範囲〉

視心
40°〜60°の円錐体以内（直接視野）
30°の円錐体以内が適当
よく見えるのは25°の円錐体以内

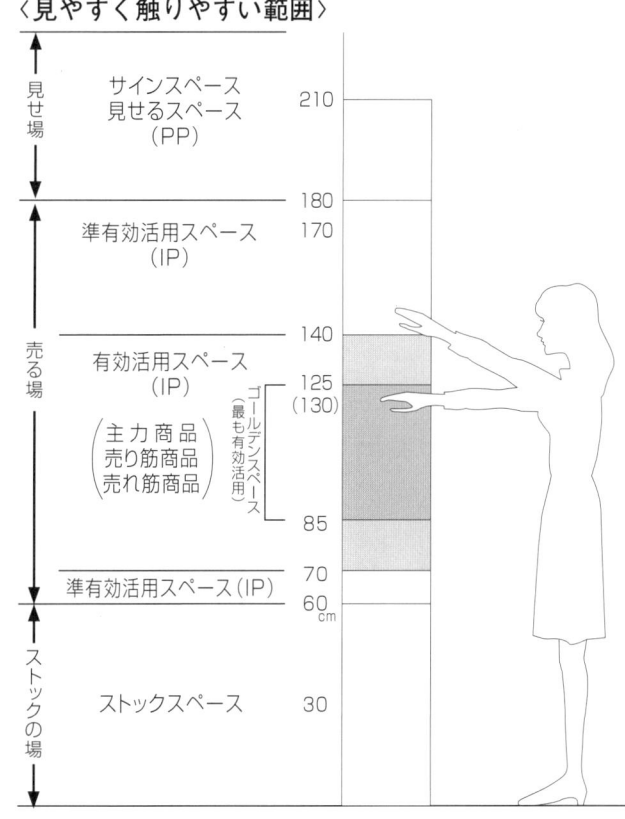

〈見やすく触りやすい範囲〉

見せ場：サインスペース　見せるスペース（PP）　210／180
売る場：準有効活用スペース（IP）　170／140　有効活用スペース（IP）　125（130）　主力商品・売り筋商品・売れ筋商品（ゴールデンスペース　最も有効活用）　85／準有効活用スペース（IP）　70／60cm
ストックの場：ストックスペース　30

a. **シングルハンガーラック陳列（側面陳列、ショルダーアウト：ハンギング）**

ハンガーラック陳列は、顧客が実際に手で取って商品を選ぶことができ、商品サイズ別、色別、デザイン別などに分類することによって、選びやすい感じを与え、同時に量の豊富さをだすことができる。ラックに商品ハンガーを同一方向に掛け、ハンガーの向きは、手に取りやすい方向（基本的に、右手で商品を取って見られるよう）にする（22ページ参照）。

第1章　ディスプレイ・VP・VMD概論　19

〔商品の掛け方〕
- 商品量の適正数は、商品をラックに掛けて片側に寄せて、$\frac{1}{3}$の空間を作り、均等にかけ直すと取りやすく元に戻しやすい量になる（22ページ参照）。

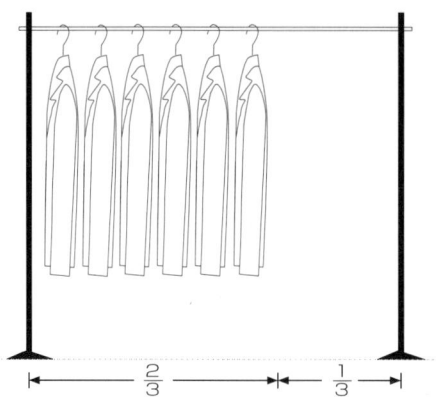

- 小さいサイズから大きいサイズへ。

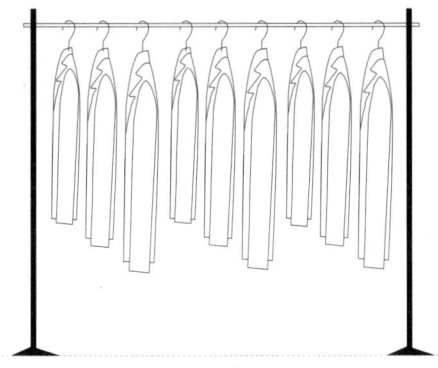

- 明るい色から暗い色へ。

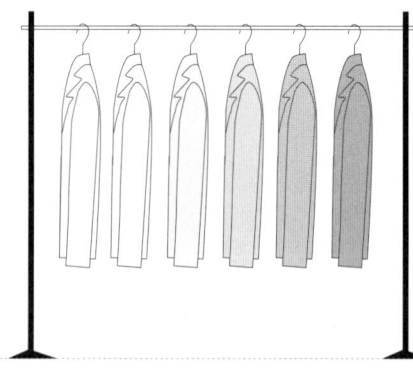

- 品目別に分ける。

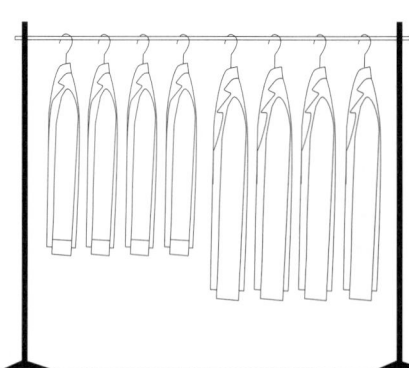

- 品目の量に差がある場合は少ない品目を前にする。

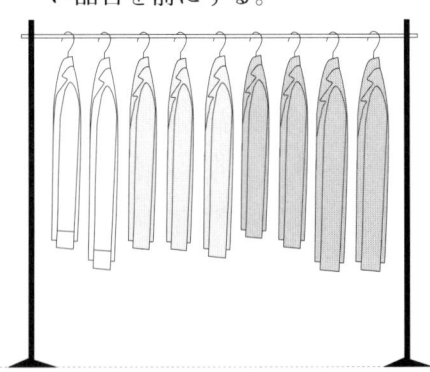

- 柄と無地がある場合は柄を前にする。

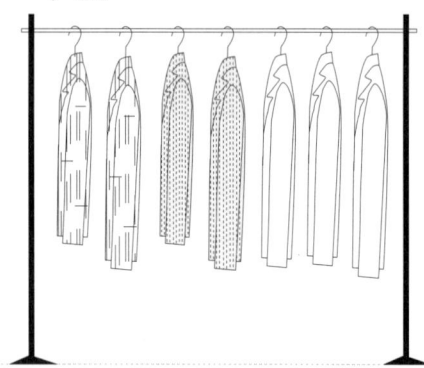

- トップからボトムへ。

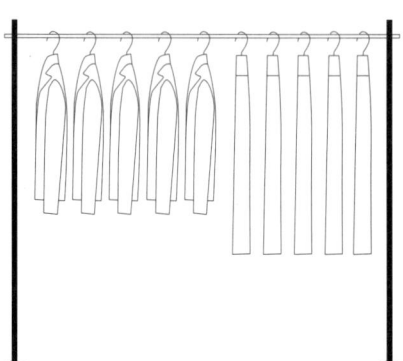

- トップとボトムのセットアップ。

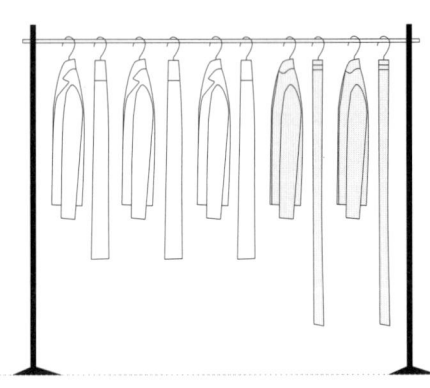

- ハンガーエンドにサンプルを外側に向けて掛ける。コーディネート提案で関連販売を促進する（PP）。

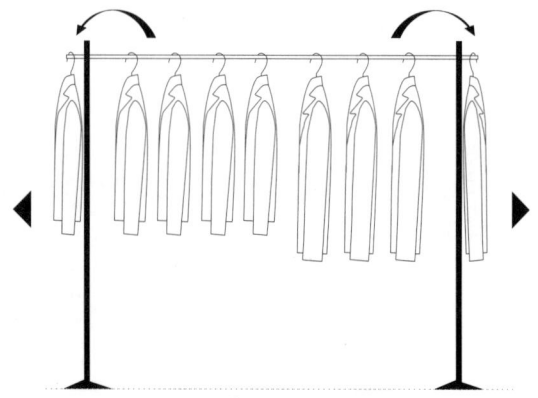

- ボディやマネキンにサンプルをウェアリング。コーディネート提案で関連販売を促進する（PP）。

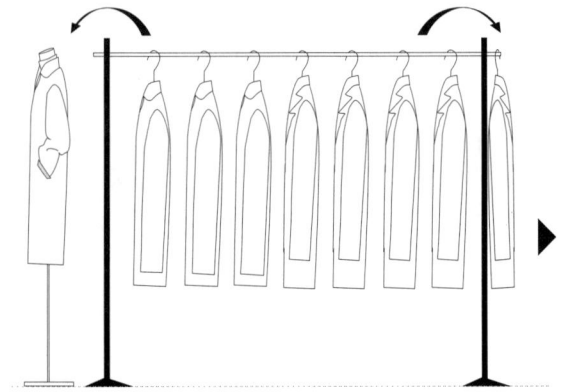

b. 棚陳列（フォールデッド）
〔商品の置き方〕
- 商品量は $\frac{2}{3}$ の高さまで、上部 $\frac{1}{3}$ はあけておくと、取りやすく元に戻しやすい（22ページ参照）。

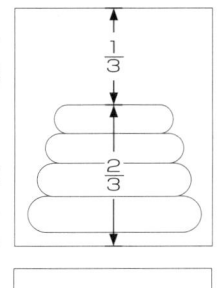

- 商品の向きは、衿のデザインが見えるように、上の商品は衿を手前にして、以下は衿を奥にする（22ページ参照）。
ガラスケースの場合、ケースの上にサンプル展示がある場合は同様にする。ケースの上にサンプル展示がない場合は、ガラスケースの上から見えるので、最上段のみ商品が正面向きに見えるようにする。2段目以下は棚陳列と同様にする。

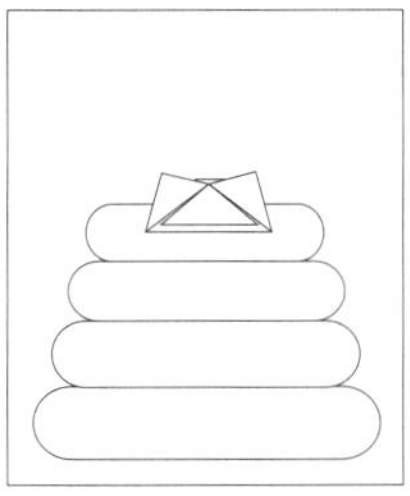

- 小さいサイズから大きいサイズへ、上から下へ分類する。
- 明るい色から暗い色へ、上から下へ分類する。

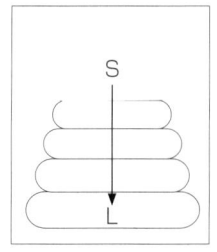

- 棚割りは、縦陳列と横陳列があり、デザイン、色、サイズ、価格などで分類する。ボックス棚什器の上にデザイン、色などのバリエーションをサンプル展示（PP）。

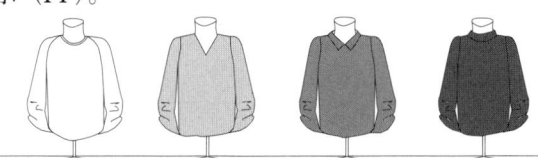
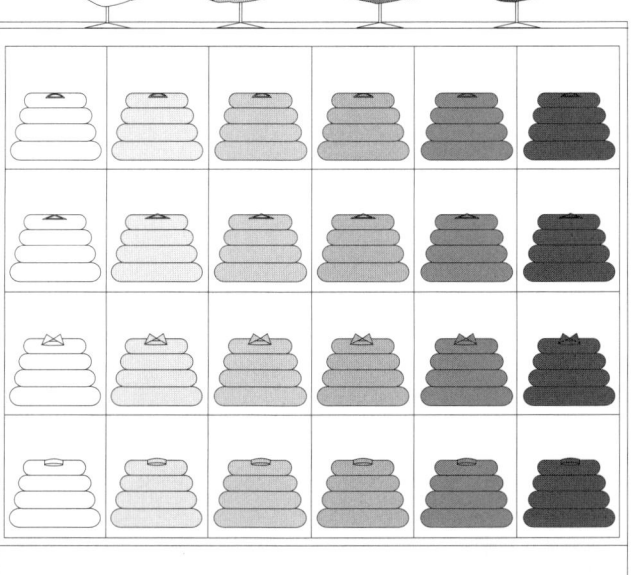

c. 壁面陳列
　壁面陳列のフェイスアウト（正面陳列）、側面陳列は、顧客が商品に手を触れなくても、商品フェイスを見ることによって、同一テイストの商品のデザイン、色のバリエーションを見ることができる。前面商品のコーディネート提案（PP）で関連販売を促進する。

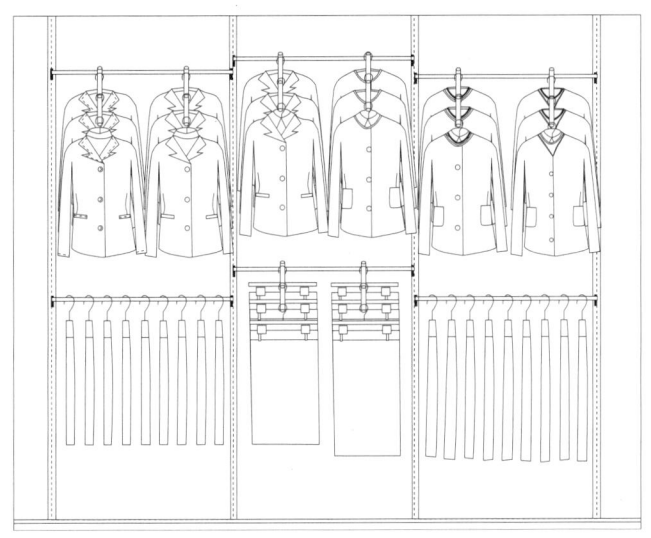

　商品をクローズアップするサンプル展示（PP）、カラーコントロール、コーディネートは、陳列を効果的にする要素である。

⑦ **売り場の総合演出**
　VMD、VPは、視覚効果の売り場づくりである。的確な売り場環境（ショップインテリア）、フロア計画、ゾーニング、導線、什器・器具（30〜31ページ参照）、商品（34〜40ページ参照）、VP、PP、IP（19〜23、49〜172ページ参照）、POP（14ページ参照）、カラーコントロール（26〜29ページ参照）、照明（24〜25ページ参照）、音、映像、香りなどを総合的に演出。メンテナンス（保持）、清潔、安全を心がけ、時代に対応した創造的快適生活空間を提供することが重要である。

(8) VP、PP、IP演出（例）

〔売り場づくりの基礎知識—③〕

① システム什器の棚、ハンギングバーを活用したPP、IP演出（例）

PP
- IPのクローズアップ
- フェイスアウト
- ハンギング
（コーディネートハンガー）
87ページ参照

IP
- フォールデッド
66〜68ページ参照

$\frac{1}{3}$ / $\frac{2}{3}$ 21ページ参照

IP
- ショルダーアウト
- ハンギング
（ハンガー）

● 商品の向きは、上の商品は衿を手前に、以下は衿を奥に陳列する（21ページ参照）。

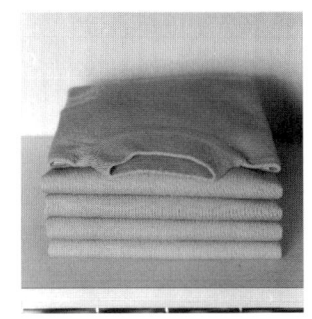

● 商品量は片側に寄せて$\frac{1}{3}$の空間を作り、均等にかけ直すと取りやすく元に戻しやすい（20ページ参照）。

● ハンガーの向きは、手に取りやすい方向にする（19ページ参照）。

○　　　　×

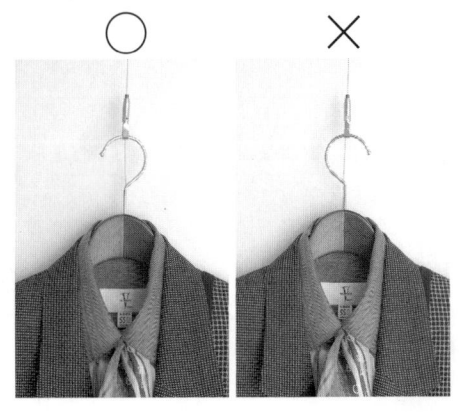

● 基本的には右手で商品を取って見られるようにする（19ページ参照）。

② VP、PP演出（例）

●VP演出（ショーウインドーディスプレイ）
3体のマネキンに秋冬のブラウス、スーツ、ジャケット、パンツをスカーフ、アクセサリーで華やかに演出。ファッショングッズを構成したトータルコーディネートディスプレイ。

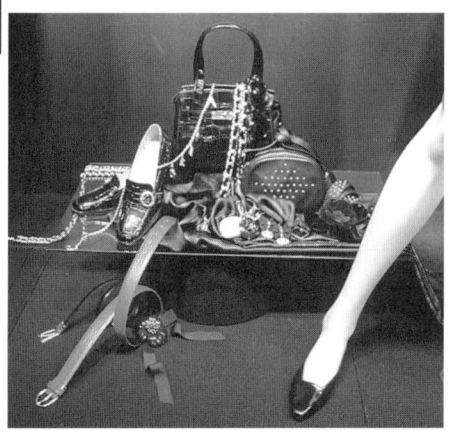

●ファッショングッズ（バッグ、ネックレス、イヤリング、コサージュ、ベルト、スカーフ、靴）の三角構成ディスプレイ。

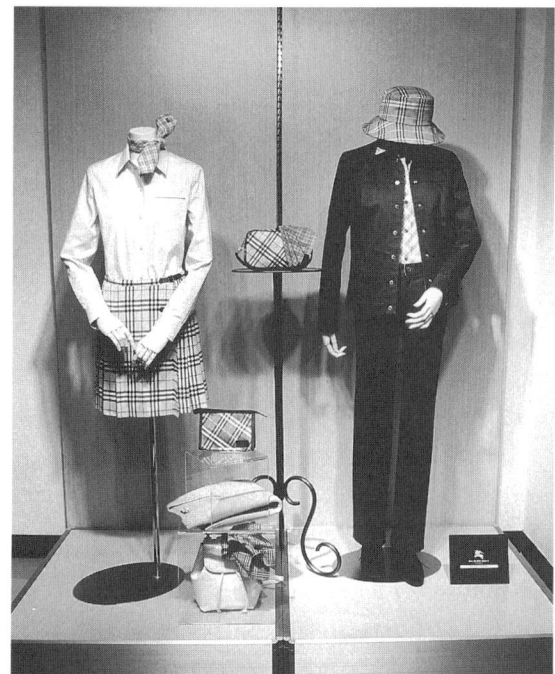

●VP、PP演出（ステージディスプレイ）
2体の腕つきボディにシャツブラウス、スカート、パンツスーツをシンプルにウェアリングしたクロスコーディネートディスプレイ。中央のアクリルボックス、スタンドにセーターやバッグを構成、ブランドロゴマークのPOP。

●PP演出（テーブルディスプレイ）
スタンディング（フレキシブルハンガー）とレイダウンで秋冬アイテムのトータルコーディネートディスプレイ。

第1章　ディスプレイ・VP・VMD概論　23

2．照明

店内の全般照明（快適な環境をつくる基本照明）、ショーウインドーや店内演出などの局部照明（注目度を高める重点照明、演出照明）、そして商品照明（商品の特性、価値観を伝える照明）など、総合的に店舗照明計画をしていくことが重要である。

(1) 光の基礎

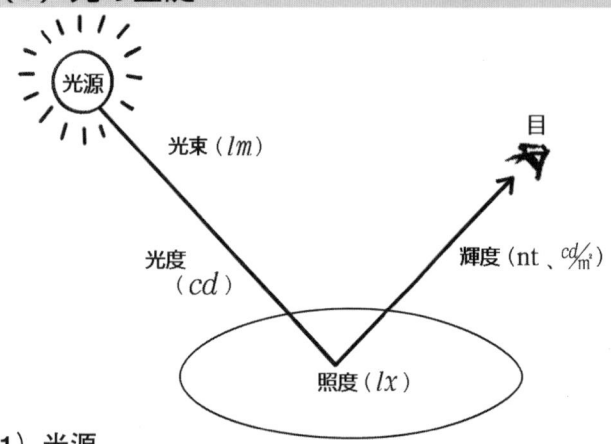

1）光源

光源からの光や、物体に当たって反射した光が目に入り、網膜の視細胞を刺激、感じることで物が見える。光の可視光線（波長380〜780nmの電磁波）の波長の長い順に赤・橙・黄・緑・青・青紫の色があらわれ、この順列を光のスペクトルという（25ページ図参照）。波長ごとのエネルギーの割合によって光の強さ（明・暗）や色みが異なって感じる。一日の朝・昼・夕や、天候、季節によって、自然光は大きく変化する。さらに人工光となると、光源の種類によって、物の見え方にさまざまな効果があらわれる。燃焼発光の分類として、ろうそく、ガス灯、石油ランプ。白熱発光では、白熱電球、ハロゲンランプ。放電発光では、蛍光ランプ、HID（水銀ランプ、メタルハライドランプ、高圧ナトリウムランプを総称）などがある。

2）光束　単位：lm（ルーメン）
光源から1秒間に放射される光の量

3）光度　単位：cd（カンデラ）
光源から当る方向にどれだけの光の量が出ているか。

4）照度　単位：lx（ルクス）
光が当っている面の単位面積あたりの光の量。表面の明るさの度合いをあらわす。

5）輝度　単位：nt（ニト）
　　　　　または cd/m^2（カンデラ パー 平方メートル）
ある方向から見たものの輝きの度合い。強すぎると不快感のあるまぶしさ（グレア）となる。視野内のグレアカットの方向で照射を考える（25ページ参照）。適度であればきらめき感となる。

6）色温度　単位：K（ケルビン）
放射体を加熱、燃焼温度とその発光する光色を数値であらわしたもの。色温度が低いほど赤みがかり、高いほど青みがかった光色となる。

代表的な光源の色温度（標準値）

自然光		色温度(K)	光源
晴天の青空	12000	12000	
曇天の空	7000		
		7000	
日中の北窓光	6500	6500	蛍光ランプ昼光色（D）（メロウルックD）
		6000	
		5500	メタルハライドランプ（高効率型透明）
地上から見た天頂の太陽	5250		
		5000	蛍光ランプ昼白色（N）（メロウルックN）
		4500	
		5000	蛍光ランプ白色（W）系
地上から見た天頂の満月	4125		蛍光水銀ランプ
		4000	3500
		3800	蛍光ランプ淡白色（WW）系
		3000	
		2850	自然電球（100V・100W）
		2700	
ガス灯	2125		
		2000	2100 高圧ナトリウムランプ
ロウソク（パラフィン）	1900		
地上から見た地平線の太陽	1850		

7）平均演色評価数　単位：Ra（アールエー）
光源の種類によって色が違って見える。太陽光線下での見え方に近い照明の光源を演色性がよいという。この色の見え方を決める光源の性質が演色性であり、それぞれの照明による色の見え方の平均値を示したものが平均演色評価数Raである。一般にRa80以上あれば、色の見え方のずれは少ない。数値の低いものとしての低圧ナトリウム灯（トンネル内のオレンジの光）などで、赤が茶色に見えたり、青が黒く見えたり、色のずれを感じる経験がそれである。

（白熱発光ランプ）
　　白熱球　　　　　Ra100
　　ハロゲン球　　　Ra100
（放電発光ランプ）
　　三波長形蛍光灯　Ra88
　　コンパクト蛍光灯　Ra84
　　メタルハライドランプ　Ra70
　　水銀ランプ　　　Ra50

● 光のスペクトル

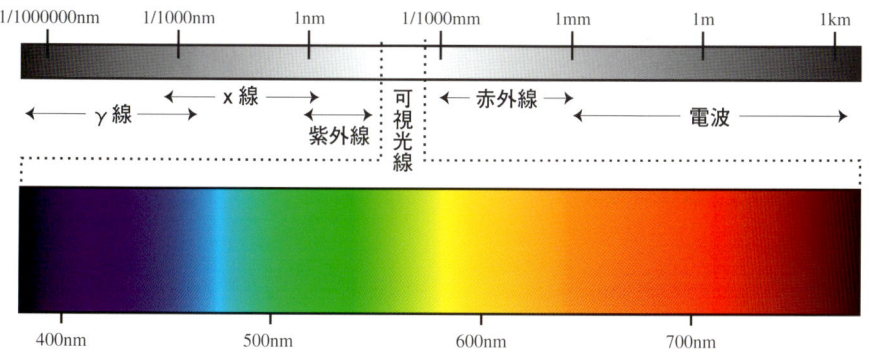

● 光源に見る光色のバランスの違い

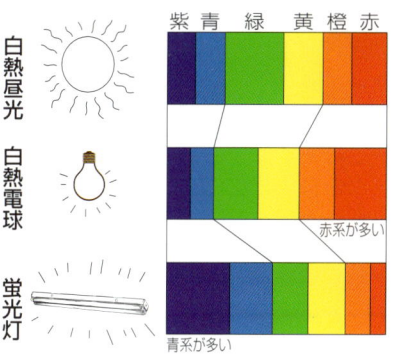

(2) 照明器具の種類（取りつけ状態による）

シーリングライト	天井に直接取りつける
シャンデリア	多灯電球を吊り、装飾性が高い
ペンダントライト	天井から吊るす
フロアスタンド	床に置く
スリムラインランプ	什器内にランプを取りつける
ブラケットライト	壁に取りつける

ダウンライト	天井に埋込む
スポットライト	特定の方向に照射する
フットライト	足元を照らす
コーブ照明（建築化照明）	壁の上端に、棚上で光を隠した間接照明
コーニス照明（建築化照明）	壁に平行で、天井面に接するパネルで覆った間接照明

(3) 照明手法（ライティング）

1）照射位置と陰影（立体感）

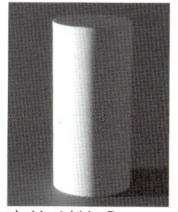
左サイドから
立体感があるが強調しすぎ

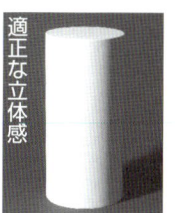
左斜め上から
立体感がでてディテールがわかる
（適正な立体感）

正面下から
トップのディテールがでない

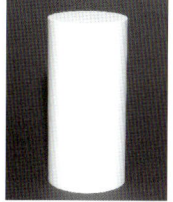
真正面から
平面的でディテールがとぶ

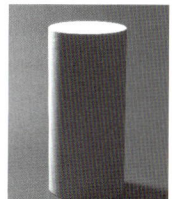
後方斜め上から
陰ができ、シルエットのみ

真上から
トップのみ明るく、ディテールがでない

2）散光と集光

散光は広範囲に照射し、適切な照度で全体を見やすくさせる。集光は集視性を高めるために、スポット効果で強調する。

3）直射と交射

ある方向から直接照射する効果のほかに、さらにいくつかの照明を交射、クロスすることで適度な照度が得られ、また照度差をつけるなどで、提案したいものをクローズアップすることができる。

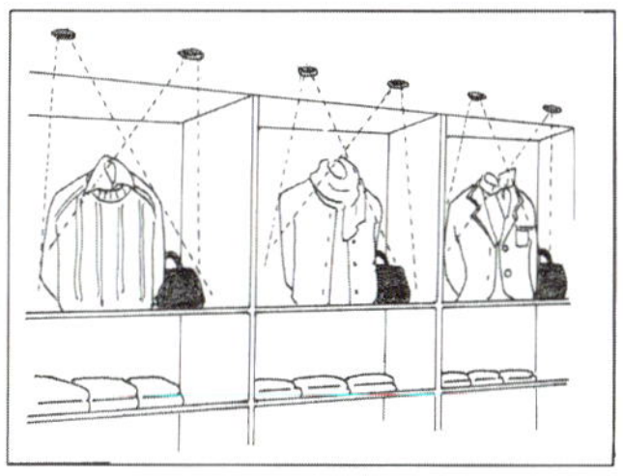

4）直接照明と間接照明

直接照明は対象物を直接照らす。間接照明は、対象物に対して間接的に照らし、光を反射、拡散させて和らげる。

5）売り場照明

売り場全体を照らす「ベース照明」、重点的に照らし演出する「重点照明」、商品を的確に照らして見せる「商品照明」など、それぞれの役割と効果を考えて計画することが大切である。

売り場のベース照明やステージ面、ディスプレイテーブル面を照らす水平面照度や、垂直な壁面陳列、演出面を照らす鉛直面照度などは商品照明として効果的に活用される。まぶしさ（グレア）にも注意する。

壁面を光で洗うように照らすウォールウォッシャーは、アクセント効果や空間の広がりと奥行きを感じさせるのに効果的である。

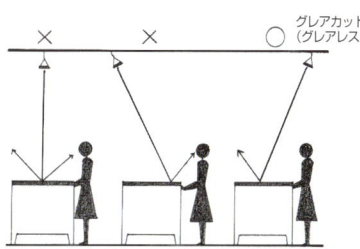
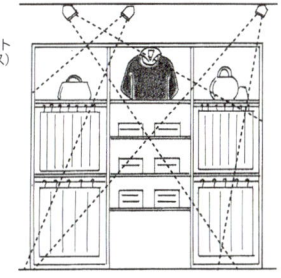

売り場の照度の計画は、例えば店内照度を1としたとき、ウインドーや店頭は3～5倍、店内演出部分は1.5～2倍、奥のコーナーは1.5～3倍というように、目的、役割、効果を考えた売り場照明計画が重要である。

3. 色彩

　色彩は、人の知覚や心理に深く影響を与える。売り場を通じて顧客に視覚的に訴えかけてゆくディスプレイにとっても、色彩の持つ効果はとても重要である。視覚的に与える印象、陳列の見やすさ、商品展開のカラーバランス、イメージによる空間演出など、売り場全体の視点でとらえたVMDのカラープランニングには、その目的に応じたカラーコントロールが要求される。基礎をしっかり把握し、色彩を効果的に活用すべきである。

（1）色彩の基礎

1）色の三属性

　色は、色相、明度、彩度の三つの要素から成り立っている。これを色の三属性という。

①色相（Hue, hue）

　赤、黄、緑、青などの色みの違いを「色相」という。あらゆる色相は、色相環によって示すことができる。

②明度（Value, lightness）

　色の持つ明るさの度合いを「明度」という。最も明度が高い（明るい）色は「白」、最も明度の低い（暗い）色は「黒」である。白からだんだん黒に至る灰色の段階をグレースケールといい、明度を示す基準となる。

③彩度（Chroma, saturation）

　色の持つ鮮やかさの度合いを「彩度」という。各色相の中で最も彩度の高い（鮮やかな）色を「純色」という。また、最も彩度が低い（鈍い、弱い）色は「無彩色」といい、「白」「灰」「黒」の各色がこれにあたる。

　単一の色相での明度と彩度の関係を示したものを「等色相面」という。また、等色相面を色相環に従って並べ、色の三属性を立体的に示した模型を「色立体」という。

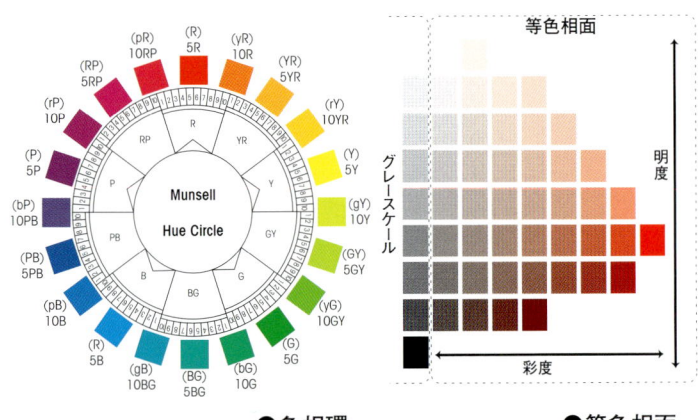

●色相環　　●等色相面

2）トーン（tone）

　色彩は、白・灰・黒のように明度の性質だけを持つ「無彩色」と、色相・明度・彩度の三属性を持つ「有彩色」に大別される。

　有彩色は、明度と彩度の違いにより、明暗、濃淡、強弱などの表情を持つ。これをトーン（調子）という。配色などを検討する場合は、色相とトーンの二つの視点から色を整理してとらえるとよい。

●トーン

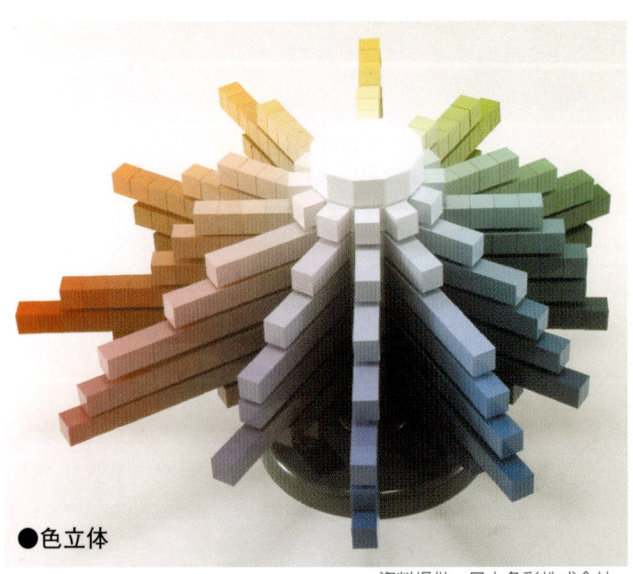

●色立体

資料提供　日本色彩株式会社

※色相、トーンの表記、名称は、JIS Z 8102に準拠

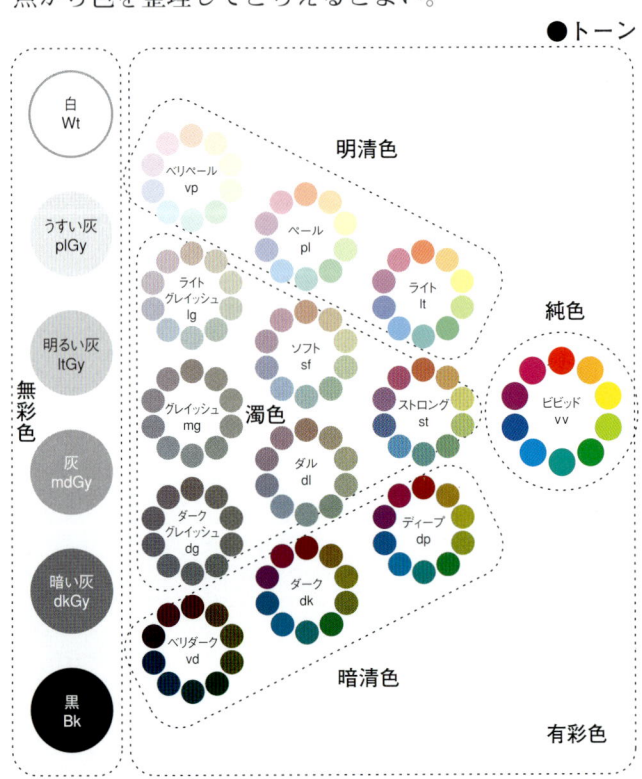

(2) 配色調和

1) 類似の調和と対照の調和

類似の調和とは、色相やトーンの似ている色を組み合わせる考え方で、比較的まとまり感のある配色となる。それに対して、対照の調和は、色相やトーンが大きく異なった色を組み合わせる考え方で、明快な印象や躍動感のある配色となる。

2) 色相を基準にした配色

① 同一色相の配色
同じ色相だけで配色。まとまり感のある配色。

② 類似色相の配色
色相の近い色の配色。比較的まとまり感がある。

③ 対照色相の配色
色相差の大きい配色。きわだち感があり、彩りの豊かさや、躍動感のある配色。

④ 補色の配色
最も色相差の大きい配色。お互いを鮮やかに見せる効果などがある。

3) トーンを基準にした配色

① 同一トーンの配色
同じトーンで配色。トーンのイメージが反映。

② 類似トーンの配色
隣り合ったトーンで配色。トーンのイメージが比較的よく反映。

③ 対照トーンの配色
大きく離れたトーンの配色。明快な印象の配色。

●色相を基準にした配色

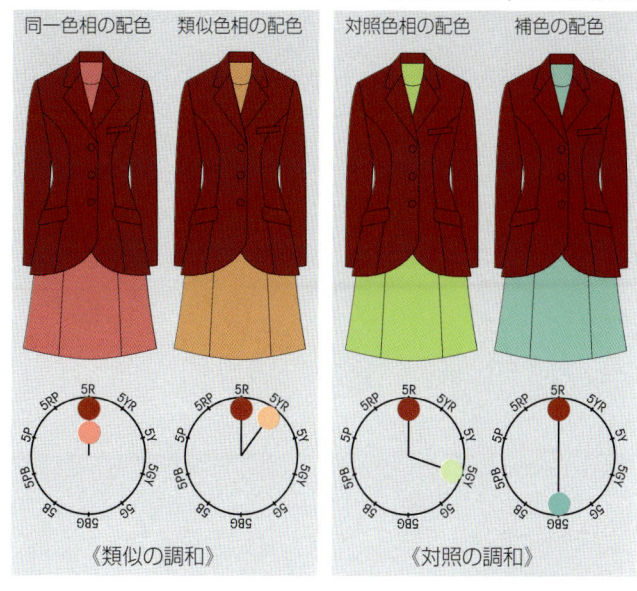

●トーンを基準にした配色

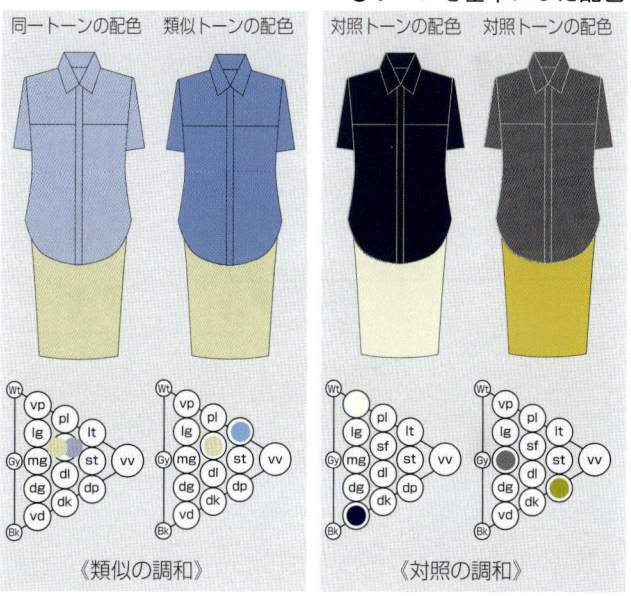

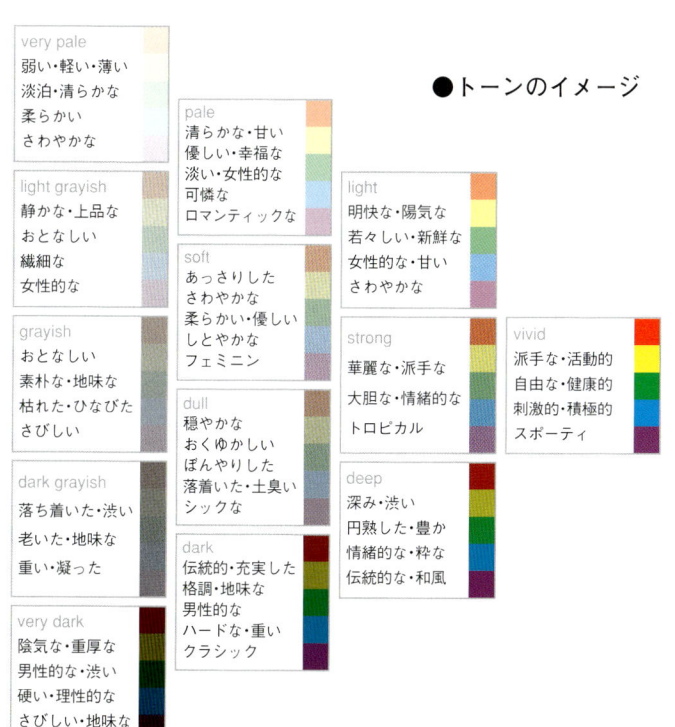

●トーンのイメージ

(3) 色とイメージ

色彩は、いろいろなイメージと結びつく。特にトーンの持つイメージは、季節感やファッションイメージを表現する上で大切な鍵となる。

●トーンによる季節のイメージ

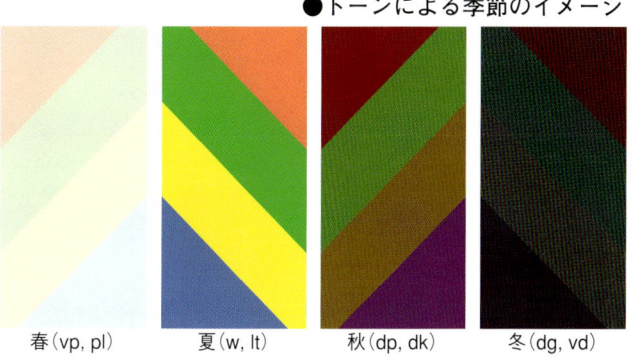

春(vp, pl)　夏(w, lt)　秋(dp, dk)　冬(dg, vd)

第1章　ディスプレイ・VP・VMD概論

(4) 色彩計画（売り場におけるカラーコントロール）

色彩計画は、調査分析から具体的な配色計画、生産現場や色彩管理など、すべてに関しての計画、実践まで含まれている。ここでは売り場環境を通しての色彩計画にポイントを置き、統一と変化を見ながら、カラーバランス（色の調和）をとる。商品や空間演出を含めたカラープランニングが要求され、コンセプトをもとにカラーコントロールし、展開させる。

1) カラーバランスの基本

配色の主役となり、大きな面積を示すベースカラー。それと組み合わせて使うアソートカラー。全体の印象を強くするために少量を効果的に使うアクセントカラー。この三つが基本である。

2) 什器によるカラーコントロール（IP）

共通する色の要素を見いだすことで、視覚的に整理され、よりMDが明確になる。棚やハンガーラックによるIP展開を例にとって、いくつかのカラーコントロールをあげてみる。

①棚展開例

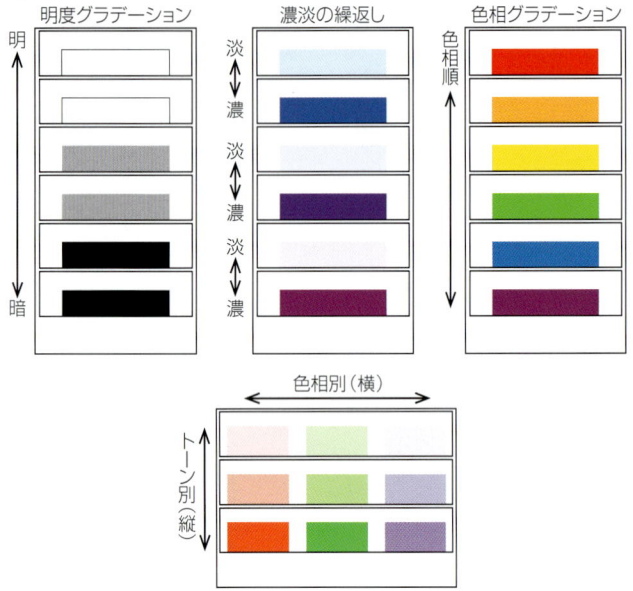

②ハンガーラック展開例

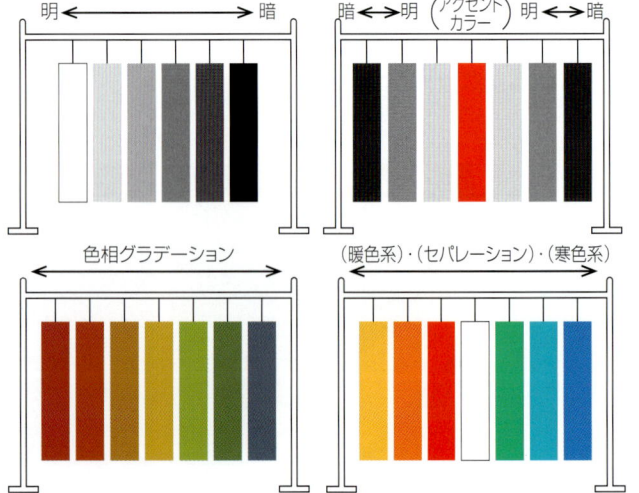

3) 商品演出のカラーコントロール（PP・VP）

商品演出（PP・VP）として、マネキンやボディなどにウェアリングさせるとき、ファッションイメージのスタイリング提案とともに、カラーコーディネートは、強く人々に印象づけることができ、訴求効果がある。

①単体のファッションコーディネート例

無彩色の中にオレンジでアクセント　　同一色相のトーンの違いの配色にイエローでアクセント

②2〜3体によるクロスコーディネート例（VP）

演出物であるぶどうの色をイメージカラーとして、紫系の色を関連づける。3体のウェアリングはそれぞれ明暗でコントロール。

③カラーによるグルーピング例（PP・VP）

商品をカラー別にグルーピングし、リピート構成で演出。グリーン、ブルー、ピンクの色相をリズミカルに展開。

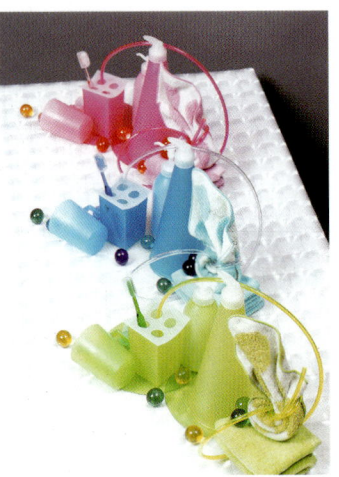

（5）色の連想・象徴

色は、さまざまな物事を想像させる。これを色の連想という。また、文化や習慣から、色が多くの人に共通の意味を持つことがある。たとえば、日本では赤は慶事と、黒は弔事と結びついている。これを色の象徴という。色彩を活用する場合には、色とその意味の結びつきに注意することが必要である。

色	連想語・象徴語		
赤	情熱	興奮	強烈
橙	陽気	快活	若さ
黄	明るい	支配	安全
黄緑	新生	平和	沈静
緑	新鮮	希望	青春
青緑	冷静	神秘	清浄
青	理想	理知	冷静
青紫	気品	高貴	神秘
紫	古典	上品	優雅
赤紫	甘美	華やか	権力
白	潔白	無垢	清潔
灰	地味	悲しみ	陰鬱
黒	神秘	恐怖	悪

（6）販売促進計画とテーマカラー

生活歳時記の中から、いくつかの主な販促テーマを例に、イメージとなるテーマカラーを引き出してみる。シーズンカラーをいち早く打ち出したり、カラートレンドを発信するとともに、年間歳時記の行事や記念日などをテーマとしたビジュアルなイメージカラーは、人々の気分に快い心理効果を与えてくれる。この効果は販売促進計画として、大きな役割を持つものである。

販促テーマ	テーマカラー
正月	紅白、緑、金、銀、黒
バレンタインデー	ピンク、赤、白
ひな祭り	桃色、黄、黄緑
フレッシャーズ	青、紺、緑、白
母の日	赤、緑
父の日	黄、青
サマーセール	赤、橙
サマーバケーション	青、白、緑、オレンジ
トラベル	茶、レンガ、黄、緑
ハロウィン	パンプキンイエロー、黒
収穫祭	黄、茶、ベージュ
クリスマス	赤、白、緑、青、金、銀

（7）流行色（ファッションカラー）

特定の色がとても新鮮で魅力的となり、広範囲の人たちの共感を得て受け入れられ、衣・食・住その他の生活全般にわたって影響し合い、社会現象化したときにその色は流行色となる。

色彩情報機関として、国際間の流行色選定をしている「INTERCOLOR」、日本には「JAFCA」がある。その他さまざまな海外・国内の情報機関があり、春夏（SS）、秋冬（AW）、年2回、色の提案をし、シーズンに先駆けて予測情報を発信している。トレンドカラー（傾向色）、フォーキャストカラー（予測色）、ディレクションカラー（誘導色）、プロモーションカラー（奨励色）、キーカラー（特徴色）など細分化して活用されることがある。マーケティング戦略として、商品化や販売促進には欠かせない情報源であり、的確な判断をしながら色彩計画へ活用させる。

1）インターカラー（INTERCOLOR）

国際流行色委員会。1963年5月、フランス、スイス、日本の代表が、ファッションの色彩を国際的に討議すべきとの意見から発起国となり、同年9月パリで第1回インターカラー会議が開催された。カラー情報は、実シーズン約2年前の6月に春夏、12月に秋冬が発表され、世界で最も早いトレンドカラー選定であり、世界各国のトレンドカラー情報機関に大きく影響を与えている。

● インターカラー加盟国

オーストリア、中国、コロンビア、チェコ、イギリス、フィンランド、フランス、ハンガリー、イタリア、日本、韓国、ポルトガル、スイス、トルコ

（アルファベット順　2006年6月現在）

2）ジャフカ（JAFCA）

日本ファッション協会流行色情報センター。1953年、前身の日本流行色協会が創設。以来、実シーズンの約1年半前にトレンドカラーを発表している。生活のあらゆる分野の流行色を予測する機関として、色彩情報を提供。繊維、衣料品、服飾雑貨、家庭用品、学校、各種団体、リビング、家電、マスコミ、化粧品、小売業、自動車など幅広い業種の会員により構成されている。

3）色彩情報の流れ

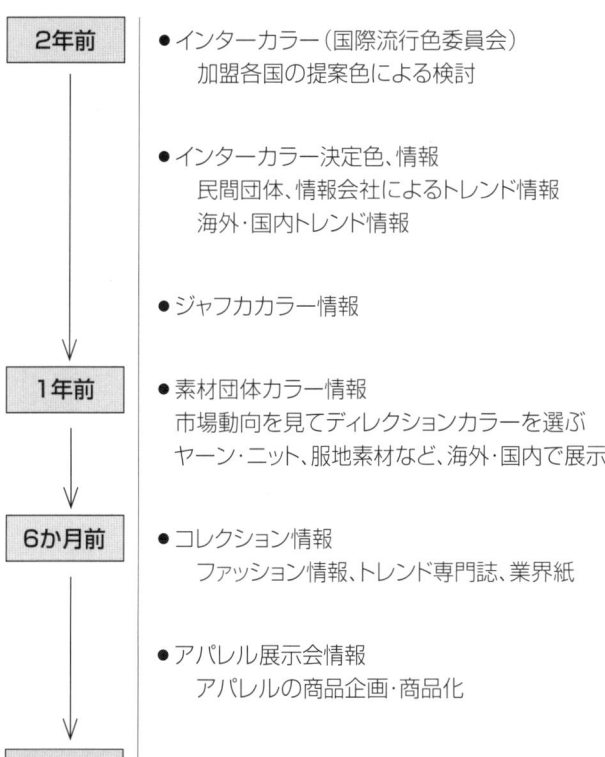

4. 什器、器具、マネキン、ボディ、プロップス、オブジェ

(1) 什器、器具

　什器は、売り場空間において商品展示、空間演出、販売助成など、目的に応じた機能を持つ。商品分類・整理区分や売り場レイアウトにおいても効果を発揮し、トータルな展開によってイメージ統一ができる。大型、高額で固定資産税対象となるものを什器といい、小型、低額で税対象外のものを器具と呼び区別する。

1) 什器

片面棚　　両面棚　　ボックス棚　　傾斜ハンガーラック　T字型ハンガーラック　卍型ハンガーラック　シングルハンガーラック

フィッティングルーム　ミラー　コーディネートハンガースタンド　ワゴン　ガラスケース　ステージ　ディスプレイテーブル

システム什器　　複合体　　複合体

2) 器具

フレキシブルT字スタンド　ネクタイスタンド　帽子スタンド　ボディパーツ　スリッパライザー　シャツスタンド　ライザー　ストッキングフォーム

(2) マネキン、ボディ、プロップス、オブジェ

　マネキン、ボディは着装感をリアルに表現することに適している。さらに空間対応型のオブジェ感覚で用いるなど、目的により演出に広がりをだせる。プロップス、オブジェ類は多種多様で、テーマイメージをより強調し、演出効果を高めてくれる。また、環境問題がクローズアップされる時代に、従来の廃棄が困難な素材（補強材の問題）の解決策として、新FRPが研究開発され、資源循環型社会への適合可能な素材へと転換したり、成分分解性樹脂（燃え、灰になる）や再生資源活用Pet-G素材など、エコ素材が登場している。

1) マネキン

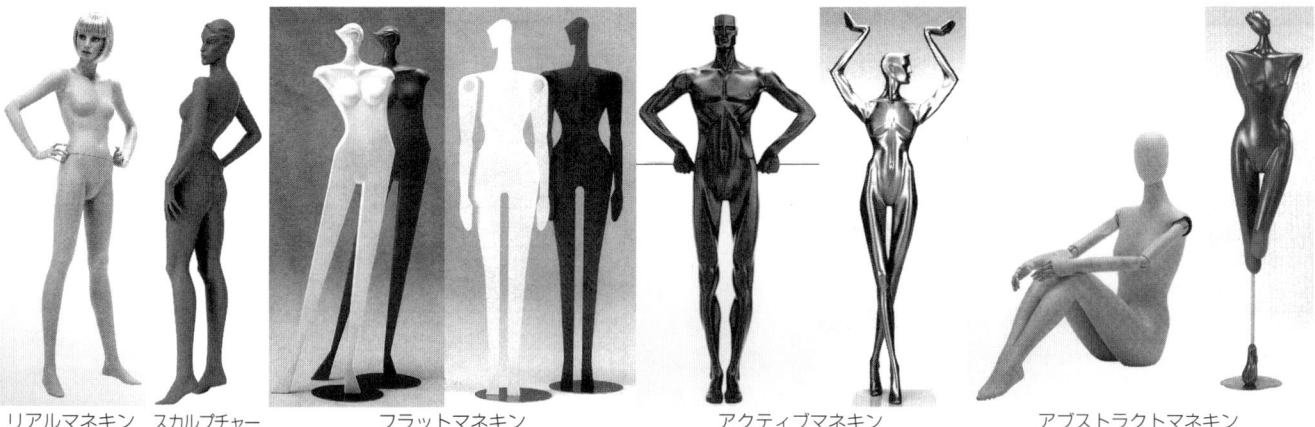

リアルマネキン　スカルプチャーマネキン　フラットマネキン　アクティブマネキン　アブストラクトマネキン

2) ボディ

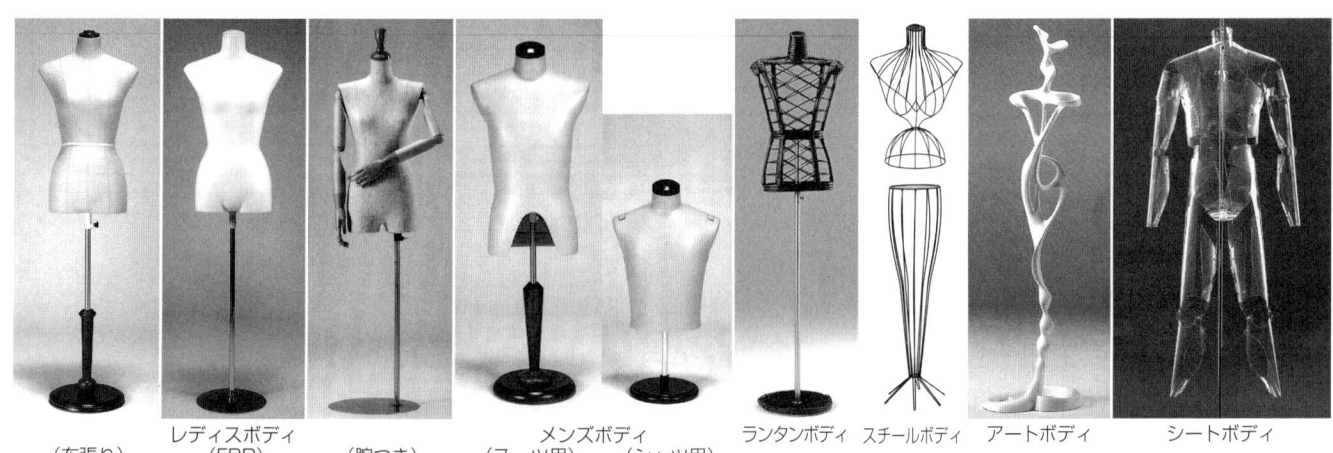

（布張り）　レディスボディ（FRP）　（腕つき）　メンズボディ（スーツ用）　（シャツ用）　ランタンボディ　スチールボディ　アートボディ　シートボディ

3) プロップス、オブジェ

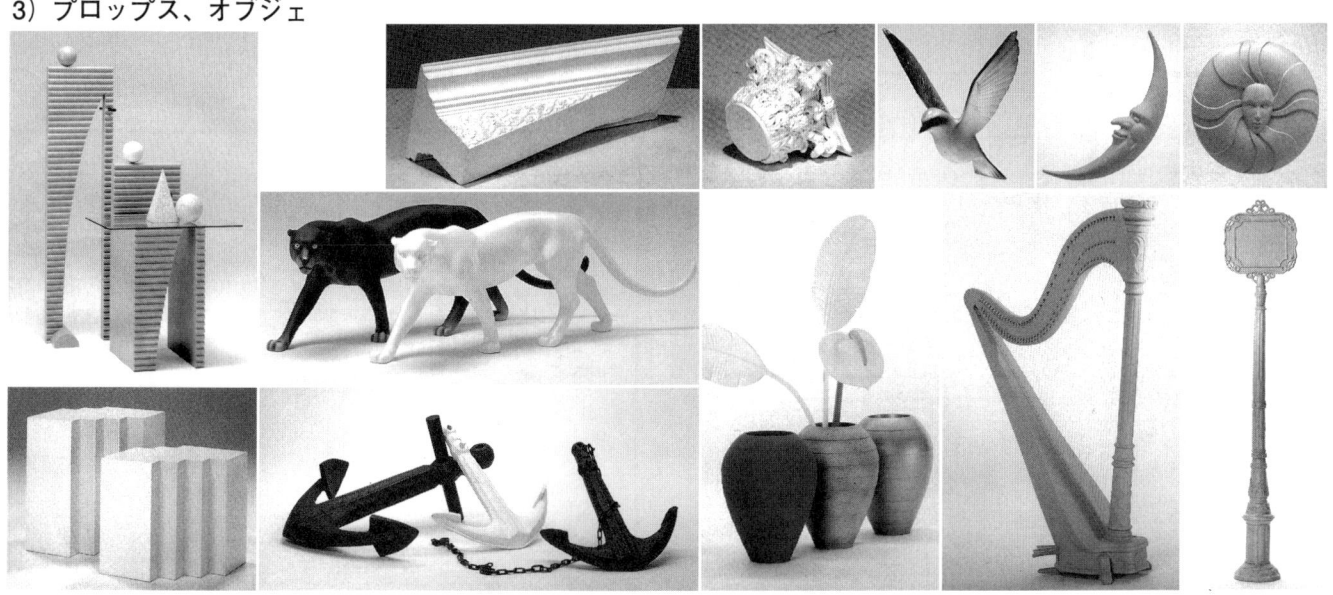

第1章　ディスプレイ・VP・VMD概論　31

5. VMDマップ演習—衣—（例）

　VMD理論を理解してそれをどのように政策・演出するかを学生の個性で体験学習する演習作品を紹介する。実践では目的を絞り、めりはりのあるプレゼンテーションをすることが重要である。VMD（売り場づくり）のキーワードはCI・SI・VIのストーリー性・統一性・一貫性であり、商品情報提案、新しい生活提案、個性・差異化、創造的快適生活空間（コト・モノ・ヒト・サービス）の提案である。VMDマップ演習の主な内容は、VMD・VPのマーケティングリサーチから、社会環境（市場動向、消費者ニーズ、ライフスタイル）、ファッショントレンド分析をし、企業理念に基づいてVMD・VPに発展させる。ショップ（ストア）コンセプト、MDコンセプト、VMDコンセプト、VMD・VPデザインイメージコンセプト、フロアコンセプト（ゾーニング）、VMD・VPの什器・器具開発・テクニック開発、VP（テーマ、コンセプト、図面、パース）、VMD・VP（ショップインテリア、エクステリア、図面、パース）などである。

●学生作品

　コンセプトは、コンテンポラリーキャリアをターゲットに、モダンで洗練された商品とその売り場づくり。

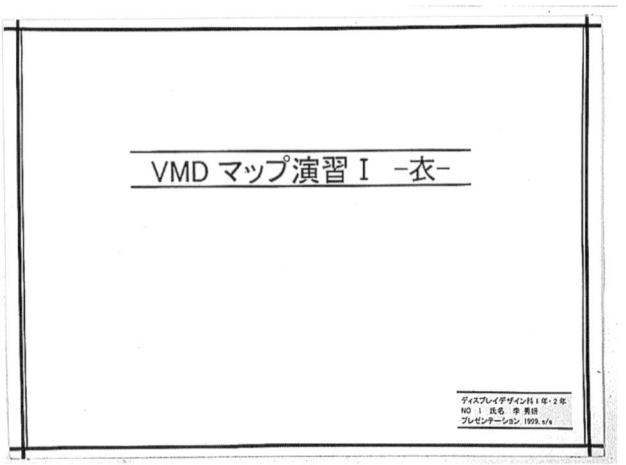

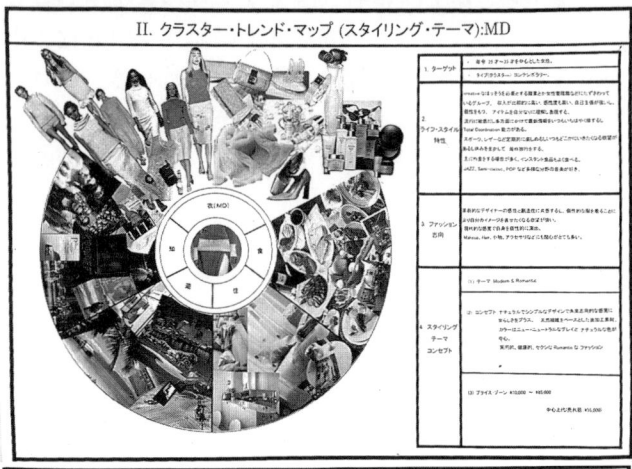

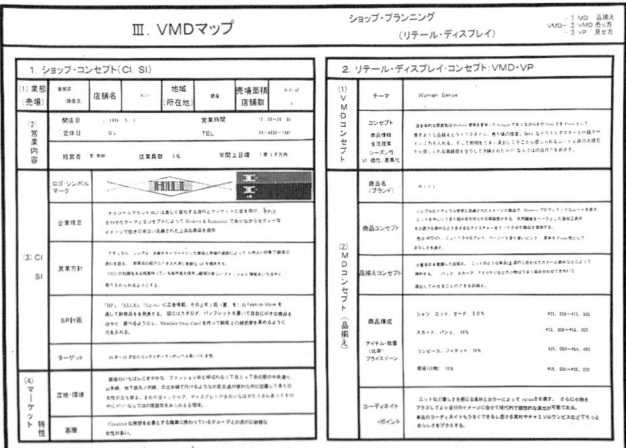

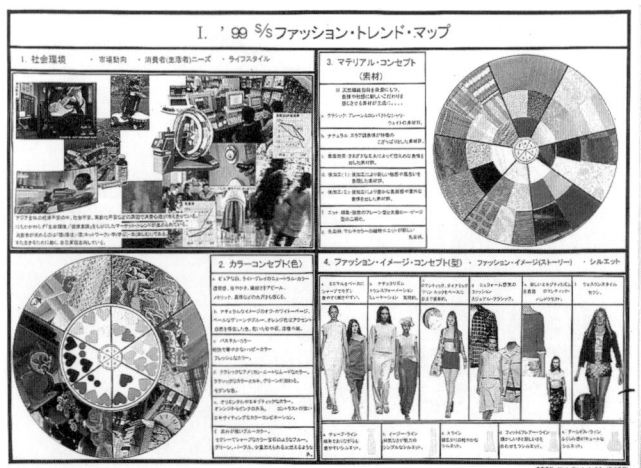

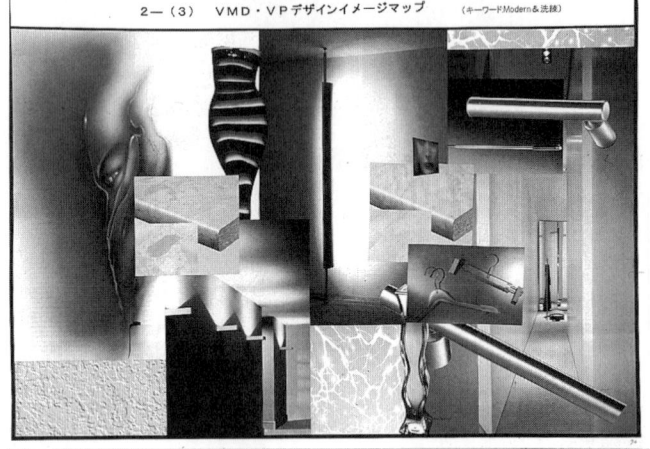

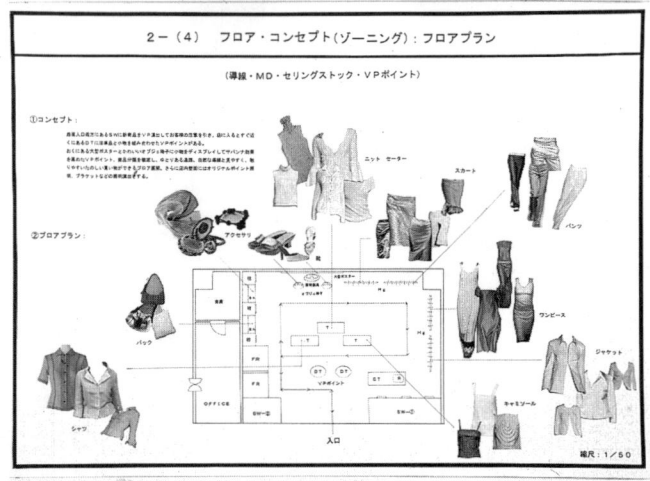

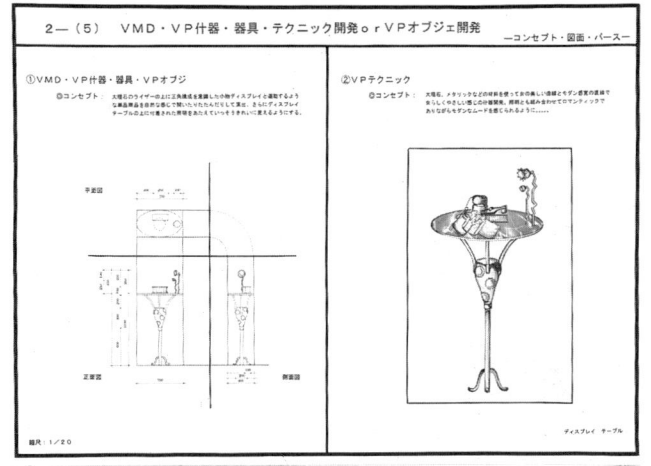
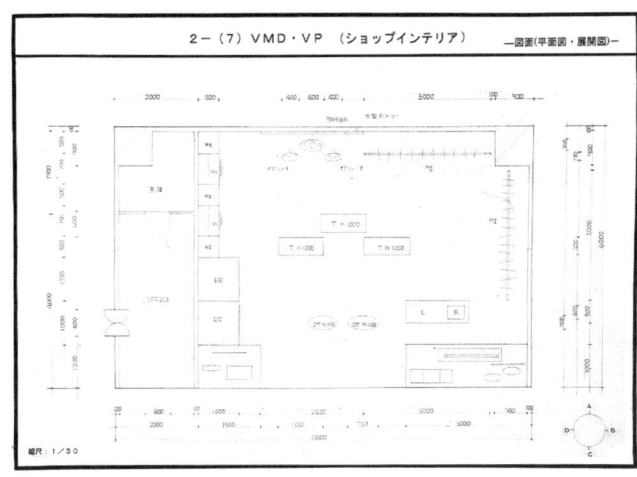
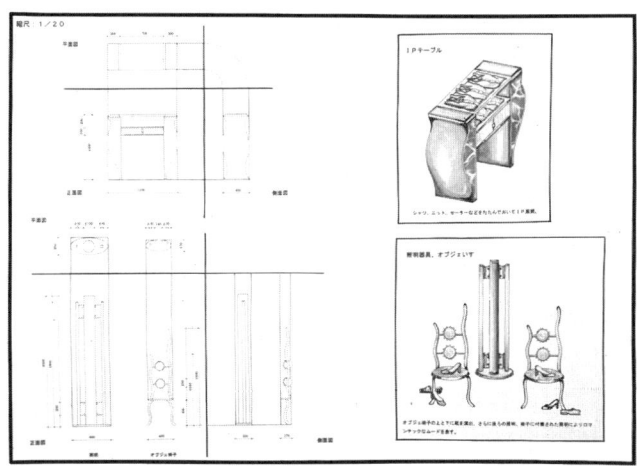
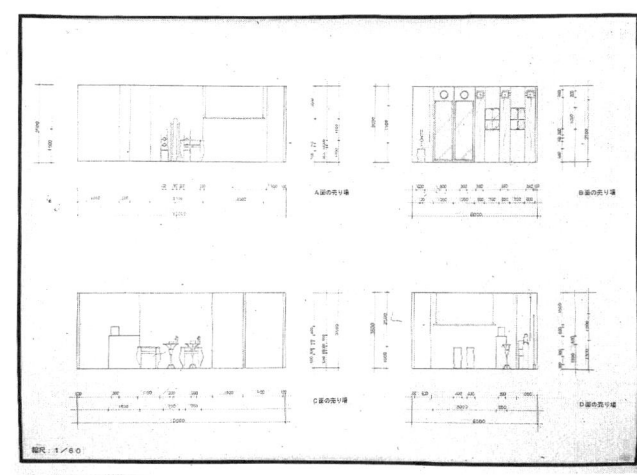
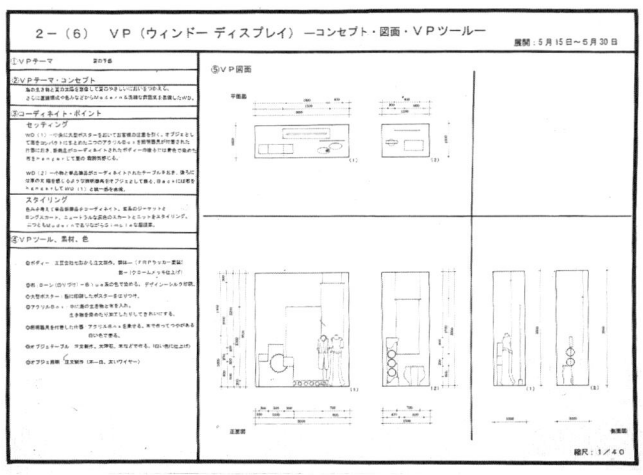
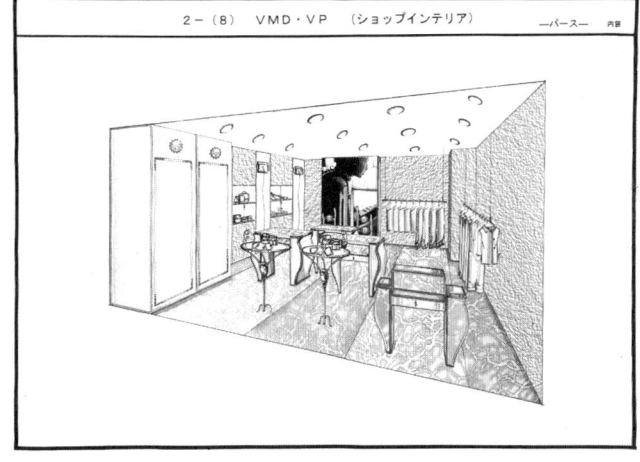

第1章 ディスプレイ・VP・VMD概論 33

6. 商品知識

ファッション商品は社会環境・自然環境などによる影響を受けながら、時代を反映して生まれ、多様に変化し続けている。売り場づくりにおいて顧客に商品をアピールするために商品価値を高め、販売に結びつくように的確なプレゼンテーションが要求される。そのため服の分類や名称、シルエット、素材、サイズなどについての基礎的な商品知識が必要である。さらに広範囲で総合的な専門知識や新しい知識が求められる。

（1）アパレルアイテムの種類（レディス）

商品知識としてアパレルの分類を知ることが重要である。その分類には機能分類（形態分類・用途分類）とデザイン分類（シルエット分類、イメージ分類、ディテール）などがある。各種アイテムの名称はさまざまな分類によるものである。ここではレディスウェアの代表的なものを示す。

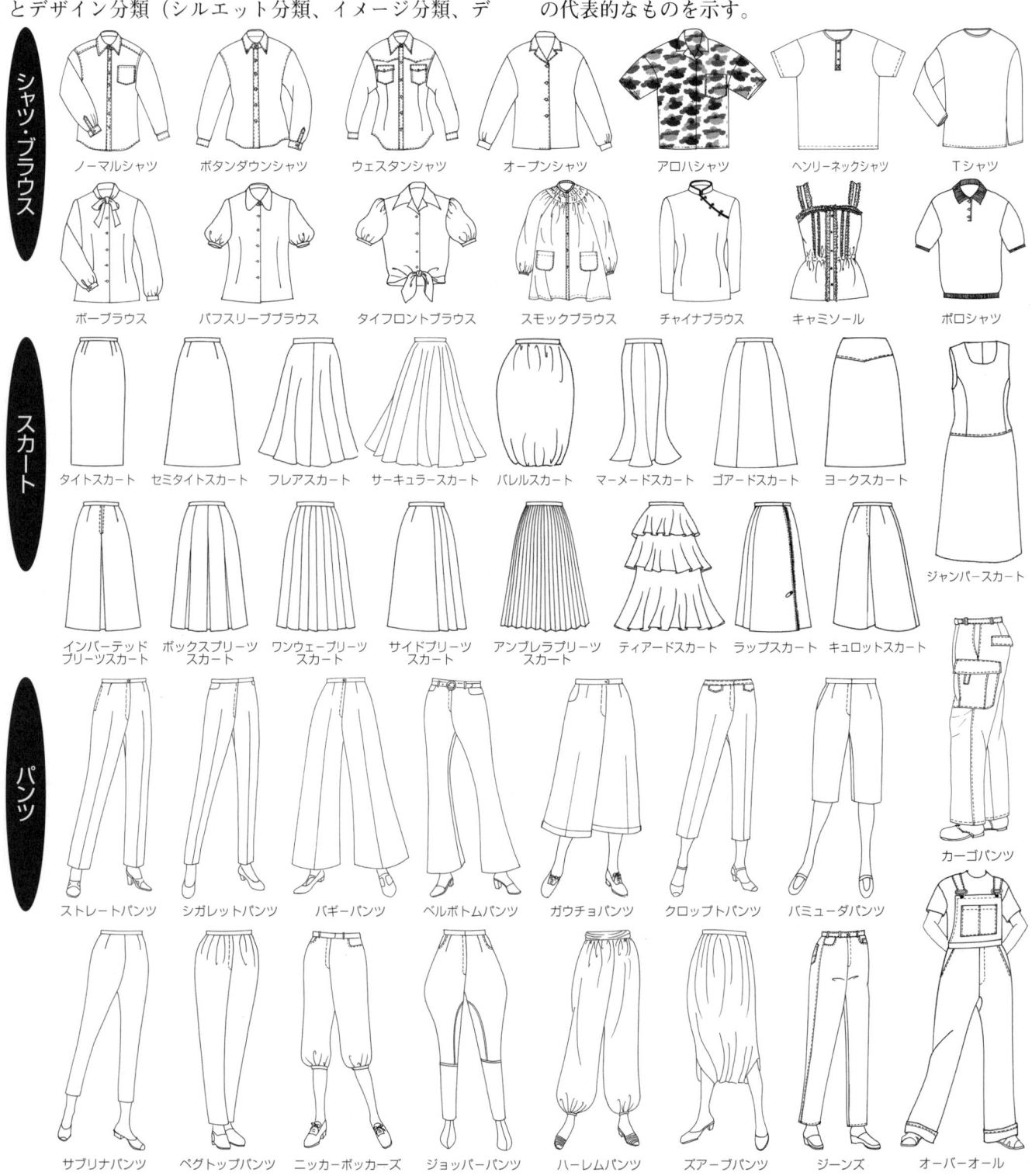

シャツ・ブラウス: ノーマルシャツ、ボタンダウンシャツ、ウェスタンシャツ、オープンシャツ、アロハシャツ、ヘンリーネックシャツ、Tシャツ、ボーブラウス、パフスリーブブラウス、タイフロントブラウス、スモックブラウス、チャイナブラウス、キャミソール、ポロシャツ

スカート: タイトスカート、セミタイトスカート、フレアスカート、サーキュラースカート、バレルスカート、マーメードスカート、ゴアードスカート、ヨークスカート、ジャンパースカート、インバーテッドプリーツスカート、ボックスプリーツスカート、ワンウェープリーツスカート、サイドプリーツスカート、アンブレラプリーツスカート、ティアードスカート、ラップスカート、キュロットスカート

パンツ: ストレートパンツ、シガレットパンツ、バギーパンツ、ベルボトムパンツ、ガウチョパンツ、クロップトパンツ、バミューダパンツ、カーゴパンツ、サブリナパンツ、ペグトップパンツ、ニッカーボッカーズ、ジョッパーパンツ、ハーレムパンツ、ズアーブパンツ、ジーンズ、オーバーオール

（2）アパレルアイテムの種類（メンズ）

メンズウェアはビジネスウェア、カジュアルウェア、フォーマルウェアなどに分類され、その種類はさまざまである。ビジネスウェア（オン）、カジュアルウェア（オフ）は社会が多様化するにしたがって拡大された。ここでは代表的なシャツ、スラックス、スーツ、ジャケット、コートの名称を示す。

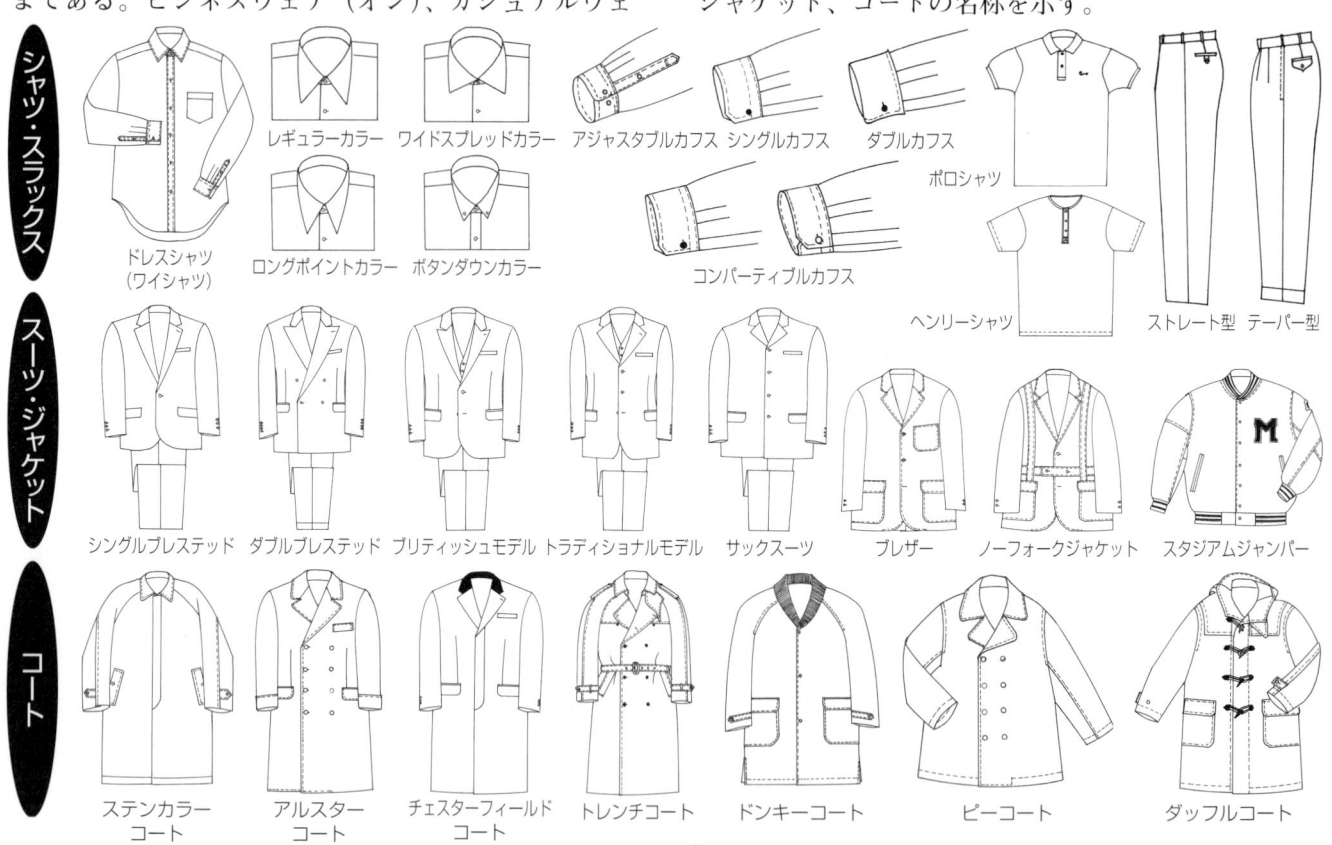

◆フォーマルウェアの知識

格式		男性		女性	
		洋服の種類	スタイリング	洋服の種類	スタイリング
昼	正礼装	モーニングコート	黒のテールつき上着。ベストは共布またはグレー。スラックスはグレーと黒の縞。シャツは白のレギュラーカラーまたはウィングカラー。白、シルバーグレー、白黒の斜め縞のネクタイまたはアスコットタイ。	アフタヌーンドレス	肌の露出を控えたワンピースが基本、アンサンブル、スーツ、ツーピースも可。衿もとをあまりくらず、長袖か六～七分丈の袖、光らない素材。ロング丈のほうがより改まった感じ。
	準礼装	ディレクタースーツ	上着は黒、ダークグレー、濃紺でシングルかダブルブレステッド。共布またはグレー、オフホワイトのベスト。スラックスはグレーと黒の縞。シャツはモーニングコートに同じ。ネクタイは白、黒と白の斜め縞。	セミアフタヌーンドレス	無地のまたは無地感覚のワンピースドレス。アンサンブル、スーツ、ツーピースも可。ドレッシーなレースやシルキー素材。アクセサリーは真珠、金、銀の他光りすぎない宝石、コサージュなど。
		ブラックスーツ	黒のシングルまたはダブルブレステッドのスーツ。ベストを着用する場合ディレクタースーツに同じ。シャツは白のレギュラーカラー。ネクタイは白または白黒の斜縞。		
	略礼装	ダークスーツ	濃紺、ダークカラーのスーツ。シングルまたはダブルブレステッド。シングルはベスト着用。シャツは白か薄いカラーのレギュラーカラー、タイカラーなど。自由な着こなしが可能。	コーディネートスタイル	タウンウェアでも素材、デザイン、色、アクセサリーでフォーマル感を演出。制約がほとんどないので自由な素材とコーディネートしてドレスアップ。
夜	正礼装	燕尾服（テールコート）ホワイトタイと指定の時	上着は黒のピークラベルに拝絹地つき。白、グレーの衿つきベスト。側章2本のスラックス。ウィングカラーのイカ胸シャツに白の蝶タイ。スタッズ、カフスボタンは揃いの真珠、白蝶貝等。白かグレーの手袋。	イブニングドレス	ローブデコルテという肩、胸、背を大きく開いたフロアレングスのワンピースドレス。重厚感のある布や光沢のあるラメ地、サテンや透ける素材のレースなど高級な素材。金、銀、5大宝石、肘上までの白長手袋が正式。アクセサリーはさまざまなデザインで輝きのある華やかなものをコーディネート。
		タキシードブラックタイと指定の時	黒の上着でピークラベル、ノッチドラベル、ショールカラーで拝絹地つき。ベストまたは衿と共布のカマーバンド。レギュラーカラー、ウィングカラー、白のドレスシャツ。黒の蝶タイ。靴はオペラパンプス。		
	準礼装	ファンシータキシード	上着の色、柄、素材は自由。ベストはタイ、カマーバンドとそろえて素材、色は自由。スラックスは側章1本。白、パステルカラーのシャツに蝶タイ・クロスタイなど。	セミイブニングドレス	自由なデザイン。イブニングドレスより肌の露出を控えたデザインのため広範囲に着用できる。シルキー素材に金銀糸の刺繍や花柄で華やかなドレス。
				カクテルドレス	アフタヌーンドレス、イブニングドレスの中間くらいのくだけた雰囲気のおしゃれな装い。パンツスタイルまで可。小型で刺繍などを施したり、光りのあるバッグ。
	略礼装	スーツジャケット＆スラックス	色目を感じさせるスーツ、スペンサージャケットタイプの上着にスラックス。光沢感のあるもの。アクセサリーを合わせて自由にコーディネート。	インフォーマルドレス	自由なコーディネート。タウン感覚に近いさまざまなアイテムをアクセサリーや小物でフォーマルに。自由な発想のコーディネート。
喪服	正	モーニングコート（通夜では着用しない）	黒の上着、テールつき。上着と同素材のベスト（白べりは外す）。スラックスは黒とグレーの細い縞。シャツは白のレギュラーカラー。ネクタイは黒無地。黒石、真珠のカフスボタン。内羽式ひも結びの靴。	ブラックフォーマルウェア	ローブモンタントを原型とした光沢がなく透けない黒のワンピース、スーツ、アンサンブルなど。つまった衿もと、長袖、夏は七分丈でもよい。アクセサリーは黒・白真珠、オニキス。
	準	ブラックスーツ（一般的な葬儀、告別式、通夜、法事に着用する）	黒のシングルまたはダブルブレステッドのスーツ。ベストを着用する場合。シャツは白のレギュラーカラー。光沢や装飾のない黒一色のもの。ネクタイピン不要。	ブラックフォーマルウェア	黒のワンピース、スーツ、アンサンブルなど。濃紺ダークグレー可。流行を適度に取り入れてよい。
	略	ダークスーツ	ミッドナイトブルー、ダークグレーの無地または無地に近いスーツ。白いシャツ。黒無地、黒の織柄のネクタイ。小物類は黒が基本。	ダークアフタヌーンウェア	無地感覚で光沢のない地味な色柄。袖なし、大きい衿ぐりは避ける。光沢のないバッグ、靴は虫類を避ける。

(3) ファッショングッズ

　ファッションが多様化・個性化している近年、単品商品の組合せによるイメージ表現をしたコーディネートスタイルが中心となっている。ファッショングッズはそのイメージメークになくてはならない重要アイテムである。テイストを合わせたグッズをプラスするだけでも新鮮なスタイリングになる。メンズ、レディスの帽子・靴・バッグ・アクセサリーについて代表的なものを示すが共通するものや兼用のものもある。

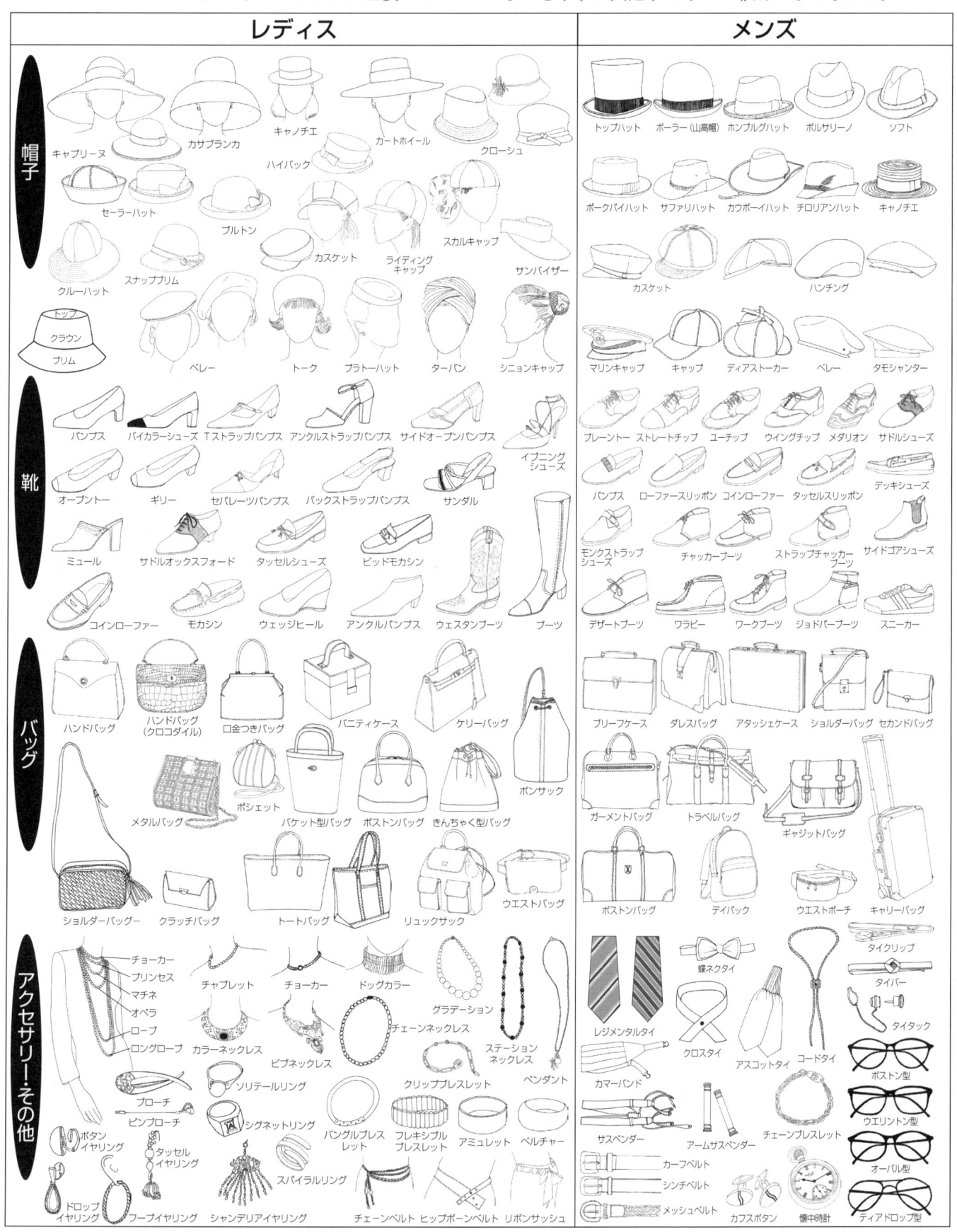

レディス	メンズ
帽子: キャプリーヌ、カサブランカ、キャノチエ、ハイバック、カートホイール、クローシュ、セーラーハット、ブルトン、カスケット、ライディングキャップ、スカルキャップ、サンバイザー、クルーハット、スナップブリム、トップ・クラウン・ブリム、ベレー、トーク、プラトーハット、ターバン、シニオンキャップ	**帽子**: トップハット、ボーラー（山高帽）、ホンブルグハット、ボルサリーノ、ソフト、ポークパイハット、サファリハット、カウボーイハット、チロリアンハット、キャノチエ、カスケット、ハンチング、マリンキャップ、キャップ、ディアストーカー、ベレー、タモシャンター
靴: パンプス、バイカラーシューズ、Tストラップパンプス、アンクルストラップパンプス、サイドオープンパンプス、イブニングシューズ、オープントー、ギリー、セパレーツパンプス、バックストラップパンプス、サンダル、ミュール、サドルオックスフォード、タッセルシューズ、ビッドモカシン、コインローファー、モカシン、ウェッジヒール、アンクルパンプス、ウエスタンブーツ、ブーツ	**靴**: プレーントー、ストレートチップ、ユーチップ、ウイングチップ、メダリオン、サドルシューズ、パンプス、ローファースリッポン、コインローファー、タッセルスリッポン、デッキシューズ、モンクストラップシューズ、チャッカーブーツ、ストラップチャッカーブーツ、サイドゴアシューズ、デザートブーツ、ワラビー、ワークブーツ、ジョドパーブーツ、スニーカー
バッグ: ハンドバッグ、ハンドバッグ（クロコダイル）、口金つきバッグ、バニティケース、ケリーバッグ、メタルバッグ、ポシェット、バケット型バッグ、ボストンバッグ、きんちゃく型バッグ、ポンサック、ショルダーバッグ、クラッチバッグ、トートバッグ、リュックサック、ウエストバッグ	**バッグ**: ブリーフケース、ダレスバッグ、アタッシェケース、ショルダーバッグ、セカンドバッグ、ガーメントバッグ、トラベルバッグ、ギャジットバッグ、ボストンバッグ、デイパック、ウエストポーチ、キャリーバッグ
アクセサリー・その他: チョーカー、プリンセス、マチネ、オペラ、ロープ、ロングロープ、チャプレット、チョーカー、ドッグカラー、グラデーション、カラーネックレス、ビブネックレス、チェーンネックレス、ステーションネックレス、ブローチ、ピンブローチ、ソリテールリング、シグネットリング、バングルブレスレット、フレキシブルブレスレット、クリップブレスレット、アミュレット、ベルチャー、ペンダント、ボタンイヤリング、タッセルイヤリング、スパイラルリング、ドロップイヤリング、フープイヤリング、シャンデリアイヤリング、チェーンベルト、ヒップボーンベルト、リボンサッシュ	**アクセサリー・その他**: レジメンタルタイ、蝶ネクタイ、クロスタイ、アスコットタイ、カマーバンド、コードタイ、タイクリップ、タイバー、タイタック、サスペンダー、アームサスペンダー、チェーンブレスレット、カーフベルト、シンチベルト、メッシュベルト、カフスボタン、懐中時計、ボストン型、ウエリントン型、オーバル型、ティアドロップ型

第1章　ディスプレイ・VP・VMD概論

(4) JISサイズ（衣料サイズ）

　既製衣料品を選ぶ際の目安となる「サイズ表示」については成人男子用、成人女子用、少年用、少女用、乳幼児用などの用途ごとに「工業標準化法」によって制定されたJIS（日本産業規格）がありそれぞれJISの中で「サイズ及び表示方法」が規定され、メーカーには衣料にサイズ表示が義務づけられている。

　JISは国際整合化の観点からISO（国際標準化機構）規格に基づく表示を認め附属書に取り入れている。

　日本国内では一般的にJIS規格を使用することが多いが業界団体やメーカーが独自に設定したサイズ表を表示する場合もある。ここではJISによるサイズと表示方法についての一部を示す。

成人女子用衣料のサイズ　JIS L 4005-2001

体型区分

体型	意　味
A体型	日本人の成人女子の身長を142cm、150cm、158cm及び166cmに区分し、さらにバストを74〜92cmを3cm間隔で、92〜104cmを4cm間隔で区分したとき、それぞれの身長とバストの組合せにおいて出現率が最も高くなるヒップのサイズで示される人の体型。
Y体型	A体型よりヒップが4cm小さい人の体型。
AB体型	A体型よりヒップが4cm大きい人の体型。ただしバストは124cmまでとする。
B体型	A体型よりヒップが8cm大きい人の体型。

身長の記号

R	身長158cmの記号で、普通を意味するレギュラー（Regular）の略である。
P	身長150cmの記号で、小を意味するPはプチット（Petite）の略である。
PP	身長142cmの記号で、Pより小さいことを意味させるためPを重ねて用いた。
T	身長166cmの記号で、高いを意味するトール（Tall）の略である。

A体型：身長158cm　　　　　　　　　　単位cm

呼び方			3AR	5AR	7AR	9AR	11AR	13AR	15AR	17AR	19AR
基本身体寸法	バスト		74	77	80	83	86	89	92	96	100
	ヒップ		85	87	89	91	93	95	97	99	101
	身長		158
参考	年代区分	10		58		61	64	67	70	73	76	80
		20			61							
	ウエスト	30		61		64	67	70	73	76	80	
		40			64							
		50		64			67					
		60						70	73	76	80	88
		70							76		84	—

範囲表示：身長154〜162cm　　　　　　　　単位cm

呼び方	S	M	L	LL	3
バスト	72〜80	79〜87	86〜94	93〜101	100〜108
ヒップ	82〜90	87〜95	92〜100	97〜105	102〜110
身長	154〜162
ウエスト	58〜64	64〜70	69〜77	77〜85	85〜93

サイズ絵表示の例　　　寸法列記の例

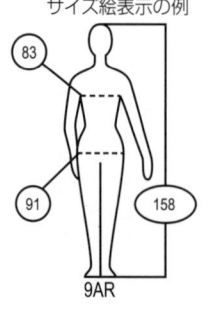

サイズ	
バスト	83
ヒップ	91
身長	158
9AR	

成人男子用衣料のサイズ　JIS L 4004-2001

体型区分

体型	意味
J体型	チェストとウエストの寸法差が20cmの人の体型
JY体型	チェストとウエストの寸法差が18cmの人の体型
Y体型	チェストとウエストの寸法差が16cmの人の体型
YA体型	チェストとウエストの寸法差が14cmの人の体型
A体型	チェストとウエストの寸法差が12cmの人の体型
AB体型	チェストとウエストの寸法差が10cmの人の体型
B体型	チェストとウエストの寸法差が8cmの人の体型
BB体型	チェストとウエストの寸法差が6cmの人の体型
BE体型	チェストとウエストの寸法差が4cmの人の体型
E体型	チェストとウエストの寸法差がない人の体型

A体型　　　　　　　　　　　　　　　　単位cm

呼び方	86A2	88A2	90A2	88A3	90A3	92A3	90A4	92A4	94A4	92A5	94A5	96A5
チェスト	86	88	90	88	90	92	90	92	94	92	94	96
ウエスト	74	76	78	76	78	80	78	80	82	80	82	84
身長	155			160			165			170		

呼び方	94A6	96A6	98A6	96A7	98A7	100A7	98A8	100A8	102A8	102A9
チェスト	94	96	98	96	98	100	98	100	102	102
ウエスト	82	84	86	84	86	88	86	88	90	90
身長	175			180			185			190

サイズの種類と呼び方が体型区分別に決められている

範囲表示　　　　　　　　　　単位cm

呼び方	S	M	L
チェスト	80〜88	88〜96	96〜104
身長	155〜165	165〜175	175〜185
ウエスト	68〜76	76〜84	84〜94

少女用衣料のサイズ　JIS L 4003-1997

体型区分

体型	意味
A体型	日本人の少女（少年）の身長を90cmから175cmの（少年は185cm）範囲内で、10cm間隔で区分したとき、身長と胸囲又は身長と胴囲の出現率が高い胸囲又は胴囲で示される少女の体型。
Y体型	A体型より胸囲又は胴囲が6cm小さい人の体型。
B体型	A体型より胸囲又は胴囲が6cm大きい人の体型。
E体型	A体型より胸囲又は胴囲が12cm大きい人の体型。

範囲表示　　　　　　　　　　単位cm

呼び方	90	100	110	120	130	140	150	160	170
身長	85〜95	95〜105	105〜115	115〜125	125〜135	135〜145	145〜155	155〜165	165〜175
胸囲	45〜51	49〜55	53〜59	57〜63	61〜67	64〜72	70〜78	76〜84	82〜90
胴囲	43〜49	45〜51	47〜53	49〜55	51〜57	53〜59	56〜63	58〜66	61〜69
腰囲	51〜57	55〜61	58〜66	62〜70	66〜74	70〜78	76〜84	82〜90	88〜96

少年用衣料のサイズ　JIS L 4002-1997

範囲表示　　　　　　　　　　単位cm

呼び方	90	100	110	120	130	140	150	160	170	180
身長	85〜95	95〜105	105〜115	115〜125	125〜135	135〜145	145〜155	155〜165	165〜175	175〜185
胸囲	45〜51	49〜55	53〜59	57〜63	61〜67	64〜72	70〜78	76〜84	82〜90	88〜96
胴囲	45〜51	47〜53	49〜55	51〜57	53〜59	54〜62	58〜66	62〜70	66〜74	70〜78

乳幼児用衣料のサイズ　JIS L 4001-1998

サイズの呼び方　　　　　　　　単位cm

呼び方	50	60	70	80	90	100
身長(cm)	50	60	70	80	90	100
体重(kg)	3	6	9	11	13	16

(5) ファッション素材

アパレルを構成する要素は素材、色、柄、型であり素材の中でも繊維素材が最も多く使われている。繊維は、糸、織物・ニット、染色、仕上げ加工まで、たくさんの工程を経て、特性と表情のある素材が生産されている。その他、繊維にはさまざまな用途がありいろいろな方面で活用されている。

1) 繊維

繊維には天然繊維と化学繊維がある。紀元前から使われてきた天然繊維には、独特の形が存在していて繊維の長さや形、成分が違いそれぞれの特徴がある。また化学繊維は、人工的に化学的な方法で連続長繊維を作り出した繊維である。作られてから100年ほどだが、めざましい発展をしている。

繊維は短繊維(ステープルファイバー)と連続長繊維(フィラメントファイバー)に分けられるが、長繊維をカットして短繊維として使用することもできる。

フィラメント糸

繭からとった生糸や化学繊維の連続長繊維の糸。通常、フィラメント糸を多数合わせて1本の糸にしたもの(マルチフィラメント)を使用する。フィラメント糸は光沢があり冷たい感触を持つ。太さの単位はデシテックス。数字が大きいほど太くなる。

スパン糸(紡績糸)

綿、麻、毛、くず繭や化学繊維を短く切ったステープルファイバーに、撚りを加え紡いだ糸。単一素材の糸だけでなく、2種以上の繊維を組み合わせた複合糸も多く作られている。太さの単位は番手。数字が大きいほど細くなる。

梳毛糸

5cm以上の羊毛の毛を、繊維の方向を何度も梳き揃え撚りをかけた糸。織物はフラットで締まった感じになる。サージ、ギャバジンなど。

紡毛糸

5cm以下の繊維を、あまり整えず、ゆるく紡績した糸。表面が毛羽立ち、ふんわりとする。フラノ、ツイードなど。

繊維の主な性質と用途

繊維分類		繊維名	主な原料	特徴(長所・短所)		主な用途
天然繊維	植物繊維	綿	綿花	吸湿性が高い、強い、肌触りよい アルカリに強い、染色性高い	しわになりやすい	アパレル製品から寝具、インテリア製品まで
		麻	亜麻(リネン) 苧麻(ラミー)	強い、吸湿性高く速乾性がある 光沢がある、涼感がある	伸縮性乏しい、硬い、 しわになりやすい	夏の服地、上布、芯地、ハンカチ、下着、レース糸
	動物繊維	毛	羊毛、モヘア、アルパカ、カシミア、ラクダなど	保温性高い、吸湿性がある 弾性回復が大きくしわになりにくい、燃えにくい	引張りに弱い、虫がつきやすい、アルカリに弱い	服地、ニット製品、毛糸、下着、毛布、インテリア製品
		絹	繭(家蚕絹、野蚕絹)	上品な光沢、吸湿性が高い、染色性よい、しなやか	虫に弱い、アルカリに弱い、紫外線により黄変	服地、スカーフ、ネクタイ、下着、和服地、和装品
化学繊維	再生繊維	レーヨン	木材パルプ	ステープル……綿、麻のような性質 フィラメント……絹のような性質	しわになりやすい、縮む、水に弱い	シャツ、ブラウス、ワンピース、裏地
		ポリノジック	木材パルプ	レーヨンを改良 耐アルカリ性が大きい		洋服地、裏地、インテリア
		キュプラ	綿リンター	吸湿性、染色性が高い 光沢があわいせずない、肌触りよい	水洗いで縮む	下着、肌着、裏地
	半合成繊維	アセテート	木材パルプ 綿リンター	絹のような光沢、弾性に富む 熱可塑性がある	高温で軟化、弱い アセトン、シンナーに溶ける	婦人フォーマル、洋服、セーター、裏地
		トリアセテート	〃	アセテートより耐熱性がある 弾力性、しわになりにくい	染色性、吸湿性劣る	夏のワンピース、ブラウス、喪服(黒の発色がよい)
		プロミックス	牛乳タンパク +アクリルニトリル	絹を目標にしたシルクライク、 保温性、染色性高い、光沢がある	価格が高く、生産量が少ない	フォーマルドレス、スカーフ、ニット、和服
	合成繊維	ナイロン	石油	強い・軽い・光沢・弾力・熱可塑性がある。しわになりにくい、かび・虫・薬品に強い	吸湿性低い こし、張りがない	スポーツウェア、ストッキング、アウトドアグッズ、インテリア、産業用資材
		ポリエステル	石油、天然ガス	しわになりにくく形くずれしない、強い、弾性回復力がある、熱可塑性がある、虫に強い	吸湿性は低い、 静電気が起りやすい	薄手織物、ニット、紳士・婦人服、産業用シート、ステープルは布団綿他混紡
		アクリル アクリル系	石油、天然ガス	ステープルは保温性高い、嵩高性大、軽い。フィラメントは光沢、紫外線で黄変しない	静電気が起りやすい 吸湿性低い 毛玉ができやすい	紳士・婦人・子供服、セーター、ウールライク向き、絹分野の和装品
		ビニロン	石油、天然ガス	吸湿性高い、引張り・摩擦、薬品に強い、虫害に強い	しわになりやすい	ユニフォーム、作業服、網、ロープなど産業資材
		ビニリデン	石油、天然ガス	摩擦、薬品に強い	吸湿性ない、重い	人工芝、漁網など産業資材
		ポリ塩化ビニル	石油	保温性高い、燃えにくい、丈夫。日光・薬品に強い、マイナスの静電気を帯電	耐熱性低い	健康肌着、ソックス、漁網、ロープ、防虫網
		ポリエチレン	石油	摩擦・耐薬品に強い	吸湿性・耐熱性劣る	ロープ、船舶資材
		ポリプロピレン	石油	軽く水に浮く、 丈夫で汚れがつきにくい	吸湿性全くない 染色性悪い	ロープ、寝装品、カーペット 産業資材
		ポリウレタン	石油	ゴムのように伸縮性・弾力性があるが老化しない、軽い	塩素系漂白剤に弱い	ファンデーション、ストッキング、水着、スポーツウェア
		ポリクラーレ	石油	柔軟性がある、保温性高い、 薬品に強い、難燃性である	塩素系漂白剤に弱い	防炎カーテン、カーペット
	無機繊維	ガラス繊維	ケイ石、苦灰石、ほたる石	強い、耐熱性・不燃性・耐薬品・絶縁性に優れている	吸湿性全くない	防音、断熱、保温材料、プラスチックに補強(FRP)
		炭素系繊維	アクリル、レーヨンを焼成	強い、耐磨耗性・耐熱性がある、薬品に強い		スポーツ用品 帯電防止素材
		金属繊維	ステンレススチール ニッケル合金	耐熱性・導電性がある		他の繊維と混ぜ帯電防止カーペット

織物の三原組織
平織り 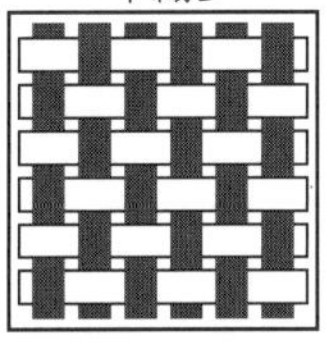
斜文織り(綾織り) 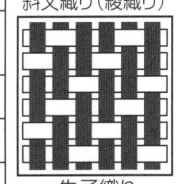
朱子織り

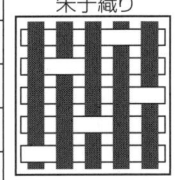

編物の(よこ編み)三原組織
平編み(表面) 
ゴム編み 
パール編み

2）柄（織・プリント）

　柄には織り柄とプリント柄があり、ストライプやチェックはおもに織り柄である。そのデザインは多種多様であり複雑化している柄も多い。ここでは一般的な柄の名称と特徴を解説する。

ペンシルストライプ
鉛筆で描いたような細い線を等間隔に配列した縞柄。

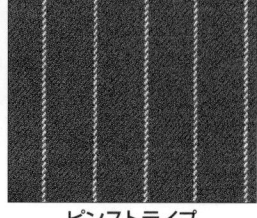

ピンストライプ
ピンのようにごく細い縞。ピンの頭ほどの細かい点線の縞。

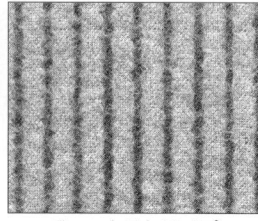

チョークストライプ
チョーク（白墨）で描いたような縦縞。輪郭がぼやけて見える。

ヘアラインストライプ
濃淡の糸を交互にして織った刷毛目のような細かい縞。

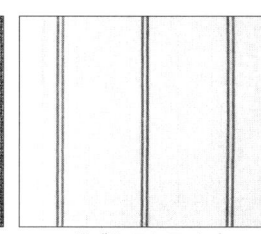

ダブルストライプ
縦縞の線が2本ずつグループになって並んだ縞。

ブロックストライプ
太い棒縞で幅と空間を等間隔に配列した縞。

オルターネートストライプ
交互縞。2本の異なった縞を交互に配列した縞柄。

ホリゾンタルストライプ
横縞、水平縞のこと。

ヘリンボーンストライプ
にしんの骨が並んで縦縞に見える柄。杉綾とも。

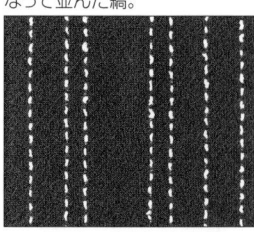

ステッチストライプ
ステッチをかけたような縞。

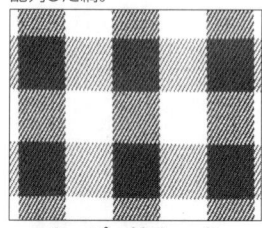

シェパードチェック
白と黒または茶の小弁慶格子。牧羊者が初めに用いた。

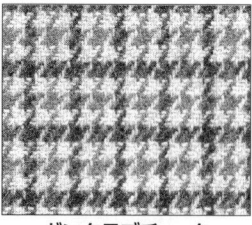

ガンクラブチェック
弁慶格子の間に別の弁慶格子を配した柄。二重弁慶格子とも。

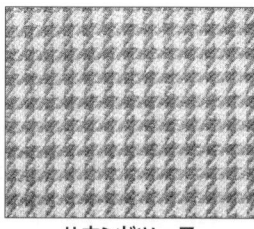

ハウンドツース
犬のきばのような形の格子柄。千鳥格子とも。

グレンチェック
大格子の間に異なった糸で単純な大格子を配した柄。

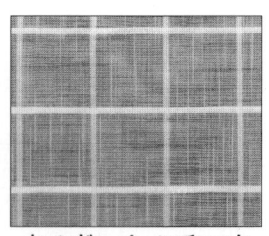

ウィンドーペーンチェック
窓ガラスの細い枠のような四角形の単純な格子柄。

タータンチェック
スコットランドの氏族が紋章などに用いた多色使いの格子柄。

ブロックチェック
濃淡2色を交互にした碁盤の目のような格子柄。市松模様とも。

オーバーチェック
小さい格子柄の上に大きい格子を重ねた格子柄。

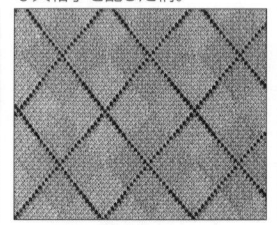

アーガイルチェック
菱形の連続した格子。

ギンガムチェック
白と有彩色の2色使いの平織りの格子柄。

コインドット
コインくらいの大きさの水玉模様。

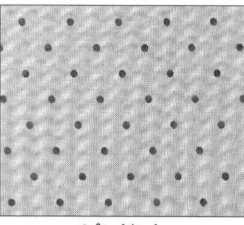

ピンドット
ピンの頭くらいの小さな点のような水玉模様。

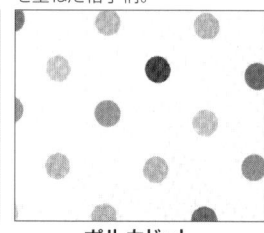

ポルカドット
コインドットより小さくプリントの標準的な大きさの水玉模様。

ペーズリー
インドの伝統的なカシミアショールに見られる植物模様。勾玉模様とも。

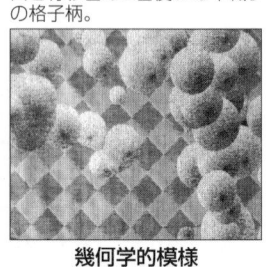

幾何学的模様
直線や曲線の組合せによる幾何学的模様。

具象柄
具体的に存在する形態をモチーフに写実的にあらわした柄。

抽象柄
物の線や面を抽象的に表現した非写実的な柄。

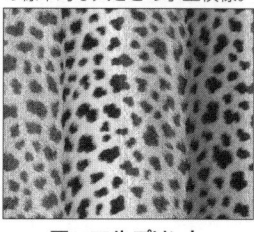

アニマルプリント
動物の毛皮の模様を模したプリントで、とくに豹柄をいう。

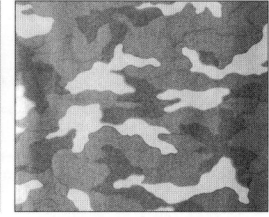

カムフラージュプリント
自然と同化して自然に溶け込むような迷彩柄。

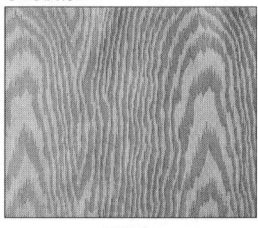

モアレ
波状、または木目模様をあらわした柄。

7. 用語と表示記号

(1) 用語

ア行

アールデコ【art déco】
1925年パリ開催の国際装飾美術展arts décoratifから由来。曲線的なアールヌーボーに対して、単純な直線や幾何学模様が特徴。'20～'30年代の装飾様式。

アールヌーボー【art nouveau】
新芸術の意味。1896年パリのサミュエル・ビング美術工芸店「アールヌーボーの家」が由来。動植物をモチーフに曲線を主体とした、19世紀末から20世紀初頭の装飾様式。

アイキャッチャー【eye catcher】
人目を引く、注目を集めるなど視覚訴求を高める機能を果たし、購買意欲に結びつける。

アイデア【idea】
考えや工夫。思いつき。着想のこと。

アイテム【item】
品目、品種のこと。商品管理上の最小分類単位を品目といい、品種は品目を一つの目的や用途でまとめたものの総称。

アイテムプレゼンテーション【item presentation＝IP】
商品の品目や特徴などを見やすく、わかりやすく、選びやすいように分類整理し、売り場における実売商品群を提示すること。顧客の購買意欲に対して影響力が大きい。

アイドマの法則【AIDMA】
広告および消費者の購買行動心理過程をあらわしたもの。Atention（注目）、Interest（興味）、Desire（欲望）、Memory（記憶）、Action（行動）を略したもの。

IP→アイテムプレゼンテーション

アイランドディスプレイ【island display】
売り場スペースにテーブル、ステージなどが島状に配置されていること。四方から商品を見ることができるので注目度が高い。

アイレベル【eye level】
目の高さ。視点。

アシンメトリー構成【asymmetry composition】
非対称、不均整の意味。左右非対称の動的で変化のある構成は、ディスプレイで多く使われる。

アソートメントディスプレイ【assortment display】
各種取揃えの意味で、商品を分類整理したディスプレイのこと。ウインドーディスプレイの表現の一つであり、売り場における手法でもある。

アパレル産業【apparel industry】
糸、生地（一次製品、川上）、服（二次製品、川中）を企画、生産し、小売業（川下）へ卸売りする段階の中で、アパレル産業は川中に相当する。

アメニティ【amenity】
建築、商空間、住空間などで、心地よさ、快適さの環境条件を満たすこと。

アンビエ【un biais】
ピンワークテクニックの一つ。布の角を頂点として、4分の1円を描きながら、ひだの幅を均等にたたむ技法。

色温度【color temperature】
光源から放射された色から推定される温度を数字にあらわしたもの。単位はケルビン（K）。色温度が低いと赤みを、高くなるほど青みを感じる。

色の三属性
色には、色相・明度・彩度の三つの要素がある。色相（Hue）は有彩色の色合い。明度（Value）は色の明るさの度合い。彩度（Chroma）は色の鮮やかさの度合い。

インショップ【in shop】
百貨店やGMSなどの大規模小売店の中につくられた店舗のことで、品揃えから販売まで一貫して行なうショップインショップのこと。

インポートブランド【import brand】
海外から輸入した商標製品全般を指す。直輸入のもの（インポート商品）とデザイン提携のもの（ライセンス商品、提携商品）とがある。

ウインドーディスプレイ【window display】
ショーウインドーで展開されるディスプレイ。店の顔としての役割を持ち、外部空間から店内へと結びつける重要な演出スペースである。

ウェアリング【wearing】
マネキン、ボディ、コーディネートハンガーなどに着せつけること。ショーイング技法の一つ。

ウォールウォッシャー【wall washer】
壁面を光で洗うような照明手法。店内の活気や明るさ、空間の広がりや奥行きを感じさせるために効果的で、壁面の鉛直面照度を重視する手法である。

ウォンツ【wants】
欲求、欲望の意味。ニーズの必要、必需に対して、より高度な生活を求める消費者の自己実現欲求のこと。

SI【shop identity、store identity】
ショップ理念の統一性、同一化。ショップイメージを統一するために、コンセプト確立からVMD戦略・戦術すべてに一貫させていく理念。

SD【shop design、store design】
店舗のエクステリア（外装）、インテリア（内装）

第1章 ディスプレイ・VP・VMD概論

などの設計。店内什器、器具、演出などの要素を含めて、VMDコンセプトを一貫連動させる。

SP→セールスプロモーション

SPA【speciality store retailer of private label apparel】
製造小売業、製造直売型専門店のこと。企画、生産、販売を一体化して行なうシステムを指す。卸企業の機能をなくすことでリーズナブルな価格で商品を提供できる。

エフェクト【effect】
効果を意味し、ステージやディスプレイ空間における効果を演出する技法。効果音のサウンドエフェクトや、照明のエフェクトマシーンによる特殊効果などがある。

MP→マーチャンダイズプレゼンテーション

演出【production】
訴求効果を高めるための総合的な手段で、人間の五感に訴える心理的な要素を生かし効果的に表現すること。

演出小道具
演出効果を高めるために用いられる小道具類。多種多様なものがあり、環境全体の構成のためのディスプレイツール全般をいう。プロップスともいう。

演色性【color rendering properties】
種類、性質によって、色の見え方に影響を及ぼす光源の特性のこと。太陽光線の下での見え方に近いほど演色性がよい。平均演色評価数の指数はRaで示す。

エンドディスプレイ【end display】
什器のハンガーエンドのサンプル提示や、店内エンド（奥）に顧客を誘引するための効果的な展開をするディスプレイのこと。

オーナメント【ornament】
建築物、家具、器、織物の装飾として使われる動植物、幾何学図形などのモチーフを指すが、クリスマスツリーなどに使われる飾りも指す。

オープンディスプレイ【open display】
売り場で商品を直接手にとって選べるディスプレイのこと。棚やハンガーラックなどで展開される。

オブジェ【objet】
物体、客体のこと。意外性や創造性を引き出し、象徴的な効果を内包させた造形物のこと。イメージ訴求効果を高める。

カ行

カートンディスプレイ【carton display】
商品を最小取引単位で入れた箱（カートン）のまま売り場に配置し、ディスプレイ効果をねらった演出。

買回り品
消費者が情報を収集し、比較検討して購入する商品のこと。購買習慣による商品分類の一つ。このほかに最寄り品、専門品の分類もある。

カテゴリーキラー【category killer】
特定分野（カテゴリー）の商品に絞り、その分野の商品構成を広く、深くそろえて差別化を明確にし、低価格販売を強力に推し進める大型専門店のこと。

キーワード【key word】
鍵となる言葉。内容、イメージをあらわす最も重要な語。商品開発、販売促進などの戦略として活用。

業種
取扱い商品を主体とした分類。生産体系からの分類、産地・素材・集荷の分類、メーカー分類などがある。

業態
小売業の営業形態のこと。商品構成、価格ゾーン、販売方法、運営方法、店舗業態、立地などによる分類方法があるが、複合業態や新業態が登場している。

クラスター【cluster】
集団、群のこと。不特定多数の生活者の行動パターンを、分析して一つのグループにまとめたもの。ターゲット設定にクラスター分析を使う。

グルーピング【grouping】
商品の群化、分類のこと。ブランド、アイテム、色、柄、素材、デザイン、価格、サイズ、機能、イメージ、ライフスタイルなど分類基準を決めてまとめる。

形式原理
美の原因となる美的秩序の原則と、形式的な法則性のこと。ハーモニー（調和）、コントラスト（対比）、シンメトリー（対称）、バランス（平衡、均衡）、リズム（律動）、エンファシス（強調）、プロポーション（比例）などが上げられる。→50ページ参照

購買行動
消費者が購買（商品、サービス）するときの選択行動。地域、店舗、ブランド、商品、数量、頻度決定行動などさまざまな選択行動がある。

購買心理
消費者が商品を購入するまでの心理過程として、AIDMA、AIDCAの法則がある。→アイドマの法則

購買動機
商品購買のきっかけとなる要因。基本的動機（商品特性、用途、経済性、必要性など）のほか、選択的動機、実質的、感情的、実存的などの価値観による動機がある。

コーディネート【coordinate】
調整すること。釣合いをとること。あるスタイルや、色、柄、素材などの要素をポイントに、調和よく組み合わせ、統一感を持たせること。

コーポレートアイデンティティー【corporate identity＝CI】
企業の理念、目標、行動、表現などを同一にし独自性を主張した企業イメージの統一と向上を図る。ロゴタイプ、シンボルマーク、シンボルカラーなどはこの一環である。

ゴールデンスペース【golden space】
客が立って商品が最も見やすく触りやすい範囲のこと。高さの範囲は85cmから125cm前後といわれている。陳列商品は、売れ筋、売り筋の商品などで販売効率が高まる。

コンセプト【concept】
概念、観念、基本的な考え方。企業活動において総合的基盤となる考え方と方向性であり、コンセプトの設定によりイメージを共有し方向性を統一する。

ゴンドラ【gondola】
表裏両側に陳列棚のあるセルフサービス販売のための什器。側面をゴンドラエンドといい、広告商品やキャンペーン商品など、大量または複数品目を陳列する。

コンビニエンスストア【convenience store ＝ CVS】
近隣立地、24時間または長時間営業で、食料品や日用雑貨を中心にさまざまなサービス業務の提供により、生活者の利便性ニーズに対応する店舗。

サ行

三角構成
ディスプレイ構成の代表的構成。商品や演出物などを構成した形が仮想の三角形の枠内に納まる構成法。最もバランスがとりやすいとされる。

CI→コーポレートアイデンティティ

CS【customer satisfaction】
顧客満足。商品、情報、サービスなど、顧客に与える満足度を最大にすることを中心に考える経営全体の活動である。

Gケース
ガラスケースの略。陳列やストック用のガラス製箱型什器。さまざまな形があり安全管理を要する場合のクローズドケースと自由に触れるオープンケースがある。

市場細分化→マーケットセグメンテーション

シャワー効果
高層化した商業施設の最上階に集客力のある施設や売り場を作り、集めた客の縦動線を下の階へとシャワーが降り注ぐように回遊させて波及効果をもたらすこと。

ジャンブルディスプレイ【jumble display】
意図的に商品をワゴンや平台にわざと崩した投込み型のディスプレイのこと。安さを印象づけ、客は気軽に買い物ができる。

照度【luminous】
光を物体の面が受ける明るさの度合い。単位はlx(ルクス)で、数字が高いほど明るい。一般に水平面照度を指すが、壁面など垂直面に当たる照度を鉛直面照度という。

商品装飾展示技能検定→48ページ参照

ショーイング【showing】
見せること。販売促進効果を高めることを目的としたビジュアルプレゼンテーションテクニックであり、商品の視覚伝達表現技術。

ショーウインドーディスプレイ→ウインドーディスプレイ

ショッピングセンター【shopping center ＝ SC】
ディベロッパーが開発し、管理運営する商業サービス施設の集合体。量販店や百貨店などをキーテナントに文化・娯楽施設や大型駐車場を備えているもの。

シンメトリー構成【symmetry】
左右対称構成のことで、中心に対し左右が同形で、形や量的均整により安定感、均整がとれた印象が生まれる。シンメトリーは対称、相称、均整の意味。

スキル【skill】
熟練、手練、技能、腕前の意。専門的な高度な技術力。

ストアコンセプト【store concept】
小売業の店舗運営やリフレッシュなど、すべての活動の基本的な考え方、理念。コンセプトの明確化により適切なマーチャンダイジングやイメージ戦略が図られる。

セールスプロモーション【sales promotion ＝ SP】
販売促進の意。消費者の購買意欲を刺激し販売の拡大を目的とした活動。ディスプレイはこの分野に位置する。広告、DM、チラシ、POP、イベントなどの分野がある。

専門店
商品分野を絞り込み、一定の客層を対象とした専門的品揃えをして、専門知識による販売を特徴とする小売店。大規模小売店に対して、中小小売店を呼ぶ場合もある。

装飾【decoration】
飾ることや飾り物をいう。何かを加えることによって、その物の値打ちを引き立たせること。実質以上に美しく見せること、またそのものをいう。

ゾーニング【zoning】
ゾーンは地帯、区域のこと。売り場計画では、商品群を分類、区分して配置すること。

タ行

ターゲット【target】
標的、目標、的の意味。マーケットの訴求対象者、年齢、性別、タイプなど。マーケティング活動やマーチャンダイジングの基本的要素の一つ。

大規模小売店舗立地法
大型店舗と地元住民の生活環境と調和を図ることを目的として、総合環境整備を行なう「街づくり関連法」の一つ。出店規制が色濃かった「大店法」に代わって2000年に施行。

単品
　商品管理上の最小単位。ファッションではシャツ、ブラウス、セーター、スカート、パンツなどの単独品。

陳列
　商品価値や特性を最もよい状態にして並べて見せること。時代とともに変化し、演出して見せるという意味も持つ。売り場では、見やすく、選びやすく、買いやすいが基本。

ディスカウントストア【discount store＝DS】
　実用品を流通機構の合理化や大量に仕入れることにより、店舗コストを抑えるなどして、エブリデーロープライスで販売するセルフサービス方式の大型店。

テイスト【taste】
　衣・食・住などの生活全般にかかわる趣味、嗜好、味わいなど目に見えない雰囲気やイメージをあらわすときに使われる。

ディスプレイ【display】
　並べる、広げる、見せる、陳列、展示などのこと。空間における立体的総合表現の演出で、視覚を中心としたコミュニケーション活動。狭義には商空間演出。

定番商品
　シーズンや年間を通して継続的に取り扱うスタンダード商品で品番が固定しているもの。一定量の売上げを保持し、常時在庫があり流行の影響をあまり受けない商品。

テーマ【theme】
　主題、題目。コンセプトのイメージ統一を図る目的を持ち、全体を象徴的に表現する主題となるもの。

デコレーター【decorator】
　ビジュアルプレゼンテーションテクニックを持つ専門家。商品などを魅力的に演出するための幅広い知識、技術、技能と創造性を持った豊かな感性が必要。

デザイン【design】
　意匠、設計、計画などの意味。機能と美を生産、消費面から調整した目的造形。ディスプレイでは、場を通して興味を喚起し、動機づけを図り、メッセージを伝達する。

展示
　広げて示すの意。一定のテーマ、目的に従って作品や資料、商品などを公開し、陳列・演出することによって広く一般に見せること。ディスプレイと同義語。

導線
　人を誘導する動線。客を店内奥まで回遊させるための計画動線。滞留時間を長くし、商品選びができるようにする。

ドゥブルビエ【double biais】
　ピンを使って布などを造形的に演出するピンワークテクニック。布の耳の1か所を基点に円を想定して弧を描くように2分の1円をたたむ。アンビエの2倍となる。

トークンディスプレイ【token dispiay】
　ショーウインドーに店のコンセプトやイメージ、季節感、商品などを象徴的にディスプレイし、店のイメージ効果の訴求を優先させて、見る人に語りかけるディスプレイ。

トーン【tone】
　色相の調子。色彩用語で明度、彩度を一つの要素としてとらえた色の調子（強弱、濃淡など）のこと。同一トーン内では色相が変わっても感情効果は同じである。

トレンド【trend】
　動向、傾向、潮流の意。ファッションではその時々の流行様式や動向で最新の流行と売れ筋の2通りの意味で使われる。時代、年度、季節の流れの中でとらえる。

ナ行

ナショナルブランド【national brand＝NB】
　アパレルメーカーの持つブランドの総称として呼ぶ。製造業者、生産者の作った商品で全国的に販売される。小売業が企画したプライベートブランドに対比して呼ぶ。

七草
　季節の代表的7種の草花。春の七草は、せり、なずな、ごぎょう、はこべら、ほとけのざ、すずな、すずしろ。秋は、萩、女郎花（おみなえし）、藤袴、葛（くず）、桔梗、撫子（なでしこ）、尾花。

ニーズ【needs】
　必要、必需のこと。マーケティングでは消費者の求めるものをニーズという。

ノベルティ【novelty】
　目新しさの意。メーカーや小売店がイベントなどで販売促進用に社名やブランド名などを入れた記念品。来店した特定の顧客に配る方法と通行人に配る場合がある。

ハ行

バウハウス【Bauhaus】
　1919年ドイツのワイマールに建築家グロピウスが創設した造形学校。建築を中心に、工芸、絵画、彫刻などの総合的な造形教育を行ない、工業技術との統合を目指した。

箱ショップ【shop in shop】
　店舗内店舗。百貨店、大型商業施設がメーカーや問屋にスペースを提供し、個性の強いブランド商品を販売させる。箱型に仕切られた独立店舗。

パディング【padding】
　フォーミング技法の一つで、洋服などの内側にライ

スペーパー（薄葉紙）やクラフト紙などの詰め物をして立体的に形づける技法。

ハンギング【hanging】
掛ける、吊り下げるの意で、商品をハンガーに掛けたり、コーディネートハンガーにウェアリングして演出するなどのディスプレイ技法。

PL法
製造物責任法。→50ページ参照

POP（ピーオーピー）広告【point of purchase advertising】
購買時点広告のこと。店頭・店内において行なわれる広告を指す。

PP→ポイントオブセールスプレゼンテーション

ビジュアルアイデンティティ【visual identity＝VI】
ロゴ、マーク、スペース（空間）など視覚的表現の統一性、一貫性。

ビジュアルプレゼンテーション【visual presentation＝VP】
視覚に訴える商品演出。商品コンセプトを明確に視覚情報伝達する手法。広義のVPはMPと同義語で、VP、PP、IPがある。

ビジュアルマーチャンダイジング
　　　　　　　　　　　【visual merchandising＝VMD】
視覚に訴える商品政策。MD（品揃え）、VMD（売り方）、VP（見せ方）の視覚的統一と一貫性を重視した売り場づくりの戦略・戦術。

ピニング【pinning】
ピンを使用して商品演出をするショーイング技法の総称。ピンナップ、ピンワークなどがある。最近はPL法もあり、ピンの扱いには充分注意する必要がある。

百貨店【department store】
デパートメントとは部門のことで、衣・食・住などの生活全般にわたる多種多様な商品を、部門別に仕入れ、管理する大型小売店舗で、対面販売を基本とする。

平場
箱ショップに対する呼び方で、百貨店などの大型店内で、フロア全体が見渡せる売り場のこと。アイテム別、複数のブランドミックスで構成するのが一般的である。

ピン【pin】→51、73ページ参照

ピンナップ【pin-up】
ピニング技法の一つで、ピンを使用して商品を壁面やパネルボードなどに張る演出技法。カジュアルなものやピンを止めてもよいものに使用する。

ピンワーク【pinwork】
ピンを使用して布を切らずに、マネキンや器具などに布を表現演出する技法。アパレルデザインイメージや展示会の素材表現、空間演出など幅広く活用される。

ファッション【fashion】
流行と同義語。狭義には服飾関係を指し、広義には衣・食・住の生活様式にあらわれる、有形、無形のものまで含んだ全般をいう。時代の反映であり、価値観を変化させる。

ファッショングッズ【fashion goods】
ファッション小物、ファッション雑貨などのことで、アクセサリー、帽子、バッグ、靴、ベルト、スカーフ、ネクタイ、手袋、靴下などがある。

VI→ビジュアルアイデンティティ

VMD→ビジュアルマーチャンダイジング

VP→ビジュアルプレゼンテーション

フェイシング【facing】
フェイスは表面、正面などのことで、フェイシングは陳列した商品の特徴、数量などがわかるように商品フェイスをコントロールすること。

フェイスアウト【face out】
商品の特徴的な面（顔）である正面（前面）を見せること。

フォーミング【forming】
衣料品などの内側にクラフト紙やライスペーパー（薄葉紙）などを使用し、意図的に形づける表現技法。広義には商品を魅力的に美しく形づけ表現演出するショーイング技法の総称。

フォールデッド【folded】
商品をたたんで置くこと。

プライベートブランド【private brand＝PB】
小売企業が独自に企画開発し、自社ブランドとして販売する商品。店独自の商品を打ち出すことにより、競合店との差別化、利益増大を図ることをねらいとする。

ブランド【brand】
特定の商品やサービスを他企業のものと区別させることを目的につける名称やデザインの総称。

プレゼンテーション【presentation】
提示、提案のこと。商品の見せ方やその表現演出のことをディスプレイではこう呼ぶ。また、企画案、計画案などを依頼主に提示、提案すること。

プレミアム【premium】
商品を買ったとき、客にサービスとしてつける景品などのこと。プレミアムセールは景品付販売のこと。

プロダクトライフサイクル【product life cycle】
製品が市場にあらわれて姿を消すまでの周期のことで、導入期、成長期、成熟期、衰退期などの段階がある。

プロップス【props】
propertyの略で、演劇などの小道具類のこと。ディスプレイでは演出効果を高める小道具類を指し、ディスプレイツールともいう。

ポイントオブセールスプレゼンテーション
　　　　　　　　　　　【point of sales presentation＝PP】
売り場のポイントディスプレイで、IPと連動して商

品の特徴を魅力的にわかりやすく演出して見せるクローズアップディスプレイのこと。
POS（ポス）システム【point of sales system】
販売時点情報管理システムのこと。売り場と本部をコンピュータネットワークで結んで、売上げ・在庫・商品管理などの一連の販売活動を総合的にとらえるシステムのこと。

マ行

マーケットイン【market in】
大量生産・大量販売の生産、流通構造であったプロダクトアウト型から、市場動向、顧客ニーズの分析を重点にしたマーケットイン型へ構造転換している。
マーケットセグメンテーション【market segmentation】
市場細分化。最適なマーケティング展開を行なうために、消費者の年齢、所得、ライフスタイルなど、購買動向の要因を考慮に入れて市場を細分化すること。
マーケティング【marketing】
商品やサービスを消費者に移行することに関するすべての活動。活動分野は市場調査、商品化計画、販売促進、広告宣伝、販売、物的流通などがある。
マーチャンダイジング【merchandising】
商品化計画、商品政策。適品を適所、適時、適量、適価で提供するための計画活動。製造業側では売れる製品作り、流通業側では適切な品揃え計画のこと。
マーチャンダイズプレゼンテーション　【merchandise presentation＝MP】
VMD戦略の中で、商品情報を効果的に提案、提供することで、VP、PP、IPがある。MPは広義のVPと同義語である。
マインド【mind】
心、精神の意。マーケティングでは、実際の年齢とは別に、顧客が持っている感情や志向、精神的な年齢をいう。商品ターゲット設定などに用いる区分の一つ。
マグネット効果【magnet effect】
磁石のように顧客を引きつける効果のこと。売り場のマグネットポイント（PP）は、顧客を各コーナーに引きつけ店内を回遊させる効果がある。
マテリアル【material】
原材料、材料、素材などのこと。木材、竹材、金属、ガラス、プラスチック、石材、紙、布、皮革、毛皮などさまざまなものがある。
マンセル表色系【Munsel color system】
アメリカの色彩学者マンセルによって考案された表色系。色相、明度、彩度（色の三属性）で色を表示。修正マンセル表色系はJIS Z 8721に採用されている。
最寄り品
消費者が日常生活の中で、頻繁に購入する商品のこと。購入頻度が高く、手近な店で気軽に購入する、消費量が多く平均的に安価な商品のこと。

ラ行

ライザー【raiser】
低いものを高くするための台・器具のこと。
ライティング【lighting】
売り場演出の最終仕上げは照明であり、店内全体、通路、各売り場、VP・PP・IPなど、目的に合わせて効果的に照明計画をすることが大切である。
ライフサイクル【life cycle】
人間の一生、つまり、生から死の周期のこと。また、商品寿命のことで、プロダクトライフサイクル、ファッションサイクルなどがある。
ライフスタイル【life style】
生活様式、生き方のこと。衣・食・住・遊・知・健など、生活全体に対する意識・行動・価値観などが表現された生活様式のこと。
ライフステージ【life stage】
人生の段階、人間の一生の段階区分のこと。入学、卒業、就職、結婚など人生の節目による区分や、一般的には幼年期、青年期、壮年期、老年期などがある。
リピート構成【repeat composition】
繰返し、反復、複写などの意。同一の繰返し構成のことで、VP・PP演出の効果的な構成技法の一つである。
量販店
実用品を品揃えし、セルフサービス方式、低マージン、高回転により低価格で大量に販売する大型店。食料品を中心に扱うスーパーマーケット、衣料品を中心に扱うスーパーストア、衣・食・住の総合品を扱うゼネラルマーチャンダイズストア（GMS）などがある。
レイアウト【layout】
地割り、割付けなどの意で、ディスプレイでは配置のこと。売り場の商品構成・演出のときに什器・器具・商品などの位置を空間に効果的に配置すること。
レイダウン【lay down】
商品を平面上に平らに横たえて演出するショーイング技法。ディスプレイテーブルなどのPP演出に効果的である。
ロゴタイプ【logotype】
合成（連字）活字の意。2個以上の文字を組み合わせて、企業名、商品名、ブランド名などを個性的にデザイン表現した文字。CIの代表要素の一つである。
ロゴマーク【logo mark】
判読性のロゴタイプと記号性のマークを一つにまとめてデザイン表現したもの。

(2) 表示記号

建築製図の図面は使用する作図側の意図が、正確、迅速に依頼者側に伝達されることを目的としている。各種表示記号はJISにより規格化されている。

●平面表示記号　　　　JIS A 0150:1999

出入口一般	片開き窓	両開きとびら
シャッター	引違い窓	引違い戸
はめごろし窓 回転窓 すべりだし窓 突出し窓 上げ下げ窓 （上記以外の場合も開閉方法を記入する。）		

備考　壁体は、構造、種別によって付表2に示す材料構造表示記号を用いる。

●材料構造表示記号　　　JIS A 0150:1999

縮尺程度別による区分／表示事項	縮尺$\frac{1}{100}$又は$\frac{1}{200}$程度の場合	縮尺$\frac{1}{20}$$\frac{1}{50}$程度の場合（縮尺$\frac{1}{100}$又は$\frac{1}{200}$程度の場合でも用いてもよい）	現寸及び縮尺$\frac{1}{2}$又は$\frac{1}{5}$程度の場合（縮尺$\frac{1}{20}$、$\frac{1}{50}$、$\frac{1}{100}$又は$\frac{1}{200}$程度の場合でも用いてもよい）
壁一般			
コンクリート及び鉄筋コンクリート			
軽量壁一般			
軽量ブロック壁			実形をかいて材料名を記入する。
普通ブロック壁			
鉄骨			
木材及び木造壁	真壁造 管柱 片ふた柱 通柱／真壁造 管柱 片ふた柱 通柱／大壁造 管柱 間柱 通柱／柱を区別しない場合	化粧材／構造材／補助構造材	化粧材（年輪又は木目を記入する）／構造材／補助構造材／合板
地盤			
割栗			
砂利砂		材料名を記入する。	材料名を記入する。
石材又はぎ石		石材名又はぎ石名を記入する。	石材名又はぎ石名を記入する。
左官仕上		材料名及び仕上の種類記入する。	材料名及び仕上の種類記入する。
畳			
保温吸音材			
網		材料名を記入する。	メタルラスの場合／ワイヤラスの場合／リブラスの場合
板ガラス			
タイル又はテラコッタ			
その他の材料		輪郭をかいて材料名を記入する	輪郭又は実形をかいて材料名を記入する

●照明器具記号　　　　JIS C 0303:2000

名称	図記号	適要
一般照明用 白熱灯 HID灯	○	a) 器具の種類を示す場合は、文字記号などを記入する。 b) a)によりにくい場合には、次の例による。 　ペンダント 　シーリング（天井直付）㋖ 　シャンデリヤ ㋗ 　埋込み器具 ㋖ 　引掛シーリングだけ（角） 　引掛シーリングだけ（丸） c) 器具の壁付および床付の表示 　1) 壁付は、壁側を塗るか、またはWを傍記してもよい。 　　● ○W 　2) 床付は、Fを傍記してもよい。 　　○F d) 容量を示す場合は、ワット(W)×ランプ数で傍記する。 　例 ○100　○200×3 e) 屋外灯は、⊙としてもよい。 f) HID灯の種類を示す場合において、a)によりにくい場合は、容量の前に次の記号を傍記してもよい。 　水銀灯　　　　　H 　メタルハイライド灯　M 　ナトリウム灯　　　N 　例 ○H100
蛍光灯	▭	a) 図記号 ▭ は ▭ としてもよい。 　ただし、図記号 ▭ は、ボックス付を示す。 　　▭ は、ボックスなしを示す。 b) 器具の種類を示す場合は、文字記号などを記入する。 c) 器具の壁付及び床付の表示 　1) 壁付は、壁側を塗るか、またはWを傍記してもよい。 　　▭ ▭W 　2) 床付は、Fを傍記してもよい。 　　▭F d) 容量を示す場合は、ワット(W)×ランプ数で傍記する。 　例 ▭F40　▭F40×2 e) 器具内配線のつながり方を示す場合は、次による。 　　▭F40-2　▭F40-3 f) 器具の大小及び形状に応じた表示としてもよい。

●コンセント記号　　　　JIS C 0303:2000

名称	図記号	適要
コンセント 一般形 ワイド形	⊖ ◇	a) 図記号は、壁付を示し、壁側を塗る。 b) 図記号 ⊖ ◇ は、で示してもよい。 c) 天井に取り付ける場合は、次による。 d) 床面に取り付ける場合は、次による。 e) 二重床用は、次による。 f) 定格の表し方は、次による。 　1) 15A125Vは、傍記しない。 　2) 20A以上は、定格電流を傍記する。 　　例 ⊖20A　◇20A 　3) 250V以上は、定格電圧を傍記する。 　　例 ⊖20A250V　◇20A250V g) 2口以上の場合は、口数を傍記する。 　例 ⊖2　◇2 h) 3極以上の場合は、極数を傍記する。 　例 ⊖3P　◇3P

●主な一般の記号、什器の記号

S	縮尺	D	奥行き	ENT	入口	ST	ステージ
GL	基準地盤面	t（㋜）	厚さ	FIX	はめ殺し	DT	ディスプレイテーブル
FL	基準床面	DS	ダクトスペース	SW	ショーウィンドー	SPC	サンプルケース
BIF	地下1階	AD	エアーダクト	SWT	ショーウィンドー（ステージ式）	PT	包装台
FI	1階	PS	パイプスペース	SC	ショーケース	R	レジスター
RF	屋上階	ESP	電気配管スペース	HC	ハイケース	Hg	ハンガーラック
PH	塔屋	EV	エレベーター	DC	2段ケース	FR	フィッティングルーム
H	高さ	EL	エスカレーター	CC	カウンターケース	Sh	棚
L	長さ	CH	煙突	HgC	つりケース	T	テーブル
W	幅	WC	便所	GC	ガラスケース	CT	カウンターテーブル

第1章　ディスプレイ・VP・VMD概論　47

8. 商品装飾展示技能検定

商品装飾展示に携わる人に必要な技能について、厚生労働省が一定の基準で検定し、公証（国家資格認定）する制度で、1級、2級、3級があり、学科試験、実技試験がある。1級の合格者には厚生労働大臣名、2級、3級の合格者には都道府県知事名の合格証書が交付され技能士と称することができる。各都道府県の職業能力開発協会が対応している。

● 受験資格

一部改正公布 平成15年12月25日
一部改正施行 平成16年4月1日

区　分	受験に必要な実務経験年数				
	3級を受験	直接2級を受験	3級合格後2級を受験	直接1級を受験	2級合格後1級を受験
大学卒業（4年制）	0	0	0	4	2
短大卒業（2年制）・高等専門学校卒業	0	0	0	5	2
高校卒業（職業課程）	0	0	0	6	2
専修学校卒業・各種学校卒業（3200時間以上）	0	0	0	4	2
厚生労働大臣指定のものに限る（800時間以上）	0	0	0	6	2
上記に掲げる学校の在校生	0	ー	0	ー	2
実務経験のみ	0.5	2	0	7	2

● 商品装飾展示技能検定基準およびその細目
（1級2級3級共通、ただし〔　〕表示は2級3級向、〈　〉表示は3級向）

試験科目及びその範囲	技能検定試験の基準の細目
学科試験 **1.商品装飾展示一般** 商品の販売促進計画 （3級は2、3のみ）	1.販売促進の方法及び特徴について一般的な知識を有すること。 2.ビジュアルマーチャンダイジング（VMD）について一般的な〔概略の〕知識を有すること。 3.商品の〈基礎的な〉ビジュアルプレゼンテーションについて詳細な〈一般的な〉知識を有すること。
商品装飾展示の顧客の種類及び特徴	次に挙げる商品装飾展示の顧客の種類及び特徴について一般的な〈概略の〉知識を有すること。 (1)ショッピングセンター　(2)百貨店 (3)スーパー　(4)専門店　(5)一般小売店 (6)メーカー及び問屋　(7)その他
展示場所の種類、特徴及び使用方法	次に挙げる展示場所の種類、特徴及び使用方法について詳細な〔一般的な〕知識を有すること。 (1)ショーウインドー　(2)メーンステージ (3)壁面　(4)柱　(5)シーリング（天井空間） (6)テーブル　(7)ショーケース (8)棚及びボックス　(9)ゴンドラ (10)ワゴン　(11)その他
売場の構成及び機能 （3級は器具と小道具のみ）	売場の構成及び機能に関し、次に掲げる項目についての一般的な〔概略の〕知識を有すること。 (1)売場構成に関する事項 　イ 什器　ロ 器具　ハ 照明　ニ 小道具 (2)売場機能に関する事項 　イ 導線　ロ 配置　ハ 空間見通し
2.商品装飾展示法 商品装飾展示の基礎知識	1.商品装飾展示の用語について詳細な知識を有すること。 2.商品特性について詳細な〔一般的な〕知識を有すること。 3.商品装飾展示の基礎知識に関し、次に掲げる事項について一般的な〔概略の〕知識を有すること (1)消費動向　(2)ライフスタイル (3)ファッション動向　(4)購買行動
商品装飾展示のデザイン	1.デザインの基礎に関し、次に掲げる事項に

試験科目及びその範囲	技能検定試験の基準の細目
（3級は(1)(3)(4)のみ）	ついて一般的な〔概略の〕知識を有すること。 (1)造形の要素　(2)造形の様式 (3)色彩の機能及び効果 (4)照明の機能及び効果　(5)視覚の法則
（3級は(1)(2)(3)のみ）	2.プラン及びデザインに関し、次に掲げる事項について詳細な〔一般的な〕知識を有すること。 (1)プラン及びデザイン図の読図 (2)使用記号　(3)商品の特性の表現 (4)イメージスケッチ (5)作業プランの作成及び段取り (6)見積り　(7)商品等のセレクト 3.デザインの知的所有権について一般的な〔概略の〕知識を有すること。（この項目は1級2級のみ）
商品装飾展示に使用する用具の種類、用途及び使用方法	次に掲げる装飾展示に使用する用具の種類、用途及び使用方法について詳細な知識を有すること。 (1)ガンタッカー　(2)ニッパー　(3)ペンチ (4)金づち　(5)はさみ　(6)カッター (7)メジャー　(8)ピンクッション (9)スケッチ用具　(10)その他
装飾展示の方法	次に掲げる装飾展示の方法について詳細な〈一般的な〉知識を有すること。 (1)ピニング（ピンワーク、ピンナップ） (2)テグスワーク　(3)パディング (4)ハンギング　(5)レイダウン (6)その他のフォーミング
3.材料 商品装飾展示に使用する材料の種類、用途及び使用方法	次に掲げる商品装飾に使用する材料の種類、用途及び使用方法について詳細な知識を有すること。 (1)ピン　(2)テグス　(3)接着剤　(4)テープ (5)クリップ　(6)紙　(7)その他
4.安全衛生 安全に関する詳細な知識	1.商品装飾展示にともなう安全衛生に関し、次に掲げる事項について詳細な知識を有すること。 (1)用具の危険性及び取り扱い方法 (2)作業手順 (3)作業開始時の点検 (4)整理整頓及び清潔の保持 (5)事故時等における応急措置及び退避 (6)その他商品装飾展示作業に関する安全又は衛生のために必要な事項 2.労働安全衛生法関係法令（商品装飾展示作業に関する部分に限る）について詳細な知識を有すること。 3.製造物責任法（商品装飾展示作業に関する部分に限る）について一般的な〈概略の〉知識を有すること。
実技試験 商品装飾展示作業 スケッチ（2級3級はなし）	1.ビジュアルプレゼンテーションの立案ができること。 2.イメージスケッチ及び平面図が書けること。
デザイン（3級はなし）	商品装飾展示のデザインができること。
装飾展示	1.商品特性に基づくプレゼンテーションができること。 2.ピニング（ピンワーク、ピンナップ）、テグスワーク（フライングテクニック）、パディング、ハンギング、レイダウン、その他のフォーミング等による商品の〈基礎的な〉ビジュアルプレゼンテーションができること。

表は「VMD用語事典」日本VMD協会編著より抜粋

第2章
ビジュアルプレゼンテーションテクニック
基　礎

1. ビジュアルプレゼンテーションテクニックの基礎

ビジュアルプレゼンテーション（VP）は、視覚に訴える商品演出（見せ方）のことで、商品コンセプトを明確に視覚情報伝達する手法である。消費者に商品を見やすく、選びやすく、わかりやすくプレゼンテーションすることが重要である。ディスプレイ・VPの的確な演出をするための第一段階の基本は、用具とその扱い方、構図・構成力である。第1章のディスプレイ・VP・VMD概論を理解して、第2章の構図・構成、そして第3章、第4章、第5章のビジュアルプレゼンテーションテクニックへ応用発展させ、快適な売り場空間を提供したいものである。用具についてのピンの扱い方はPL法などもあり、特に注意が必要である。構図・構成では視覚、形式原理などの基本を理解する。

VP演出の基本を学ぶ場は、実際の売り場が望ましいが、学校教育の場では、写真のような演習室があると現場対応型の実習ができる。

VP・PP・IP演習室

◆PL法　Product liability law

製造物責任法。製造物の欠陥により人の生命、身体または財産に係る被害が生じた場合における製造業者等の損害賠償の責任について定めることにより、被害者の保護を図ることを目的として、1994年7月に制定され、1995年7月から施行された法律。製造業者の過失の有無にかかわらず、製品の欠陥により安全を侵害された場合、消費者（被害者）が損害賠償を得られる制度。ディスプレイ・VPのPL法に対するリスク管理としては、特にピンの扱いに注意する。売り場内の消費者が直接手で触れる場では、商品にピンを使用することは安全上厳禁である。演出のプロだけがかかわる場としてのショーウインドーディスプレイや棚最上段のPPなどに限って使用することがPLクレーム対策となる。

◆形式原理　Principles of form

美的印象を与える形象の、美しさの原因となる美的秩序の原則と形式的な法則性のことで、次のものがある。

- ハーモニー（調和）harmony
  いくつかの要素が集まって、一つに溶け合い、感覚的に快感を覚える。（平静、統一性）
- コントラスト（対比）contrast
  異なる性質でありながら、相互に快適に感じられる。（明快、男性的、刺激的）
- シンメトリー（対称）symmetry
  中心線に対し、左右、上下が等しくなる形の左右対称、点を中心とする放射対称など。（均整、安定性）
  ○アシンメトリー（非対称）asymmetry
  　シンメトリーの反対語で、中心線に対し、左右、上下が等しくない形。（変化のある安定性）

- バランス（釣合い）balance
  均衡。自由な形と変化を持っていながら、全体として調和を保つ。（変化による調和性、ダイナミック）
- リズム（律動）rhythm
  同一の形の繰返しの美はリピティション（秩序性の調子）、規則的に変化して目を導く漸増のグラデーション（変化性の調子）など。
- エンファシス（強調）emphasis
  主と従というように、ある点をピックアップさせる演出。主題の強調。（強調訴求）
- プロポーション（比例）proportion
  各部分の寸法がある比例で関係を持っている、均整のとれた美しさ。（均整美）

2. 用具の種類とその使い方

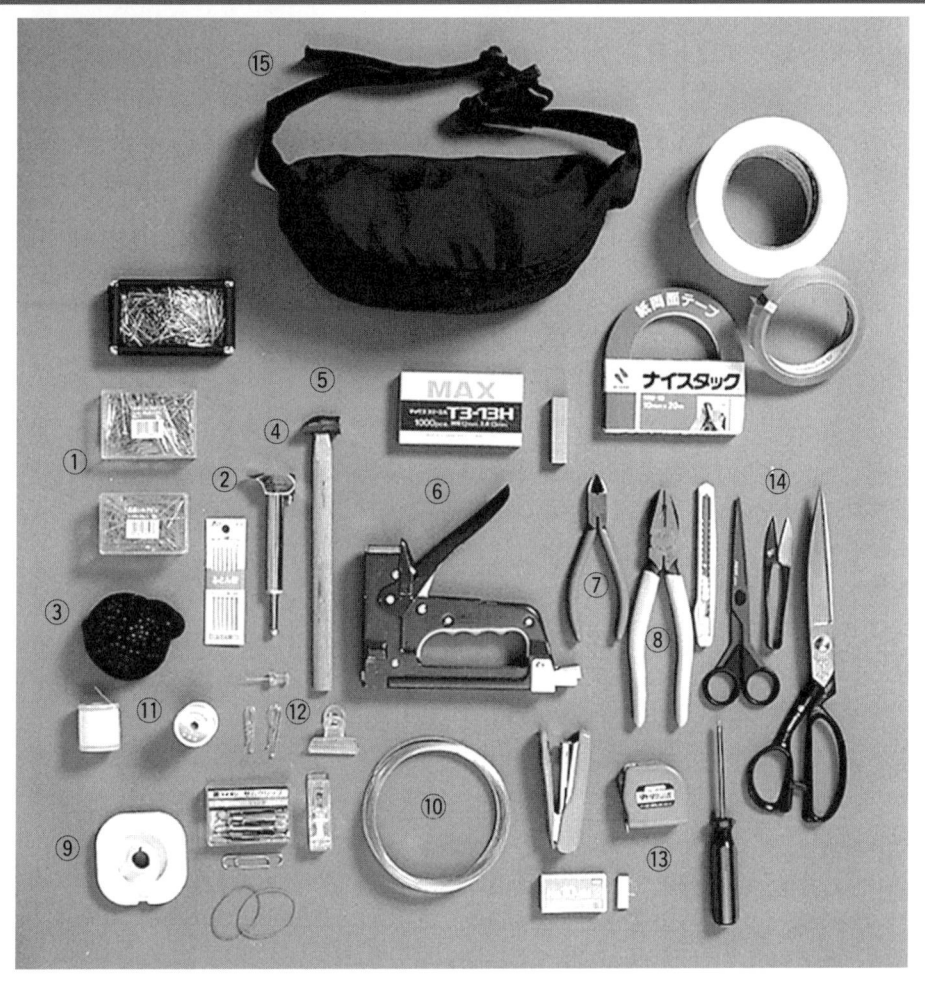

①ピン……………商品や生地の形づけ、ピンナップなどに使用。素材に適したものを使用する。一般的にピンは3号、5号、シルクピンなどが多く使われる。(73ページ参照)

②縫い針…………テグスが通るくらいの針穴で、長めのものがよい。厚く重なった生地などの縫止めに使用。

③ピンクッション…ピンを刺しやすいものがよく、種類別に刺しておく。アーム式が使いやすい。

④ピンピッター……ピンを打つ、抜く、打ち込む機能を持っている。金づちで代用ができる。

⑤金づち…………ピンを打つときに使用。小型で軽量のものが使いやすい。

⑥ガンタッカー(ステープラー)・針(ステープル)
　　　　　　　　テグスや針金などを押さえるときや演出小道具などを止めつけるときに使用する。

⑦ニッパー………テグスを切ったりピンやガンタッカーの針を抜いたり、曲げたりするときに使う。

⑧ペンチ…………ガンタッカーの針などを抜いたり針金を切るときに使う。

⑨テグス…………商品や小道具を吊るときなどに使う透明なナイロン糸。3、4、5、10、20号など号数が大きくなるほど太くなる。素材や重さに適したものを選ぶ。

⑩針金……………商品や物を形づけるときに使う。番号が大きくなるほど細くなる。

⑪縫い糸…………すべりの少ない丈夫な糸がよい。

⑫クリップ………ピンを使わずに商品を形づけるときや挟むときなどに使用する。ピンに比べ安全である。目玉クリップ、洗濯ばさみ、細く透明な通称Lクリップ、Bクリップなど。

⑬巻き尺(スケール)2mくらいのものが使いやすい。

⑭はさみ…………素材に適したものを使う。

⑮ウェストポーチ　用具入れ。

その他……………セロファンテープ、両面テープ、ガムテープ(布)、ホッチキス、ゼムクリップ、プッシュピン、輪ゴム、カッター、ドライバーなど。

第2章　ビジュアルプレゼンテーションテクニック　基礎　51

3. 構図・構成

構成は、形、色、テクスチュア（地肌、材質）、光、空間など、造形の諸要素を一つのまとまりのある形（組織）に組み立てることで、構図は、その対象となる要素の美的効果を考えた図形的配置のことである。ディスプレイ・VPの空間構成は、基本的構成を応用・発展させ、情報、環境、時代の変化に対応した創造的演出をすることが重要である。

(1) 構図・構成A

1) 美の形式原理（50ページ参照）

2) 構成の基本
- 垂直構成 ……………………………… 垂直線は動性があり、規律的な安定感がある。
- 水平構成 ……………………………… 水平線は支持性があり、静的な安定感がある。
- 垂直＋水平構成（クロス構成）……… 垂直・水平線は、強い安定感があり、集視性がある。
- 斜線構成 ……………………………… 斜線は変化性があり、可変的で可動的である。
- 垂直＋水平＋斜線構成（クロス構成）‥垂直・水平・斜線は、安定性と変化性があり、安定感の中に変化を与える。
- 三角構成 ……………………………… 仮想の三角形のアウトラインの中に、諸要素をバランスよく立体的に配置してまとめる構成法で、安定感がある。ディスプレイ・VPの代表的構成技法で応用範囲も広い。多様な商品も分類とコーディネーションによるグルーピング構成で、見やすく、わかりやすく、インパクトのある構成となる。
- シンメトリー構成 …………………… 中心線に対し、左右対称の構成で、均整、安定感がある。
- アシンメトリー構成 ………………… 中心線に対し、左右非対称の構成で、変化のある安定感がある。
- リピート構成 ………………………… 同一の形の繰返し構成で、連続性、規則的リズム、アピール効果がある。

3) 視覚　人間の五感のうちで最も訴求効果が高いのが視覚である（19ページ参照）。

①視覚には視角と視野がある。一般的に人間の視野範囲は、両眼静視野状態で左右それぞれ100°、両眼動視野状態で左右それぞれ115°、垂直方向では、上方50°、下方75°、また、よく見える視野範囲は、視点から25〜30°の円錐体以内といわれる。

②人間の視空間における視線の流れは、一般的に左から右、上から下、左上から右下、後方より前方、上方より下方がより認知されやすい。また、構成の中心点の核（コア）は、力の集合で集視性があり、視線が流れる。

4) 空間構成分析（三角構成・グルーピング構成）

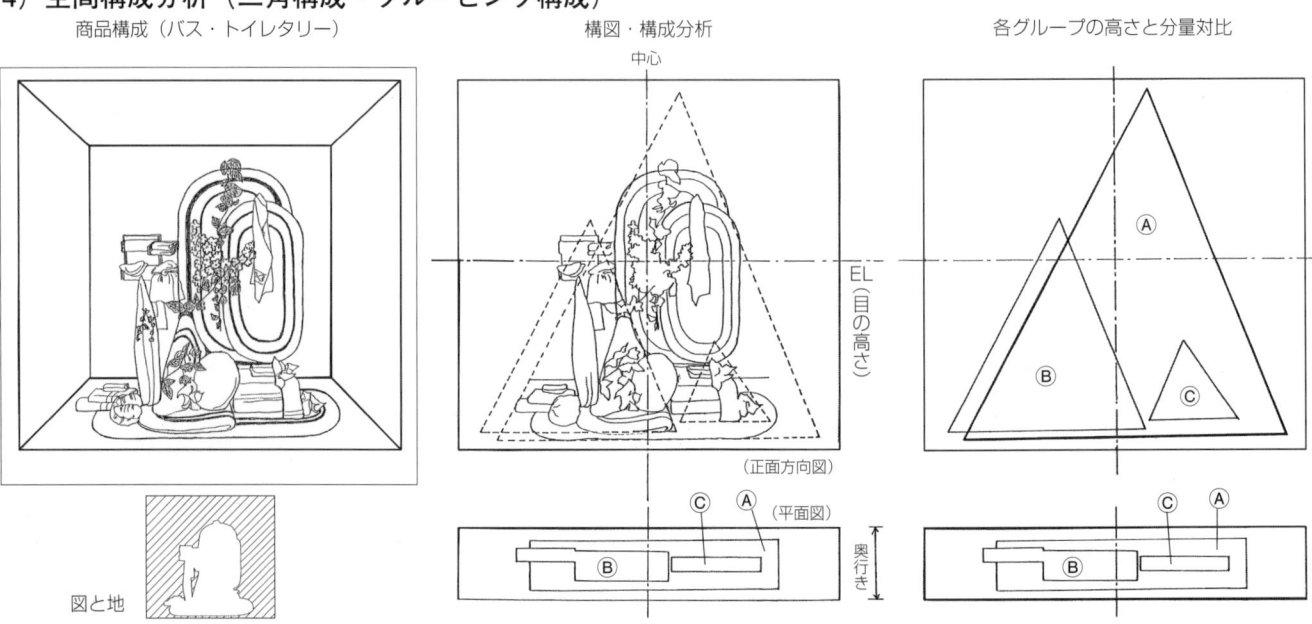

商品構成（バス・トイレタリー）　　　構図・構成分析　　　各グループの高さと分量対比

図と地

5）空間構成
①シンメトリー構成：対称

正面　　　正面（方向）　　　平面（方向）

②アシンメトリー構成：非対称

③三角構成：三角形

④リピート構成：
　　　繰返し、反復

⑤三角構成：グルーピング

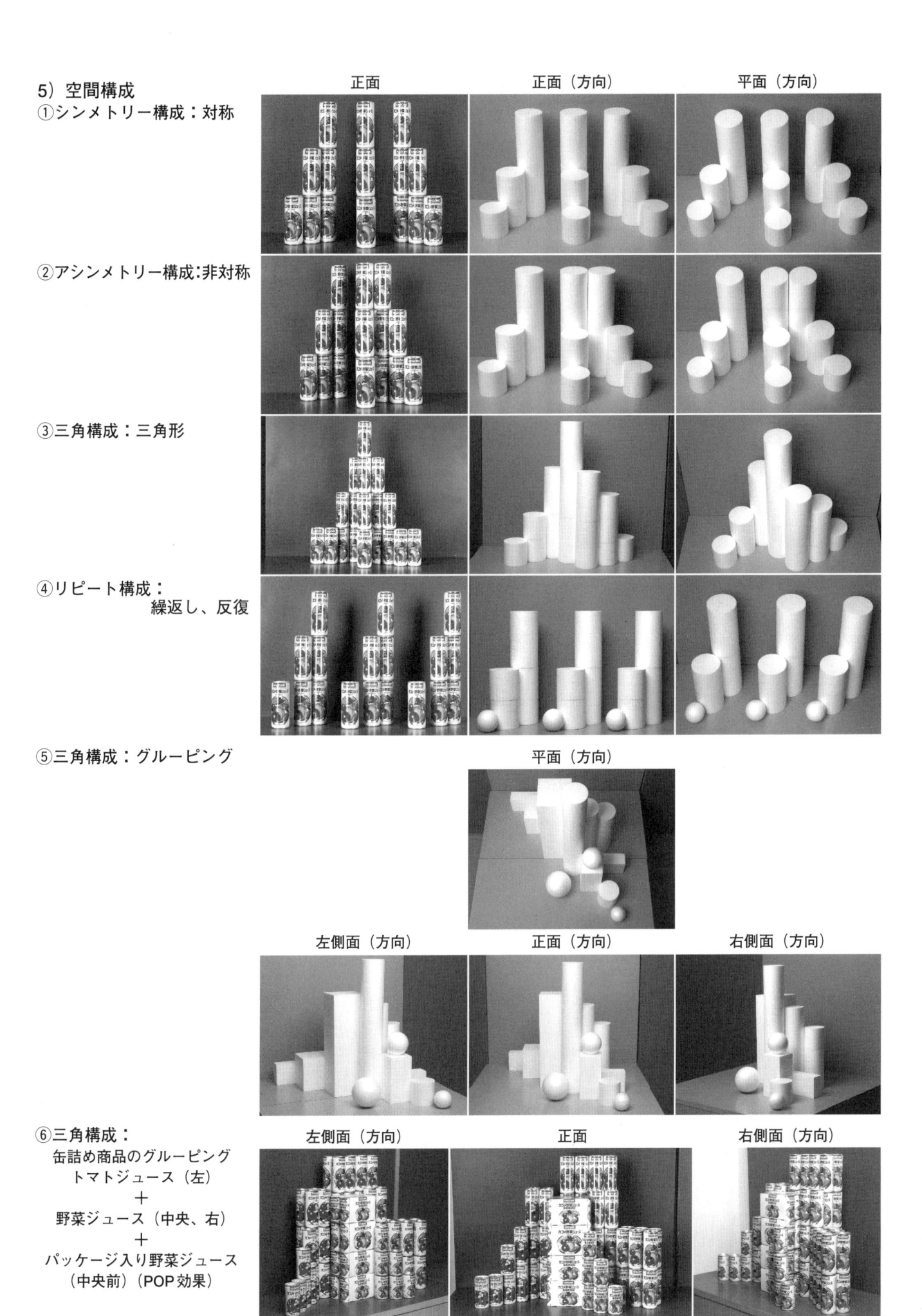

平面（方向）

左側面（方向）　　　正面（方向）　　　右側面（方向）

⑥三角構成：
　缶詰め商品のグルーピング
　トマトジュース（左）
　　　＋
　野菜ジュース（中央、右）
　　　＋
　パッケージ入り野菜ジュース
　（中央前）（POP効果）

左側面（方向）　　　正面　　　右側面（方向）

第2章　ビジュアルプレゼンテーションテクニック　基礎　53

(2) 構図・構成B

構図・構成の基礎を応用して、商品で展開してみる。瓶・缶・箱詰商品としての食料品や、アパレル、関連グッズ商品など、特性を生かして空間へプレゼンテーションする。

1) シンメトリー・アシンメトリー・三角構成（食料品）

棚上ステージ面において、三つの紅茶ブランドを、それぞれ三角構成のバリエーションA、B、Cで展開。

また、布もポイントにして構成した三つは、リピート効果を生み出す。ロゴマーク入りのパッケージを、POPとしてインパクトづけ、紅茶缶、ジャム瓶、菓子箱などの商品をグルーピングさせながら、シンメトリー、アシンメトリー、三角構成などで演出。

  A　シンメトリー、正三角形の構成
  B　アシンメトリー、不等辺三角形の構成
  C　複合三角形の構成

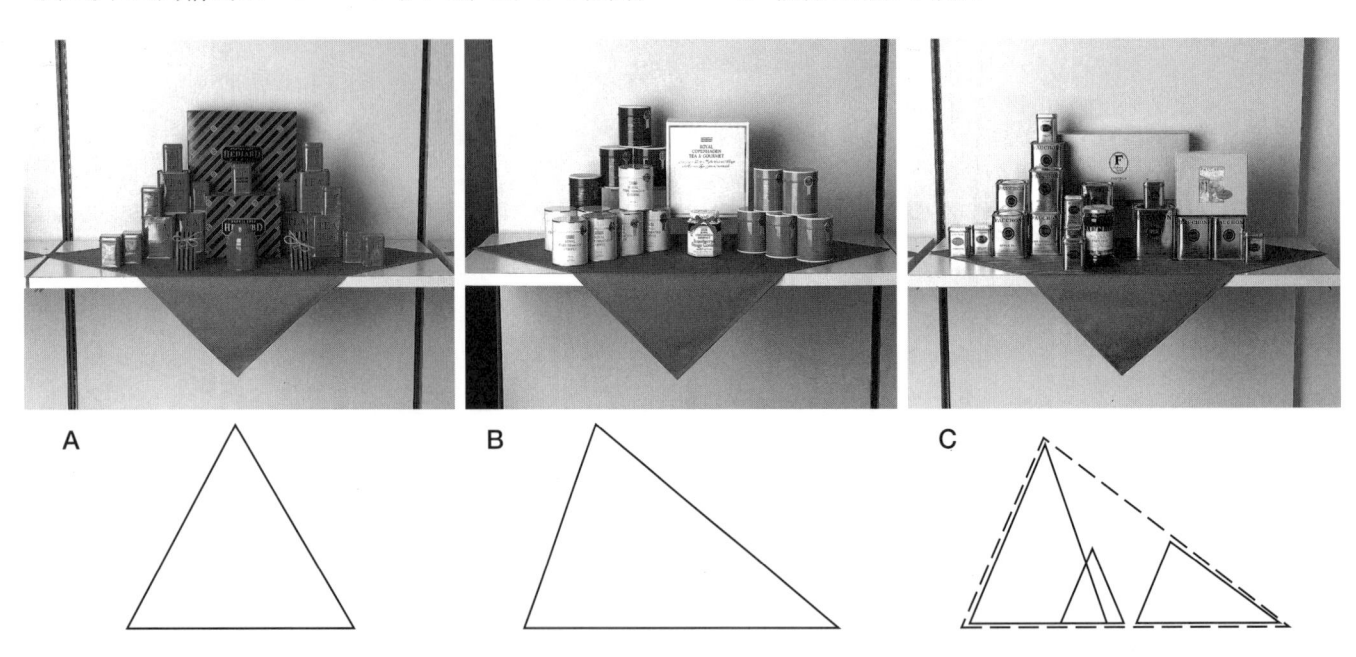

2) 三角構成（食料品）

ディスプレイテーブル上のスペースを、さまざまな方向から見て、前後・左右・高さなどのバランスをとりながら、三角構成で演出。中心の赤黒ストライプのロゴマーク入りパッケージは、インパクトあるPOPとして、効果的である。紅茶缶、ジャム缶、菓子箱などの商品をグルーピングさせながら、配置する方向性や量感を意識して構成。

3）三角構成（タウンウェア）

マネキンの立ちポーズ2体を接近させ、座りポーズ1体を右側に向けることで、より足もとの方向が強調され三角形のアウトラインに変化や動きがでてくる。マネキンのポーズや向きなど、空間のバランスをとりながら構成。

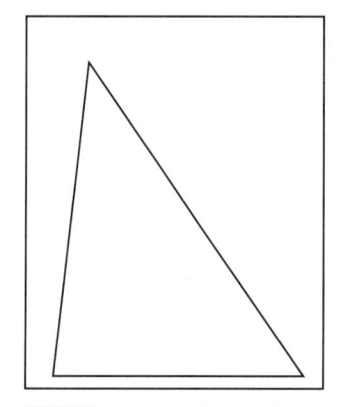

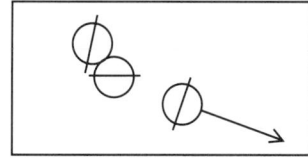

4）三角構成（瓶詰）

ワインの瓶をライザーとしてのボックスを使って尖塔形にし、ぶどうを入れた果物かごとぶどうの葉のガーランドを添えて棚上に三角構成で演出。

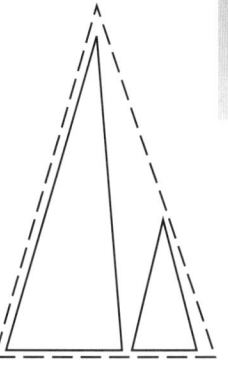

5）三角構成（ファッショングッズ）

ワインカラーと黒の型押しのハンドバッグ・靴を中心に、しなやかなドレープを表現したシルクのスカーフやネックレスなどのグッズを三角構成で演出。

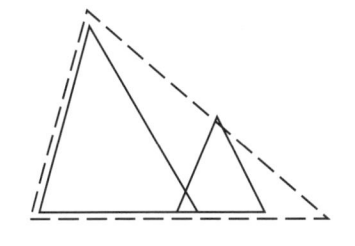

第2章　ビジュアルプレゼンテーションテクニック　基礎

6）リピート構成（タウンカジュアルウェア）

　マネキンのタイプ、ポーズ、色を合わせた3体と、ボックスを同じ向きに等間隔に配置することで、連続的な繰返しのリズムが生まれる。また、商品を同一アイテムで異なった色・柄・素材・デザインのバリエーションで展開し、演出した構成。

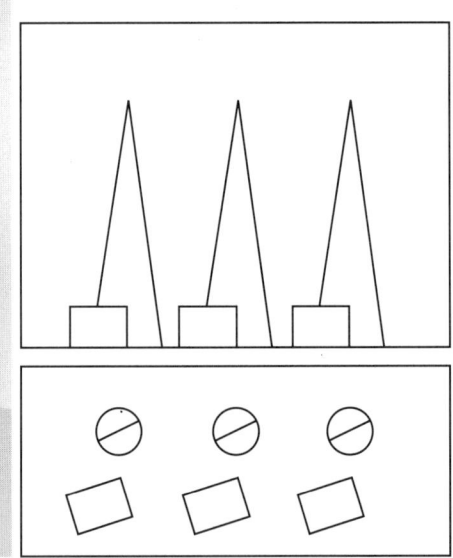

7）インパクトのある応用展開

　さり気なくテーブル上に並べたワイシャツだけの構成。新鮮でビジュアルなインパクトある演出効果。

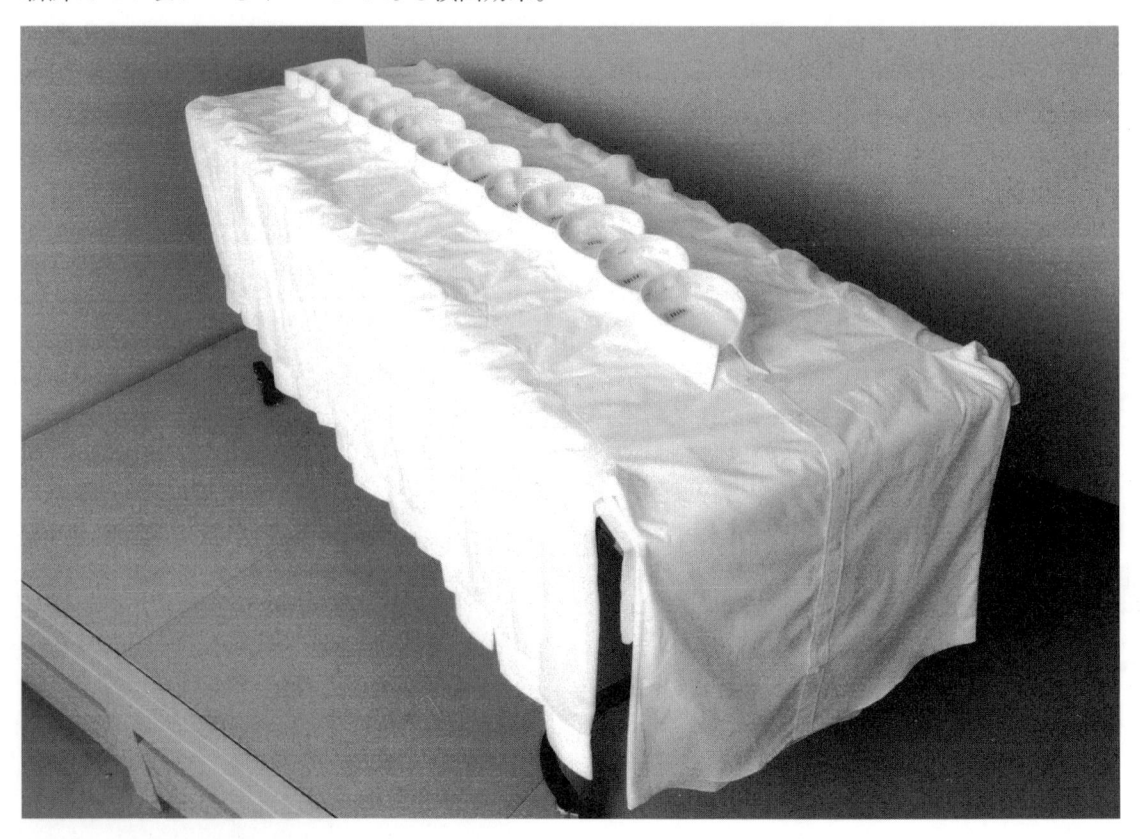

第3章
ビジュアルプレゼンテーションテクニック
ショーイング

大人のためのクリスマスパーティをテーマに、女性の赤のロングドレスと男性のタキシードを、オリジナルヘアメイクの個性的なマネキンにプレゼンテーション。大理石のフロアにオリジナルクリスマスオブジェとギフトで華やかに演出。（100〜101ページ参照）

「オータムファッション」をテーマに、クロスコーディネート提案を、マネキンのウェアリングで構成。額縁とぶどうのオリジナル演出小道具で、秋のシーズンイメージを表現。（技法は83～85ページ参照）

「スポーツライフ」をテーマに、ゴルフウェアとゴルフグッズでコーディネート提案。ボディのウェアリングを中心に、ステージ面でのレイダウンと組み合わせて、全体を三角構成で演出。（技法は91ページ参照）

第3章 ビジュアルプレゼンテーションテクニック ショーイング

ヤングカジュアルファッションを壁面パネルボードにピンナップ。水平、垂直、斜めの直線構成で演出。(技法は76ページ参照)

夏のタウンウェアを腕つきボディにウェアリング。イメージを合わせた演出小道具の造花とパステルカラーのステージでアシンメトリーに演出。

単品のカジュアルウェアをディスプレイテーブル上に、造形的表現でレイダウン演出。(技法は66、71、72ページ参照)

厚手ツイードのスーツとブラウスをディスプレイテーブル上に、着装的表現でレイダウン演出。アクセサリー、靴、バッグを添えてトータルコーディネート提案。(技法は72ページ参照)

腕つきボディに、ワイシャツの裾をフリルのようにに少し遊ばせて、アンバランスにしたサスペンダーとネクタイでフレッシュに表現した、ワイシャツ売り場のPP演出。（技法は96ページの3参照。②③まで同様に仕上げて、裾全体にギャザータックをとる）

腕つきボディと器具を使用して、メンズウェアのスーツ、ワイシャツ、コート、セーター、ネクタイ、ポケットチーフ、靴下、手袋、マフラー、帽子、バッグ、財布、傘などの総合的なプレゼンテーションテクニックを三角構成で演出。（技法は94～98ページ参照）

厚手ウールの個性的なスーツをテグスワーク。床から少し浮かせて、無理なく自然に躍動的に表現。ファーのマフラー、ファーつき手袋、ブーツ、バッグでトータルコーディネート演出。（技法は88～89ページ参照）

棚什器の最下段をステージに、コーディネートハンガーを活用して、かわいい子供の表情をハンギング技法で演出。（技法は99ページ参照）

第3章　ビジュアルプレゼンテーションテクニック　ショーイング　61

クラフト感覚のマフラー、バッグ、靴、アクセサリーなどのファッショングッズをトータルにコーディネート。アンティークテーブル上に、スタンド器具を使ってのイメージ演出。（技法は93ページ参照）

ヤングカジュアルウェアをラインの特性を生かしたアートボディにラフにコラージュ感覚で演出。

バッグ、アクセサリーに、カラー段ボール紙のオリジナルオブジェを添えて効果的に演出。

◆ディスプレイ・VP演習（学生作品）

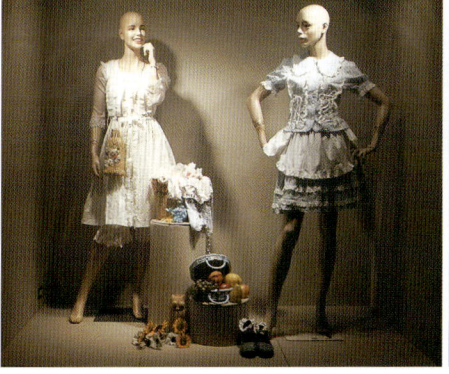

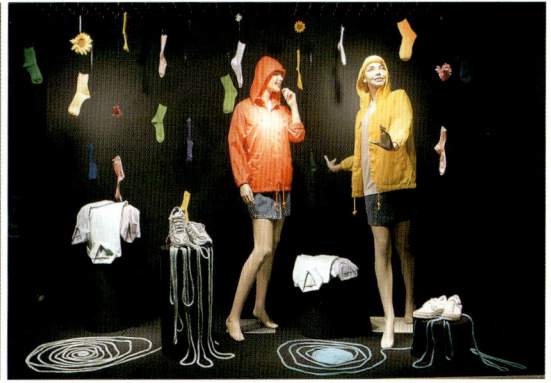

第3章　ビジュアルプレゼンテーションテクニック　ショーイング　63

◆ディスプレイ・VP演習（学生作品）

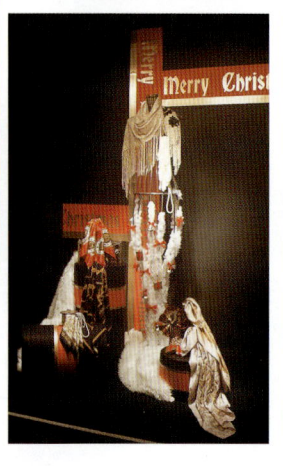

1. ショーイング（アパレル）

(1) ショーイング

　ショーイング（Showing）は、見せることの意味であり、ビジュアルプレゼンテーションとして「商品の視覚伝達表現技術」のことをいう。現代の私たちを取り巻く環境は変化し、多様化、情報化にともなって「個」の価値観、ライフスタイルにも変化が見られる。高感度人間、生活創造者ともいえるライフクリエイターが増えてきたのも事実といえる。流行やトレンド情報に敏感で、「個」のスタイルにこだわりを持つ人々に対し、いかに新鮮な情報提供ができるか、そしてビジュアル的に創造していくか、時代の空気をとらえた売り場づくりは、顧客の満足度につながる。

　ディスプレイ・VP・VMDのとらえ方は時代の流れの中で、視点の置き方によりそれぞれの解釈がされるが、本質は変わらないといえる。企業として、店としての経営理念、方針、政策を独自性のあるコンセプトを明確に打ち出してこそ「商品」「売り場」「プロモーション」の三位一体が成り立つ。総合的戦略・戦術のビジュアルマーチャンダイジング（VMD）は、マーチャンダイジング（MD）、マーチャンダイズプレゼンテーション（MP）、ショップ、ストアデザイン（SD）の連携が重要である。コンセプトを的確にとらえ、ビジュアルプレゼンテーションテクニックとしてのショーイングは、提案すべきものを具現化することで販売促進効果が高まるのである。

(2) ショーイングとスペース

　店頭、店内でのプレゼンテーションとして、ショーウインドーディスプレイスペースは、通りを歩く人々に向けて、いち早く季節を感じさせ、新鮮な商品情報、メッセージを伝えるなど、演出による訴求効果の高いVP空間として、顧客の目を引きつける場である。象徴的に、商品の特徴を強調し、効果的なエフェクトやプロップスなどで演出するトークンディスプレイと、商品の取揃えを分類、仕分けしたアソートメントディスプレイの手法がある。店内のVPスペースとしては、メインステージ、ディスプレイテーブルなどで、商品のアピールする要素を絞り込んで提案演出をする。店内什器（棚、ハンガーラックなど）や壁面、柱巻きなどのPPスペースは、商品の取揃え内容や、バリエーションのポイントを引き出して、サンプル提示する演出の場として使われる。このように、ここでのショーイングは、VP・PPスペースを中心にしたビジュアルプレゼンテーションテクニックを展開し、解説している。

(3) ショーイングと5W1H

　ショーイングは、目的、内容、場所や条件、店舗の規模や種類など、関連あるすべてを把握し確認したうえで対応する必要がある。5W1Hのチェックポイントを把握し、適切なショーイングを進めていく。

①WHY（なぜ）
　目的、企画のコンセプトの明確化。

②WHO（誰に）
　顧客対象、ターゲットの設定。マーケットセグメンテーション（市場細分化）分析によるMD戦略。

③WHEN（いつ）
　期間（週間、月、季節、年、時代別など）設定は、適切な販売促進計画ができる。

④WHERE（どこで）
　店舗空間、売り場スペースの条件を把握し、全体のコントロールを図り、ショーイングのスペースを確認する。

⑤WHAT（何を）
　コンセプトによりテーマ設定し、イメージを的確にしたうえで商品内容や特性を把握する。商品のコーディネート（デザイン、色、素材・柄、サイズ、価格など）やスタイリングなどにより提案。

⑥HOW（どのように）
　具体化するための方法、技術。デザインにそった空間演出にかかわる構成要素（什器、器具、マネキン、ボディ、プロップス、オブジェなど）とともに、ショーイングによるビジュアルプレゼンテーションテクニックを駆使し、具体的に表現する。

(4) ショーイングテクニック

　この章では、ショーイングテクニックとして、アパレル（レディス、メンズ、子供服など）を中心としている。〔基礎テクニック：①フォールデッド（たたむ、置く）、②レイダウン（置く）、③スタンディング（立てる）、④ピンナップ（張る）、⑤ウェアリング（着せる）、⑥ハンギング（掛ける）。応用テクニック：①テグスワーク（吊る）、②ワイヤリング（動き）〕などわかりやすく解説している。また、テーマ発想による素材やオリジナリティある演出小道具やオブジェ表現、販促テーマによるVP演出などへ発展させている。独創的なアイデア、クリエイティブな感性が求められる今、柔軟に対応できる実力と感性を高め、ショーイングのスキルアップを図ることが大切である。

2. 基礎テクニック（レディスウェア）

基礎テクニックはレディスウェアを中心に、たたむ、置く、張る、立てる、着せる、掛けるなどの基礎的技法がある。それらについて解説する。

(1) フォールデッド（たたむ、置く）

フォールデッドはたたむ、たたみ置くことで、商品を売り場の棚やテーブル什器にたたみ置き、見やすく、触りやすく、わかりやすく、選びやすいように表現する。

1）トップスのたたみ方（フォールデッド）

トップスの基本だたみは「シャツだたみ」「平だたみ」である。下敷きを使用して説明するが、サイズを把握している場合、下敷きは不要である。

●シャツだたみ（基本だたみ）A

① 後ろ身頃を上にして広げ、身頃の中心に下敷きの中心を合わせて置く（左右の肩幅がそろう）。
② 片方の身頃、袖を下敷きに合わせて折る。
③ 袖を折り上げる。
④ 反対側も同様にたたむ。折り上げた袖の折り目位置が重なって厚くなる場合はずらす。
⑤ 裾を折る。肩線より裾が出る場合は折り込む。
⑥ 表に返して丁寧に下敷きを抜く。
⑦ 全体を整えて仕上げる。

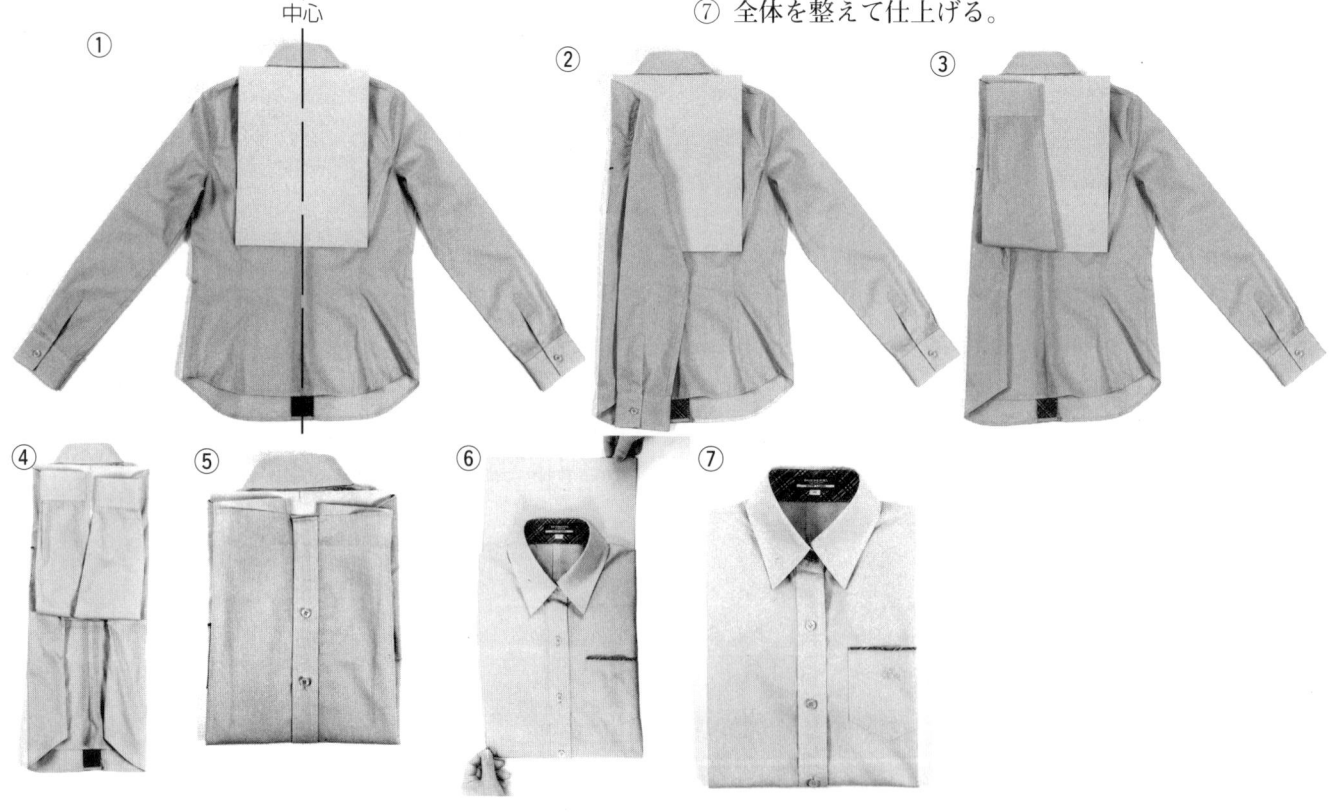

●シャツだたみB

① 後ろ身頃を広げ、それぞれの中心を合わせて下敷きを置き、片方の身頃、袖を折りさらに袖をたたむ。
② 反対側の身頃を折り、袖を横に折りたたむ。袖口を見せる場合は袖を少し出してたたむ（重ねる場合は袖のたたみ方を左右変えて交互にすると高さが偏らない）。
③ 裾を折り上げる。
④ 表に返して下敷きを抜く。

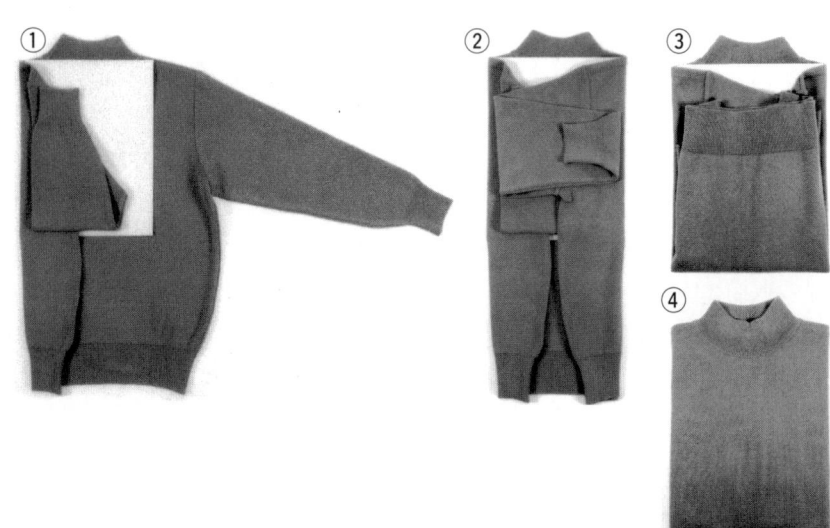

● シャツだたみC
① 後ろ身頃を上にして袖を身頃の幅に折り袖口までまっすぐにする（下敷きの2倍の幅になるようにたたむ）。下敷きを中心に合わせて置く。
② 左右の袖を突合せにたたむ。
③ 裾を折り、表に返して下敷きを抜く。

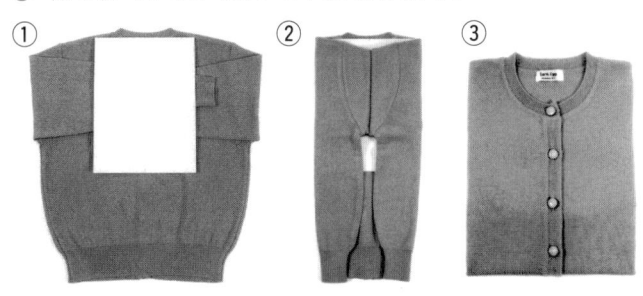

● シャツだたみD
① 後ろ身頃の上に下敷きを置き、見せる袖側を上にして左右をたたむ。
② 表に出したい分量の袖を折り返し、裾を折る。
③ 表に返して袖をたたみ、下敷きを抜く。

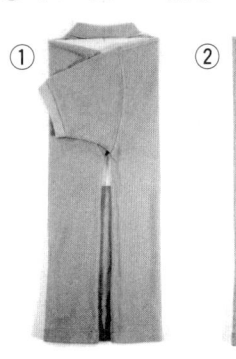

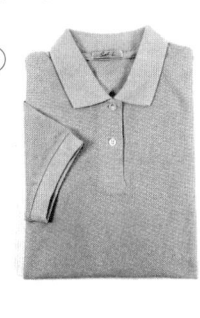

● シャツだたみE（タートルネック）
① 後ろ中心を合わせて下敷きを置き、片方の身頃、袖をたたむ。
② もう一方も同じようにたたむ。袖の折り目をずらす。
③ 裾を折り上げる。
　表に返して衿を手前に折り、全体を整える。

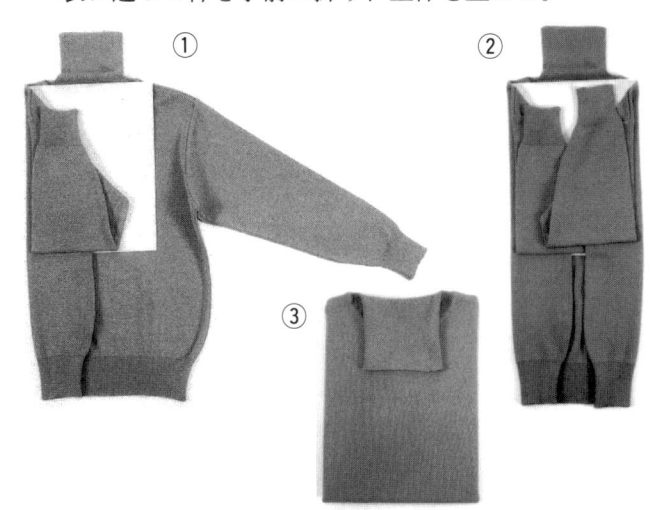

● 平だたみ（基本だたみ）
① 袖を身頃の幅にそろえて折る。
② 裾は肩線から出ないように折り上げる。
③ 表に返して整える。

■ たたみの基準サイズ
　図はベーシックなシャツの基準サイズである。B4サイズの紙を活用すると便利である。

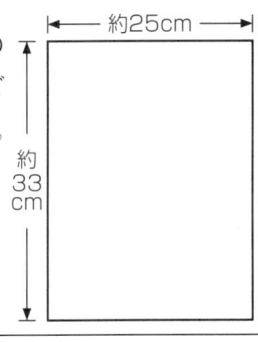

約25cm × 約33cm

◆ 重ねる・束ねる

　ショップのコンセプトや商品イメージに合わせたサイズにたたんだ商品は、棚什器などに大きさをそろえて積み重ねる。商品が乱れたり、広げたままになりやすいので、常に誰でも同一にたためるよう基準化されている。シャツだたみは基準サイズに切った下敷きを使用すると手早くたたむことができる。
　また、演出する場合、たたみ用サイズより大きめの用紙を入れてたたむときれいに仕上がる。

● IP展開
　カラーバリエーションが見えるように積み重ねる。たたんでわになっている部分を手前にそろえて積み重ねるが、棚什器に商品を積み重ねたとき衿のデザインが見えにくい場合は、上の商品1枚のみ衿を手前にすると見やすい。 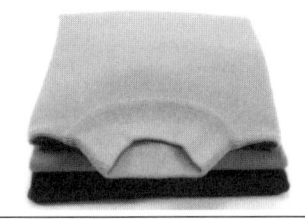
　台衿つきシャツカラーの商品を一方方向に積み重ねたとき、高さが偏る場合は衿の向きを交互に積み重ねるとよい。

● PP、VP演出
　カラーバリエーションと袖のデザインを見せつつ、おしゃれなベルトで束ねた演出。

2）台紙を使ったたたみ方（フォーミング）

デザイン特性を生かして商品をより美しく形づけたり、立体感を表現するテクニック。形づけの用材には紙やビニールなどがあり、目的や用途に応じて商品の素材やデザインに合った厚さや柔らかさのものを選ぶとよい。ここではクラフト紙を使ったシャツブラウスのフォーミングを解説する。

●シャツブラウス

クレリックシャツにクラフト紙を使用してボリューム感とデザインの特徴を表現。

① 仕上りサイズより幅を広く、丈を長めにしたクラフト紙（台紙）の両脇を仕上り幅に折り、後ろ中心の衿ぐりに台紙の中央を合わせて置く。台紙の上端を肩傾斜に合わせて手前に折る。
② 身頃を台紙に合わせて折り、袖を仕上りサイズにたたむ。
③ 右身頃をたたみ、袖は伸ばしたままにし、左右の袖が重なった位置をクリップで止める。
④ カフスが表に出るように袖を横にたたむ。台紙の下と脇を左右クリップで止める。（形くずれを防止）
⑤ 裾を仕上りサイズに折る。肩より裾が出る場合は折り込む。折った両端をクリップで台紙に止める。
⑥ 表に返し、カフスを身頃側に折り、クリップが目立たないように隠して固定する。
⑦ 全体を整える。

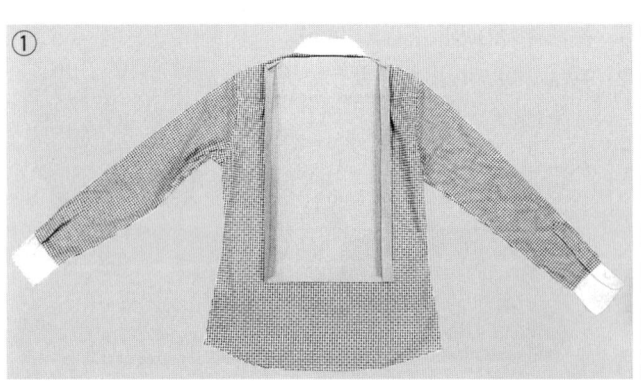

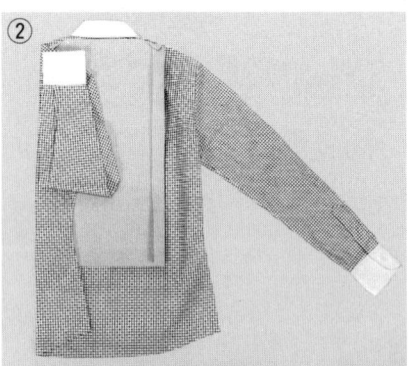

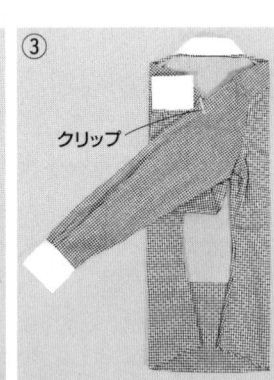

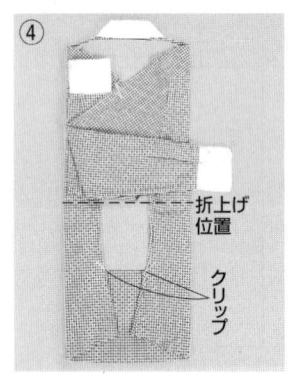

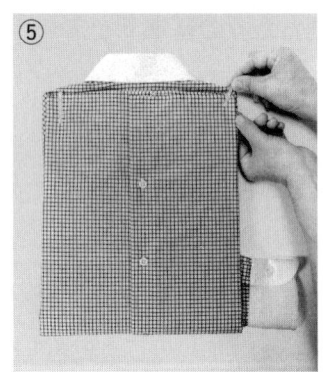

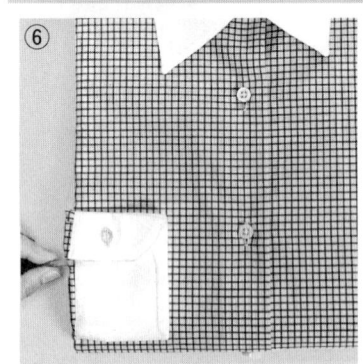

■フォーミングのための用材

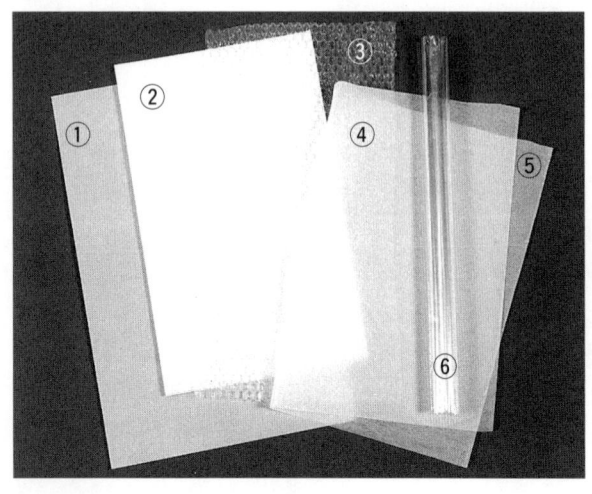

① クラフト紙
② ケント紙
③ エアパッキン（気泡シート）
④ ライスペーパー（薄葉紙）
⑤ ハトロン紙
⑥ セロファン

● トップスのバリエーション

　商品をたたんで演出する際、構成に変化をだしたいときなどに商品のデザインを考慮した大きさの美しい形を表現する。ここではいろいろな台紙を使って形づけたトップスを解説する。

クラフト紙
① 左右の身頃、袖をたたみ、丈を三つ折りにして立体感をだす。
② 身頃の幅を狭くたたみ、ウエストで折り返して立体的にし、台衿のボタンをはずし衿を立て表情をつける。
③ 片袖を出して3枚同じ大きさにたたんで積み重ね、袖はずらして重ね、立体的なプリーツ状に折り、カラーバリエーションを見せる。

ケント紙
④ 片袖を出してたたんだ身頃の形がくずれないようにクリップで止めて折り返し、袖をやわらかく立体的にしわづけする。
⑤ 形くずれしないようにクリップを使って左右の袖下、脇を止めてたたみ、袖を片側に出して重ね③のように形づける。
⑥ シャツだたみをし、筒状に巻き、後ろで重ねてクリップで固定する。

段ボール紙
⑦ 長めの台紙にクリップを使ってたたみ、片袖を出して横に筒型に巻き、クリップで固定して立てる。筒の上で袖を形づける。

ハトロン紙
⑧ 大きなロゴマークのあるTシャツの折り目に出る文字を少しずつずらしてたたみ、重ねたとき一つのマークになるようにする。
⑨ デザインポイントを出して身頃を衿に合わせて細長くたたみ、袖を直線的に出す。

ライスペーパー
⑩ 袖ぐり、脇線をそろえて二つに折りたたみ、タートルネックを折り返してソフトに表現する。

3) ボトムスのたたみ方

ボトムスはシルエットがポイントとなる。デザイン特性を生かしながら、わかりやすく表現する。

●スカート

① ハイウエストのセミタイトスカートを広げて全体のシルエットを見せる。ウエストラインや裾線から後スカートがのぞいて出ないように注意する。

② 二つ折りにして折ったところはまっすぐにし、脇のシルエットを美しく整える（セミタイトスカート、フレアスカートなどに合う）。

③④ 両脇を折ってボリューム感をだしストレートスカートをより細く見せる（シンプルなタイトスカートやフロントにデザインされたスカートなどに合う）。

⑤ プリーツの入った巻スカートはデザインポイントとなる部分のバランスを見て二つ折りにする。脇線を広げプリーツを開いて動きをだす（脇ポケットや脇よりにデザインポイントがあるスカートなどに合う）。

●パンツ

① カジュアルパンツはウエストの脇を少し折り込み、前面のシルエットを見せる。

② 側面のシルエットをだしたストレートパンツ。ウエストホックをはずし、ファスナーを開けてたたむとすっきり折りたためる。ウエストの後ろ中心を少し折り込む。片脚を膝の位置で折り返し動きをつける。

③ ②と同様に側面を出してたたむ。脇線にふくらみをつけアクセントにする。

④ 側面を出してたたみ、膝あたりにひだ山をとり、アクセントをつける

⑤ 脇線を合わせて二つ折りにしブランド名のついている側を出す（ジーンズや後ろにデザインがあるカジュアルパンツなどに合う）。

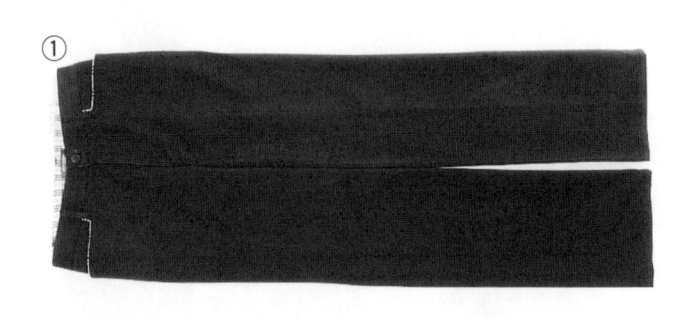

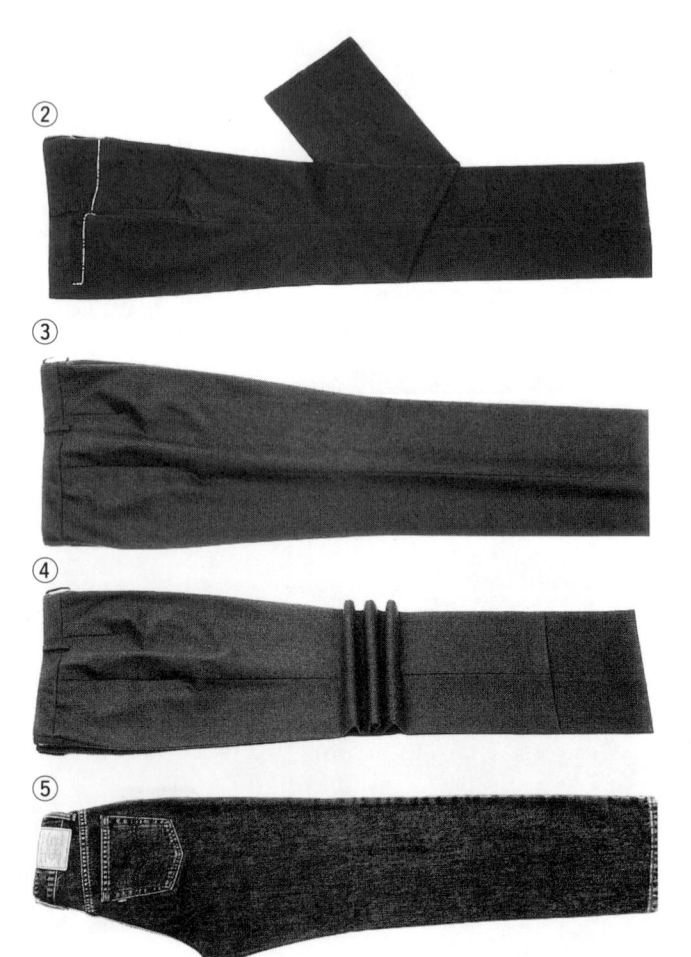

4）ジャケットのたたみ方

　左右対称のジャケットを半身にして扱い、立体感とボリューム感を表現。仕立てがしっかりしているジャケットは美しく形づけができる。ここでは総裏仕立てのウールのテーラードジャケットと張りのある木綿の一重ジャケットを使ってたたみ方を説明する。

● ジャケットＡ

① テーラードジャケットの中にたたみ込む身頃を裏返し、表になる身頃の中に肩先、肩線を合わせて入れる。
②③ 後中心線をたたみ、左右の上衿、ラペルの返り線、前端、裾をそろえて整える。中に入れた身頃、袖がパッドの代りとなり身頃にボリュームがでる。
　袖口からエアパッキンを筒状に巻いて入れ、袖に立体感をだす。全体を整える。

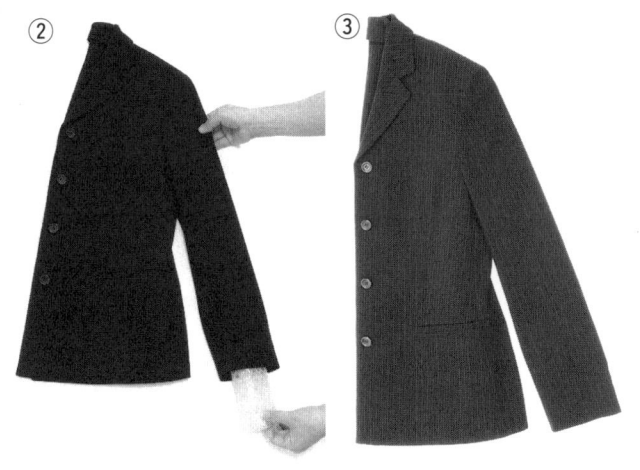

● ジャケットＢ

① 一重ジャケットの中にたたみ込む側の身頃と袖を裏返す。
② 表となる袖の中に裏返した袖を通し、左右の肩先、肩線を合わせる。中の袖を引いて整え、立体的にする。
③ 後ろ中心線をたたみ、左右の衿、前端、裾をそろえる。衿を立てて表情をつける。カフスは折り返し袖に動きのある表情をつける。チェック柄の扱いがデザインポイントのため、中の前端の見返しを少し出して柄を見せる。全体を整える。このテクニックは袖にボリュームがでる。さらにボリュームをだしたい場合は素材に適した紙（68ページ参照）などを使ってパディングするとよい。

第3章　ビジュアルプレゼンテーションテクニック　ショーイング

(2) レイダウン（置く）

レイダウンは商品を平面的に表現するテクニックで売り場のテーブル上に着装的に置いたり、造形的に構成したりして活用できる。

1) レイダウンA（着装的表現）

仕立てのしっかりしたツイードのカーディガンスーツにブラウス、アクセサリーをテーブル上に着装的に表現した直線構成。靴、バッグを添えてトータルコーディネート提案。

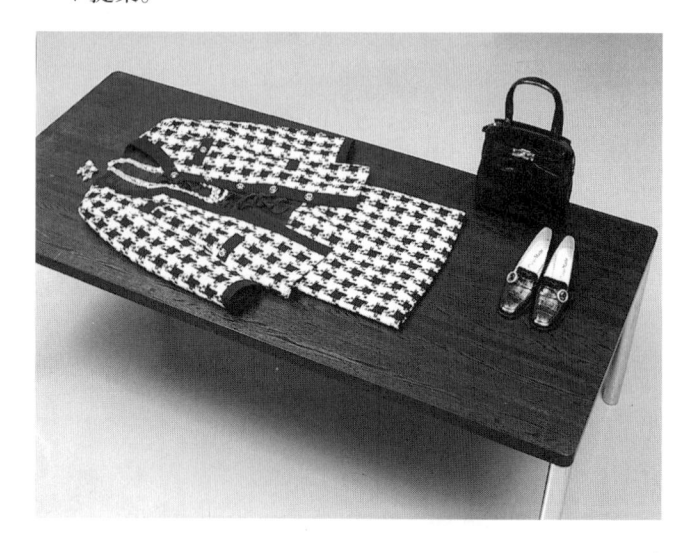

① ジャケットの袖にブラウスの袖を通しそれぞれの肩の位置をそろえ、着た状態にしてテーブル上に置く。
② スカートをブラウスの裾から中に入れ、上下のバランスを見ながらブラウス、スカートの前中心線を通す。後ろスカートの裾が出ないように注意して裾線をきれいに整える。
③ エアパッキンを筒状にしてブラウスの袖に入れ立体的にする。
④ ジャケットの前をあけ、ブラウスのデザインが見えるようにして、身頃にライスペーパーを入れ立体的に形づける（パディング）。
⑤ ロングネックレスや、イヤリングを置いて着装状態にする。
⑥ バッグ、靴を置き全体のバランスを整える。

2) レイダウンB（造形的表現）

カジュアルウェアをテーブル、床などの平面上に水平、垂直、斜線で構成。ベルト、ポーチ、帽子、靴のコーディネート。

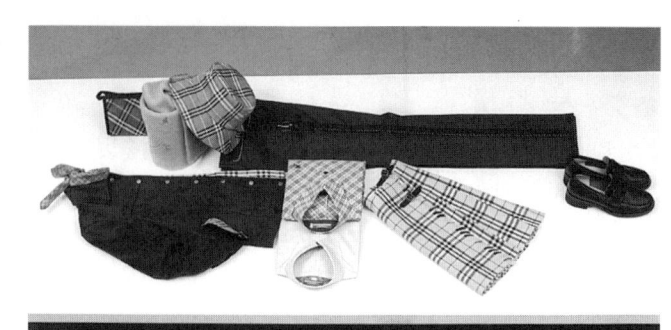

① パンツの脇線を中央に側面を出してたたみ水平に置く。ジャケットをたたみ、カフスを折り返して中の袖を引き出し、ポケットに差し込んで腕の表情をつける。バランスよくパンツに平行に置く（71ページジャケットB参照）。シャツブラウスに台紙を入れて立体感をだしてたたみ垂直に2枚置く（68、69ページ①参照）。
② デザインポイントが見えるように巻きスカートを二つ折りにして斜めに置く（70ページ⑤参照）。段ボール紙を台紙にしてセーターをたたみ、筒状にして立て、袖をやわらかく形づける（69ページ⑦参照）。帽子にライスペーパーを入れて立てたセーターに斜めに立て掛ける。パンツの上にベルトを置く。ハンカチをチョーカーに結び、ジャケットの衿ぐりに添わせて入れ表情をつける（86ページ参照）。ポーチを水平に置く。靴を置き、全体のバランスを整える。

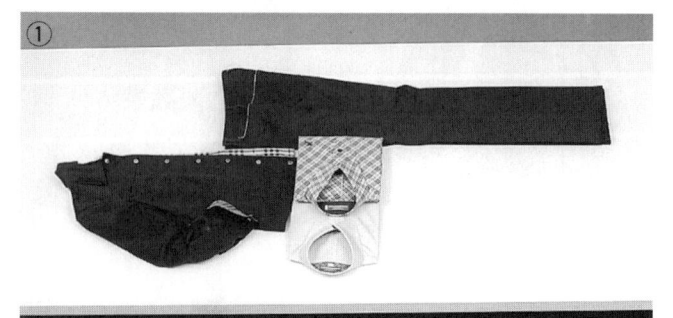

◆ピン（pin）

一般に市販されているピンの種類は、現在においてはJIS規格はなく、その品種も多様であるが、各メーカーが品質表示とサイズ（号数）表示をして販売しており、その用途目的に応じて選別して使い分けられている。

●ピンの種類（性質・用途）

区分No.	材質	性質	主な用途と適性	価格
①	鉄	硬質、光沢少ない、さびやすい	虫ピン、文房具	安価
②	真鍮　ニッケルメッキ　クロームメッキ	軟質、曲がりやすい、さびない	洋裁用、ピニング用	やや高価
③	鉄　ニッケルメッキ	硬質、光沢あり、さびない	洋裁用、ピニング用　※比較的に見た目に美しく、ピンの跡が目立たないためその応用範囲が広い。	やや高価
④	鋼鉄　ニッケルメッキ	弾力性、光沢あり、さびない		やや高価
⑤	ステンレス、特殊鋼材	弾力性、鋭利、極細、さびない	特殊用（立体裁断用、ピニング用）	高価（高級品）

※ディスプレイのピニング用には③が最も多く使用されている。　※一覧表の区分No.はピンの種類、号数表示とサイズに連動。

●号数表示とサイズ（参考基準）

区分No.	名称（通称）	号数	長さ（単位mm）	太さ（単位mm）	用途と適性
①	虫ピン	ナシ	28.0〜29.0	0.75	昆虫標本、紙、その他全般
②③	ピン	1号	22.0〜22.2	0.6〜0.62	繊維品（木綿、麻、化繊）、紙などの薄物のピニング
		2号	25.4〜26.0	0.6〜0.63	〃　やや薄物のピニング
		3号	27.0〜29.0	0.6〜0.73	繊維品全般のピニング
		4号	30.0〜32.0	0.6〜0.85	やや厚手繊維品（木綿、麻、化繊、毛）のピニング
		5号	35.0〜40.0	0.6〜0.95	厚手繊維品（ニット製品、コート、タオル、毛布など）のピニング
④	シルクピン	3号	27.0〜29.0	0.50	（超極細）絹、化繊製品などの緻密織り高級品のピニング
		4号	30.0〜32.0	0.50	（超極細）　〃
		60号	28.0〜29.0	0.65	（細）絹、化繊製品などの高級品のピニング
		55号	28.0〜29.0	0.55	（極細）
⑤	シルクピン	50号	28.0〜30.0	0.50	（超極細）絹、化繊製品などの特殊高級品のピニング
④	スタイルピン（シルクピン）	50号	28.0〜30.0	0.50	（極細）　〃　（ピンのヘッドが平ら）

※ピン③の3号は利用範囲も広く、多く使用されている。　※ピニング（ピンナップ、フォーミング、ピンワークを含む）。

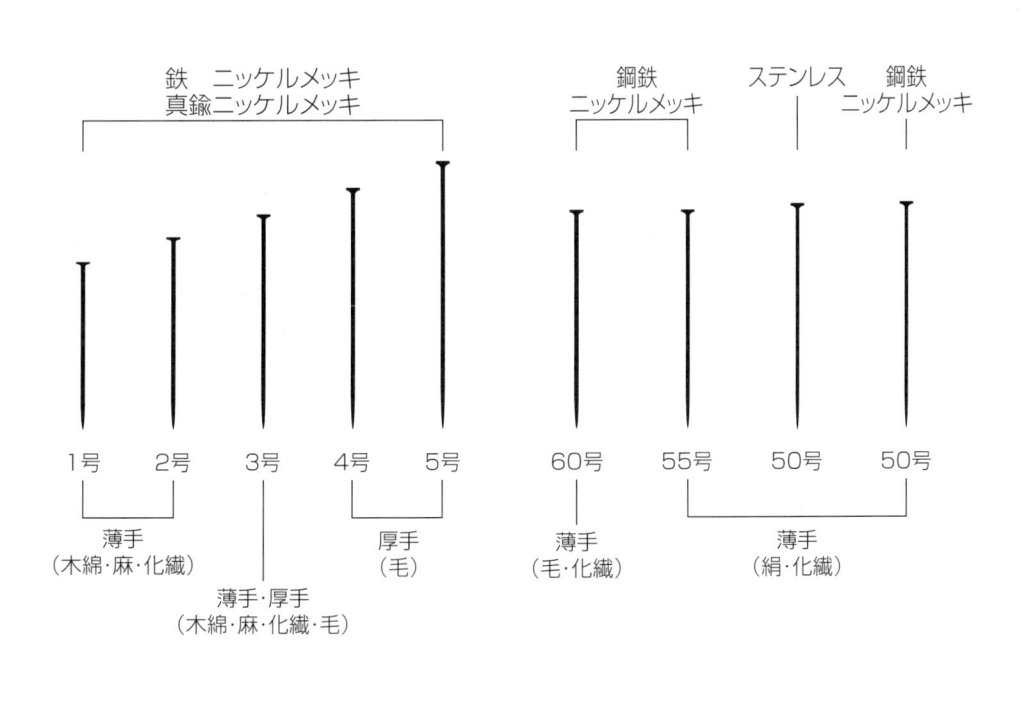

鉄　ニッケルメッキ　　　　　　　　　　　鋼鉄　　　　　ステンレス　　鋼鉄
真鍮ニッケルメッキ　　　　　　　　　　ニッケルメッキ　　　　　　　　ニッケルメッキ

1号　2号　3号　4号　5号　　60号　55号　50号　50号

薄手（木綿・麻・化繊）　薄手・厚手（木綿・麻・化繊・毛）　厚手（毛）　薄手（毛・化繊）　薄手（絹・化繊）

(3) ピンナップ（張る）

　壁面、パネルボード、柱巻きなどにピンを用いて商品を張るテクニック。時代の流れに影響を受けて、テクニックにも変化が見られ、以前よりピンナップはあまり見かけなくなってきた。商品自体をシンプルに提案するのに比べて、作業手間がかかることや、商品に穴があいたり、傷めたり、ピンに触れ怪我につながる（PL法　50ページ参照）などとマイナス面がクローズアップされてきた。しかし、ピンナップテクニックを、適切に使えば、人の目を引きつける魅力的な演出ができる。そのためにも基礎をしっかり身につけることである。

1）ピンの打ち方の基礎
●用具
　ピン（主に3号、シルクピン、5号などを使用）
　ピンピッターまたは小型金づち
　ニッパー
　（用具については51、73ページ参照）

●ピンの扱いと角度
　商品のデザインや素材など特性を理解したうえで、ピンの種類や扱い方を使い分けし、適応させていく。パネルボードにピンを打ち込みすぎて、ボードの裏へ突き抜けないようにする。また、商品の素材の風合いを損なわずに、自然な立体感を表現するためにもピンを全部打ち込まず、少し浮かせるようにするとよい。材質や厚さ、重さによりピンを打つ角度にも工夫する。

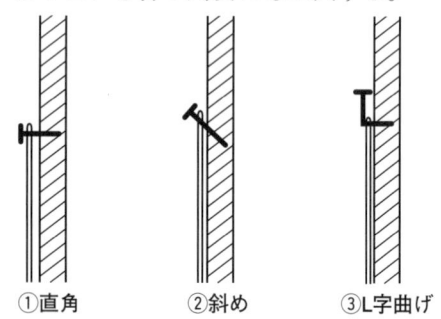

　①直角　②斜め　③L字曲げ

　①、②、③の角度で、それぞれ商品に適した使い分けをする。例えば、商品に厚みや重さがある場合、①の角度では支えきれないが、②や③の方法は、支える度合いが高くなる。また、仕上がったときのピンの目立ち方から考える場合、①はピンの頭のみ、②はピンの足が少しだけ見え、③はピンの足が長く目立ってしまう。

　扱う素材が薄く軽いデリケートな商品は、シルクピンで、②の角度を使う。商品の引かれる方向性と逆の方向に、②の角度で打つとしっかり止まる。仕上り状態の表面にピンが目立たないように、ピンの打ち方を判断しながら進めることが大切である。

●トップアイテムのピンの打ち方
〈衿なしの扱い〉
① 衿ぐりのネックポイントを内側から3号ピンで打つ。ステッチや縫い目など、布も厚く、伸びないところを利用するとよい。
② ピンの足を浮かした分、ネックをピンの頭まで起こしてくる。
③ ピンはシャツの内側に隠れて、表からは見えない。

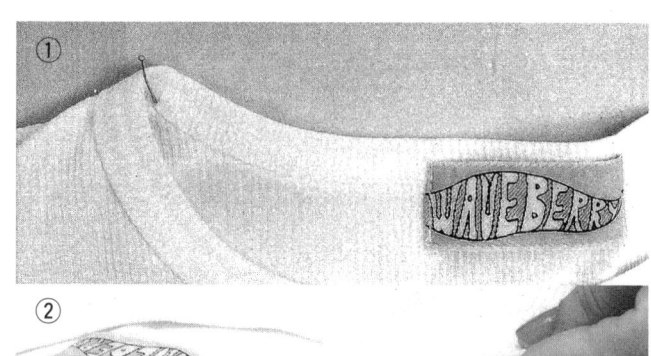

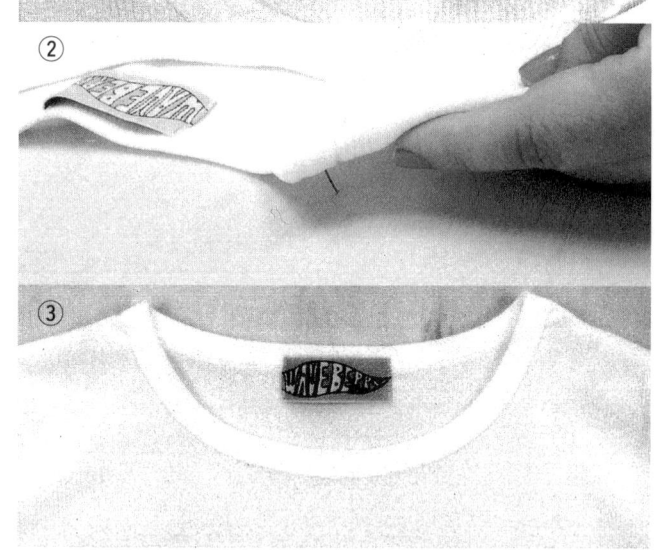

〈衿つきの扱い〉
① 衿を立ち上げ、身頃の衿つけ線のネックポイントに、表側から3号ピンで打つ。ピンの足を浮かした分、ネックをピンの頭まで起こしてくる。
② 衿を折り返し整えるとピンは中に隠れて表からは見えない。

〈袖を広げるときの扱い〉
① 袖つけ線肩先のやや後ろ寄りに３号ピンで少しすくい縫いをする。
② そのピンを斜めの角度でパネルボードに打つ。袖を広げるとピンが裏に隠れて表から目立たない。その後で袖口を打つ。

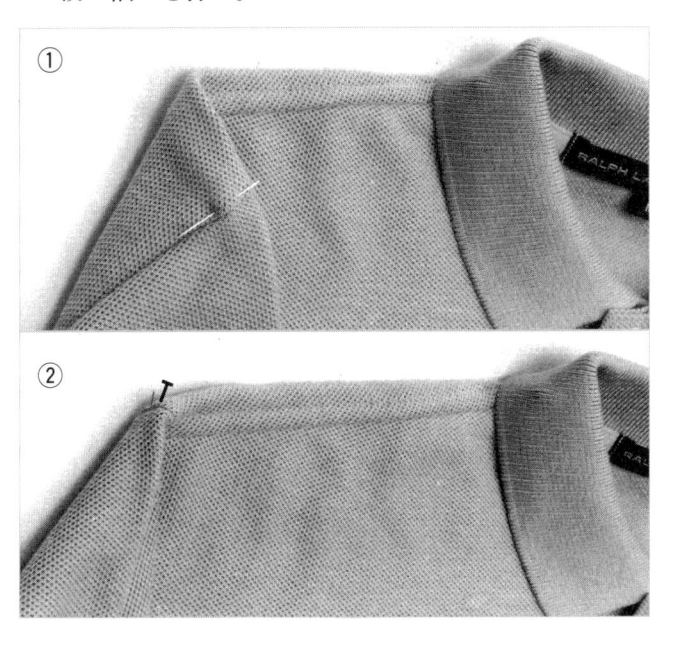

〈身幅を折りたたむときの扱い〉
① 衿つきの扱いと同様に、ネックポイントにピンを打つ。身幅を折りたたんだ折り目と、肩縫い目の縫い代で布が厚くなっているところに内側から斜めに３号ピンで打つ。
② ピンが中に隠れて表から目立たない。

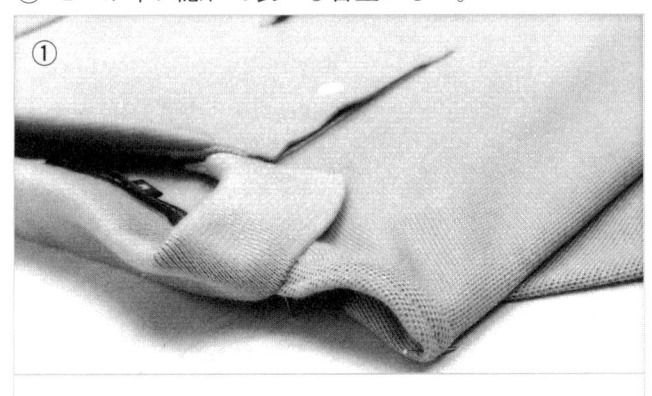

●ボトムアイテムのピンの打ち方
① ウエストのベルト芯とともに、布地が厚くなった部分やステッチ部分を、表から３号ピンで打つ。
② ピンの足を浮かした分、ウエストを起こしてくる。ピンの頭だけが見えるだけで、しっかり固定できる。

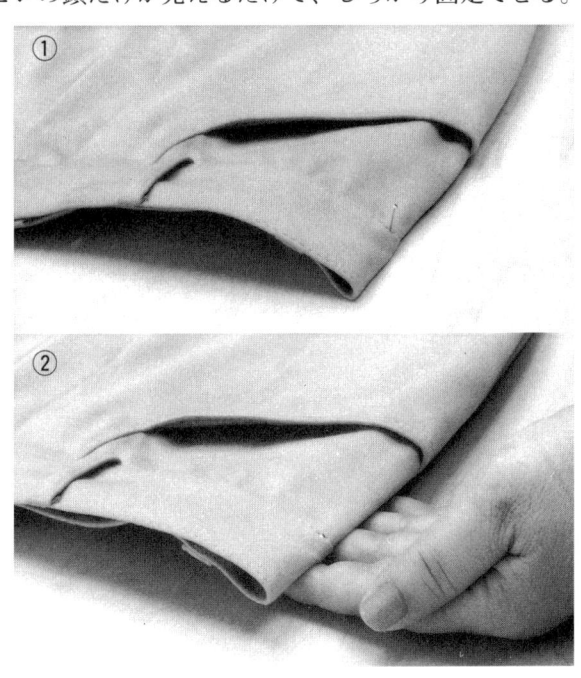

表側からピンが目立つのを避ける場合、ウエストベルト部分の内側に３号ピンで打つ。

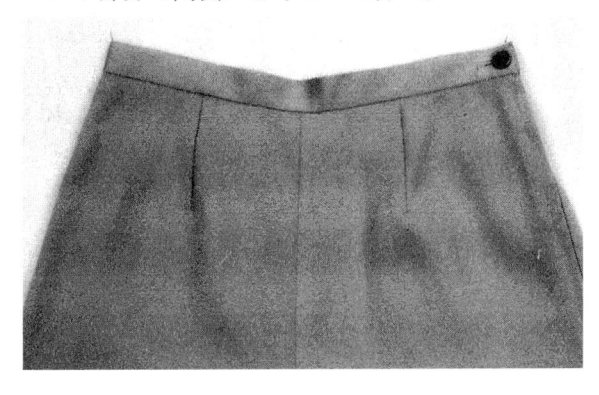

スカートのデザインや素材により、自然な動きや流れを表現する場合、ウエスト部分でひだを寄せて数か所ピンで固定したり、裾の動きを作りながらシルクピンで止める。

第3章　ビジュアルプレゼンテーションテクニック　ショーイング　75

2) ピンナップA

●ヤングカジュアルファッションを、壁面パネルボードにピンナップ。水平、垂直、斜めの構成で演出。
　Tシャツ、スカート、バンダナ、サンバイザー
　シューズ、パネルボード（900mm×900mm）

① 一番下になるバンダナから配置し、四隅の角をそれぞれ中心に向かって斜めにシルクピンで打つ。
② スカートのウエスト左側は仕上りに見える部分なので、ピンが目立たない方法で内側から3号ピンで打つ。（75ページ ボトム参照）
③ 右側のウエスト部分はTシャツで隠れるため表側から3号ピンで打ち、しっかり固定する（75ページ ボトム①②参照）。
④ Tシャツのネックポイントは衿なしの扱い方（74ページ参照）で、3号ピンを打つ。袖は広げて表現するため肩先を3号ピンで斜めに打ち（75ページ参照）、袖口は軽く斜めにシルクピンで打つ。裾は左側のみ固定。
⑤ シューズの固定はテグスを掛けてピンを打つか、プッシュピンを支えに工夫するとよい。バンダナの扱いはバイアス折りでたたみ（86ページ スカーフの扱い参照）、結ぶ。Tシャツのネック部分にあしらいシルクピンで止める。サンバイザーをシューズとTシャツの部分に配置し3号ピンで固定する。

3）ピンナップB

●ツーピース、Tシャツ、その他グッズを立体的に、変化を持たせてピンナップ。放射状構成での演出。

　ツーピース、Tシャツ、スカーフ、バッグ、ベルト、クラフト紙（袖のフォーミング）
　パネルボード（900mm×900mm）布張り
　　（◧パネルボードの布〔フェルト〕の張り方 参照）

　正方形の角を頂点にし、変化を持たせたベースとして扱う。頂点となる角から放射状の線を描くように、それにそって商品の構図を決める。スカートからピンナップをし、Tシャツ、ジャケット、スカーフ、バッグ、ベルトの順に進める。ジャケットの応用表現として、前身頃を開いた状態で衿ぐりを近づけてピンナップ。その一点から扇状に裾を広げ、左裾をピンで固定。両袖はクラフト紙で立体的にフォーミング。

　ベルトは直接止めず、バックルやベルト穴を利用するとよい。打ったピンを引かれる方向と逆向きに指でL字形に曲げるとしっかり固定できる。

◧パネルボードの布（フェルト）の張り方

① 準備（ボード、フェルト布、ガンタッカーと針）
② フェルト布の裏面とパネルボードの表面を合わせ、折り代4～5cmくらいを見積もる。向かい合う両辺の中央部分を相互に引き合いながらガンタッカーで止める。布にたるみがでないようにし、周囲を止める。
③ 角の仕上りに注意し、引き込みながら止める。
④ 表面を返して完成。フェルト布以外にも素材や色などを工夫すると別の効果が得られる。

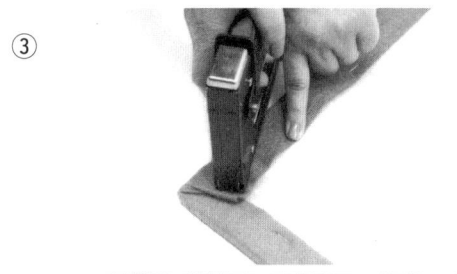

第3章　ビジュアルプレゼンテーションテクニック　ショーイング

（4）スタンディング（立てる）

　棚上ステージ、ディスプレイテーブル面などに、スタンドハンガー器具を立てることで高さのある表現ができる。また、フレキシブルハンガー器具においては、自由に曲げて扱うことができ、その特性を生かした表現ができる。

1）トップ＆ボトムスタンド器具A（トップ・フレキシブルハンガー）

●トップアイテム（セーターと上着）と、ボトムアイテム（スカート）をスタンド器具に表現し、関連商品などをレイダウンさせる。全体を三角構成でまとめたタウンウェアのコーディネート。

　スカート、ワンピース、ジャケット、セーター、帽子、スカーフ、バッグ、靴、ベルト、クラフト紙（袖のフォーミング用）

① クラフト紙で筒状に丸めた腕を取りつける。もう一方は取りつけずに用意しておく。
② セーターの袖を、取りつけたクラフト紙の下方から通して着せる。
③ 着せつけたセーターを整える。
④ 上着は、クラフト紙を取りつけた方から袖を通して着せ、もう一方の上着の袖にセーターの袖を通す。さらに用意しておいた筒状のクラフト紙を袖口の方から差し込む。
⑤ 両袖に表情をつけてフォーミング完了。器具のベースは見えないようにし、上着の裾を整える。
⑥ ボトムスタンド器具の幅とスカートのウエスト部分を合わせ、両サイドの余りを後ろに回し、3号ピンで止める。裾のラインは床面に合わせる。スカートのデザインによっては裾を広げたり、その効果をだす。
⑦ トップスタンド器具のネックが見える部分にスカーフをあしらい、アクセントづける。

　まとめとしては、ウェアリングさせたトップとボトムを構成のメインとし、台紙でフォーミングしたセーターの3色バリエーションを重ね、ワンピースを水平にレイダウン。その他のグッズを配し、全体を三角構成で演出。

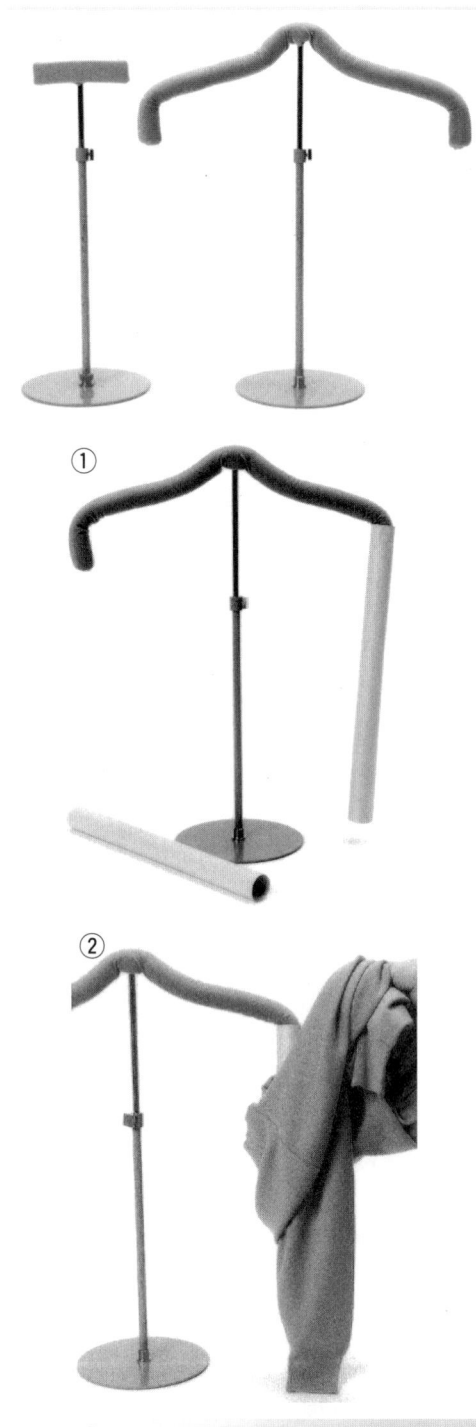

④

⑤

⑥ 前　　　　後ろ

⑦

2）トップスタンド器具B（フレキシブルハンガー）

●トップスタンド器具の自由に曲げられる特性を生かした応用表現。パンツスーツのコーディネート演出。

パンツスーツ、ブラウス、帽子、スカーフ、バッグ、靴、ベルト

　トップスタンド器具の形をアレンジし、ⓐの部分には上着を半身頃に折りたたんで掛け（71ページ参照）、ⓑの部分にはパンツのウエスト部分を掛け、さらにたたんだブラウスを掛けて流れる線を強調する。ファッショングッズを配置し、全体を三角構成でまとめる。フレキシブルハンガー器具を柔軟な発想で活用するとよい。

　また、この器具は、土台としてのフォルム作りに使用するので、仕上りに目立たない扱い方を心がける。

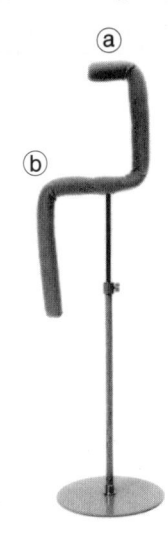

(5) ウェアリング（着せる）

　ボディやマネキンなどへ着せると、トータルファッションが一目でわかる。それだけにコーディネートのセンスが決め手となる。また、着こなし方やポーズのフォーミングテクニック、そして空間における構成のしかたで、テーマのシーン、ストーリーが展開され、イメージ訴求に効果的である。また、ボディやマネキンのしくみや扱い方、着せ方の手順をつかんでおくことも大切である。

●マネキンのしくみ

　使用するマネキンは事前のチェック（種類、タイプ、サイズ、カラー、ヘア、メイク、数量など）をし、買取りかレンタルかの発注をする。

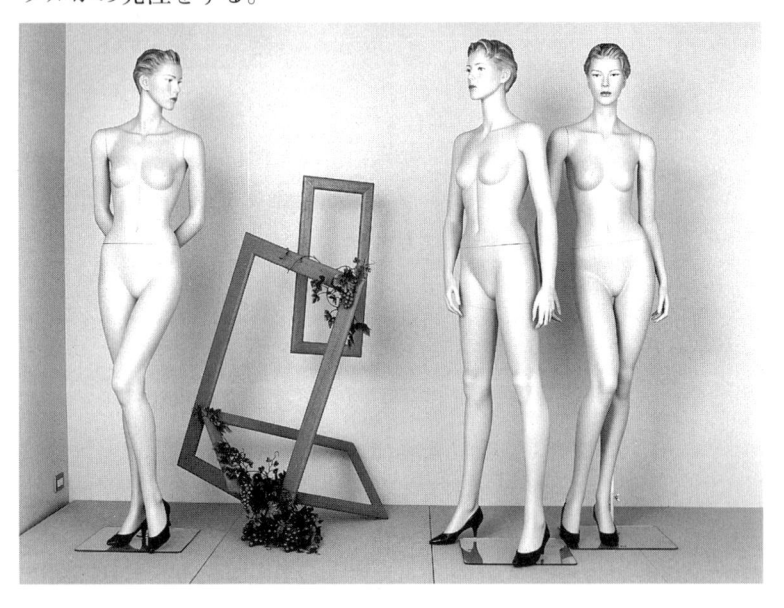

●ボディのしくみ

　ボディの本体は、芯地張り、布張り、FRP、木製、籐製などもある。ボディの本体の底にある穴へスタンドパイプを差し込み、高さを調節する。パンツを扱うときはサイドの穴に差し替えて使う。スタンドベースのデザイン（色や材質、スタイル）は、イメージに合わせて選ぶ。また、腕つきのボディの活用も多く見られ、肘、手首、指の関節部分を曲げることができるため、ポーズの表現に変化がだせる。

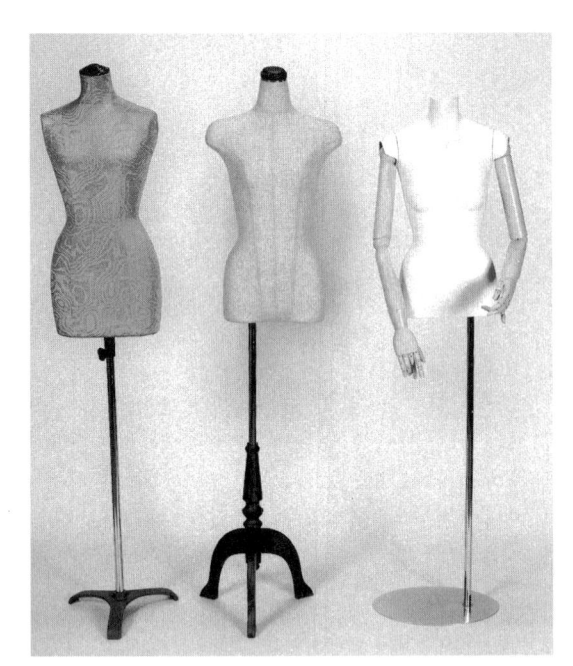

① 基本的に、マネキンは分解して商品を着せる。上半身、下半身、腕、手首を取りはずす。片足は取りはずせるタイプと、バネで動くタイプとがあり、これはパンツをはかせるためのものである。それぞれ着せる前には汚れをふき取っておく。

② スタンドパイプには、ⓐヒップパイプ、ⓑレッグパイプ、ⓒフットパイプがある。マネキン用の靴もあるが、実際の商品の靴をはかせる場合、フットパイプを避けてヒップかレッグのスタンドパイプを判断して使う。

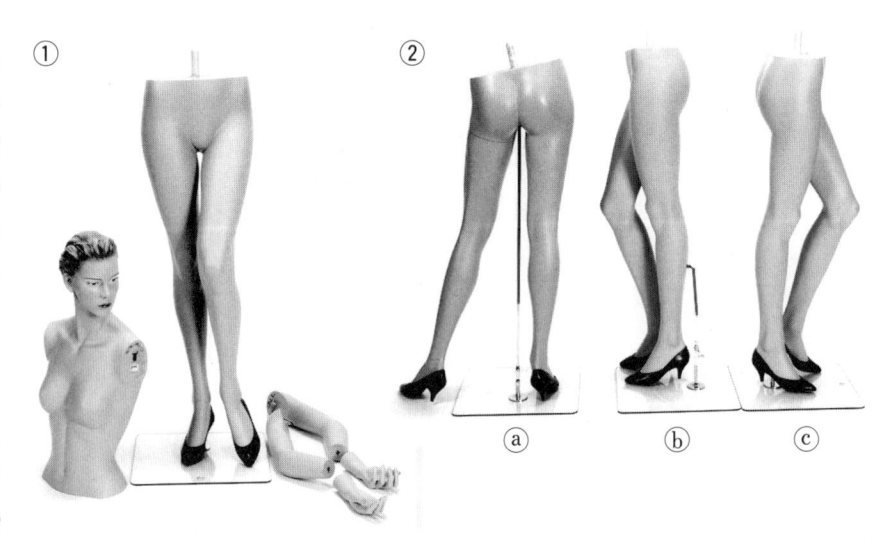

①

② ⓐ　ⓑ　ⓒ

イヤリングを止めるときは強力な両面スポンジテープを利用するとよい。

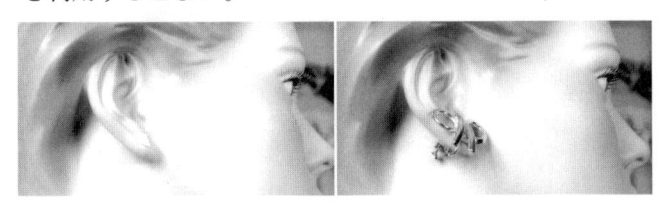

1）ボディのウェアリングA

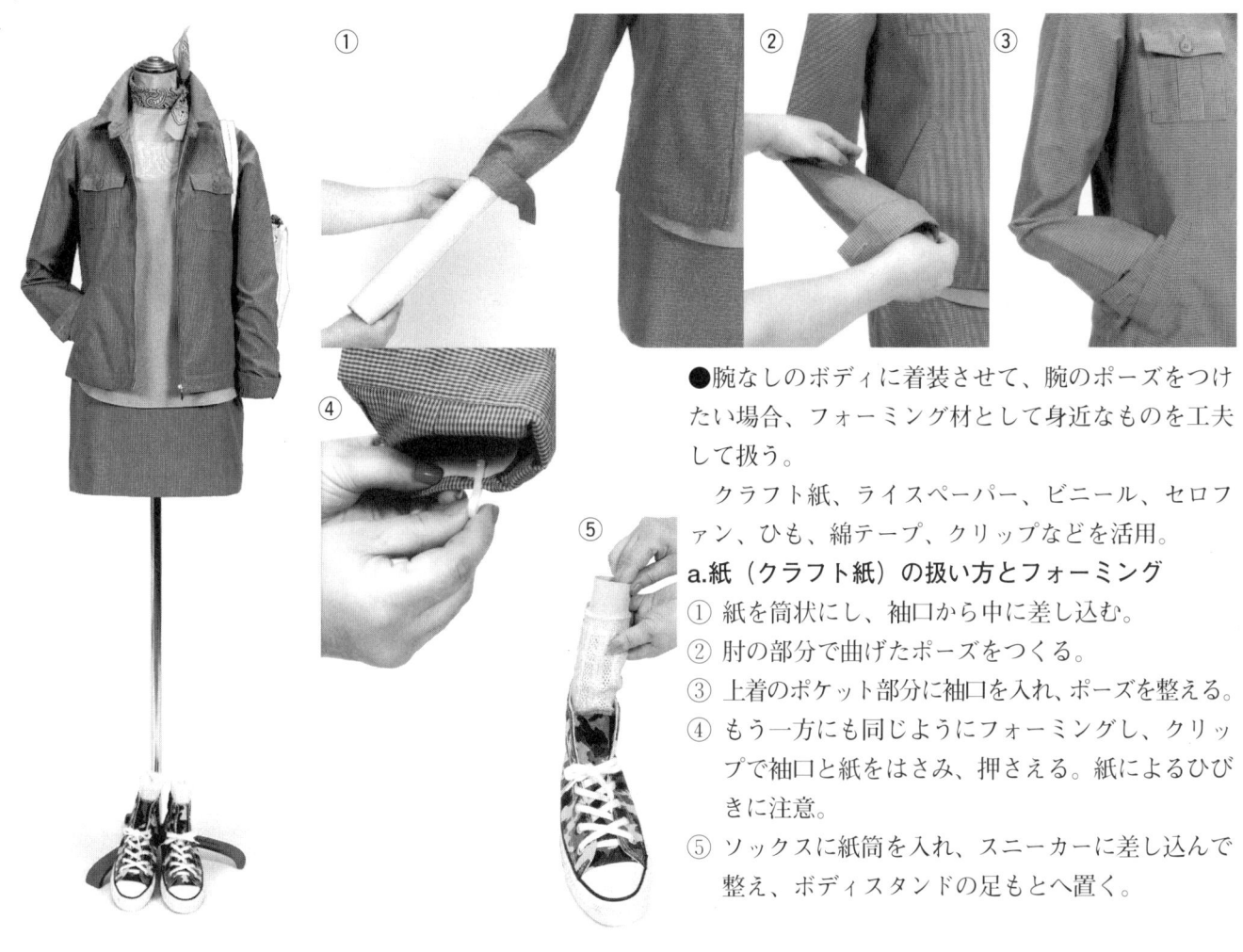

●腕なしのボディに着装させて、腕のポーズをつけたい場合、フォーミング材として身近なものを工夫して扱う。
　クラフト紙、ライスペーパー、ビニール、セロファン、ひも、綿テープ、クリップなどを活用。

a.紙（クラフト紙）の扱い方とフォーミング
① 紙を筒状にし、袖口から中に差し込む。
② 肘の部分で曲げたポーズをつくる。
③ 上着のポケット部分に袖口を入れ、ポーズを整える。
④ もう一方にも同じようにフォーミングし、クリップで袖口と紙をはさみ、押さえる。紙によるひびきに注意。
⑤ ソックスに紙筒を入れ、スニーカーに差し込んで整え、ボディスタンドの足もとへ置く。

b.クリップの扱い方とフォーミング
① 筒状の紙を両袖に入れ、袖口をクリップで押さえる。腕をたらしたポーズ。
② 筒状の紙を両袖に入れ、そのまま後ろへ回し、袖口を一緒にクリップで押さえる。後ろで手を組んだポーズ。シルエットを背中で整え、クリップによる調整。

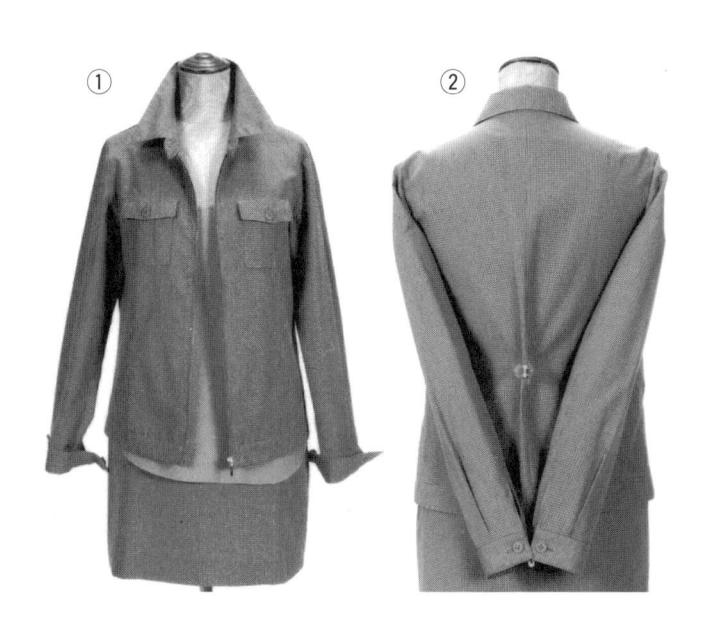

c.ひも（綿テープ）の扱い方とフォーミング
① ボディの肩先にひも（綿テープ）を固定、前後にたらす。
② 袖側と身頃側へひも（綿テープ）を振り分けて通す。
③ それぞれ下から出てきた2本を組み合わせ、腕を曲げたポーズになるよう調節して結ぶ。結び目を中に入れて隠し、腕のポーズをつくる。

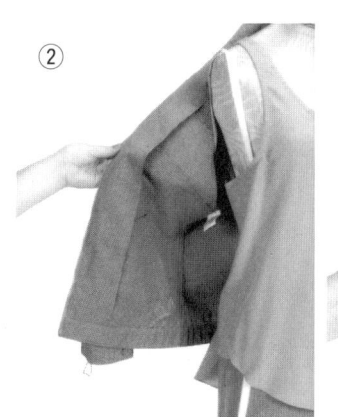

第3章　ビジュアルプレゼンテーションテクニック　ショーイング

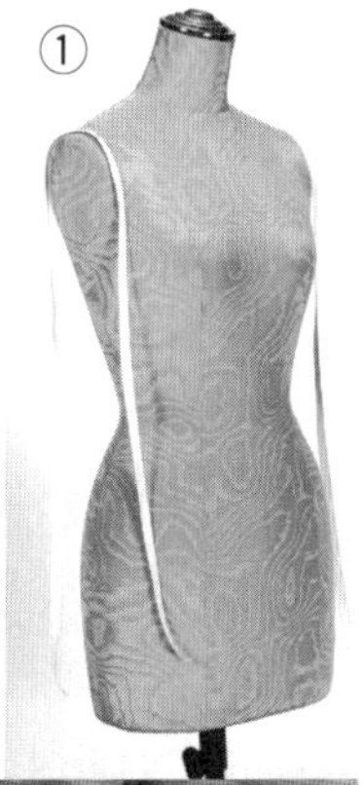

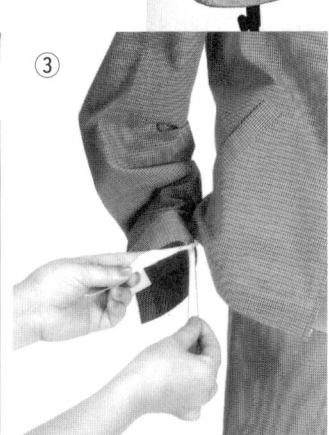

2) ボディのウェアリングB

●ボディにセーターとパンツをウェアリング。長袖のカーディガンを腰に結んでカジュアルに表現。

パンツのチェック柄の1色（黄）とベルト、スカーフに同色を使ってコーディネート。

セーター、カーディガン、パンツ、帽子、スカーフ、ベルト、靴

① スタンドパイプをサイドに替える。
② ボディをはずし、パンツの片方をパイプに通す。
③ ボディをセットし、パンツをはかせて整える。
④ セーターをボディの上からかぶせて着せる。帽子を首にのせるために、バランスのいい高さを見積もり、首の部分にクラフト紙を巻いて延長する。
⑤ 帽子の中にライスペーパーの詰め物（パディング）をし、形を整えておく。
⑥ スカーフをあしらった後、帽子をのせて仕上げる。

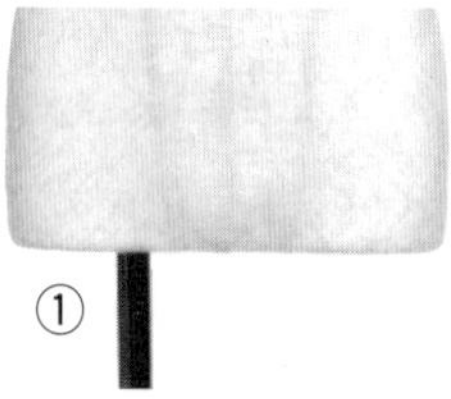

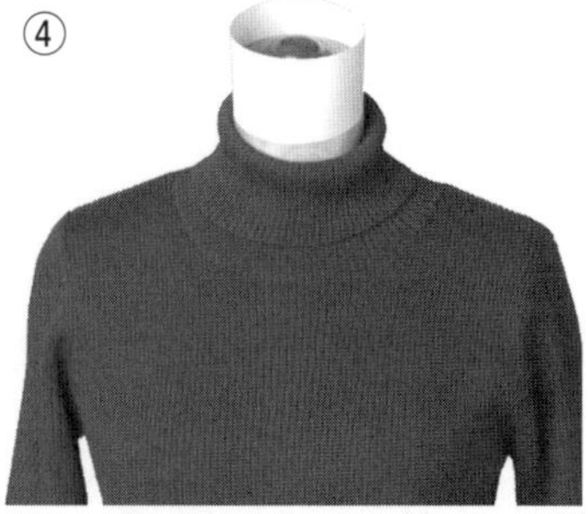

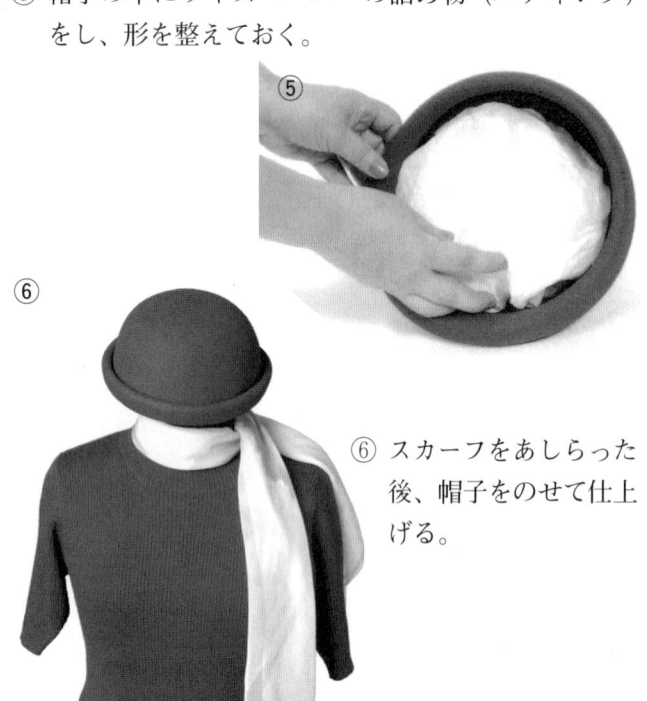

◆パンツの張りつけ方

パンツをボディに張りつけ、ベルトで押さえる方法。

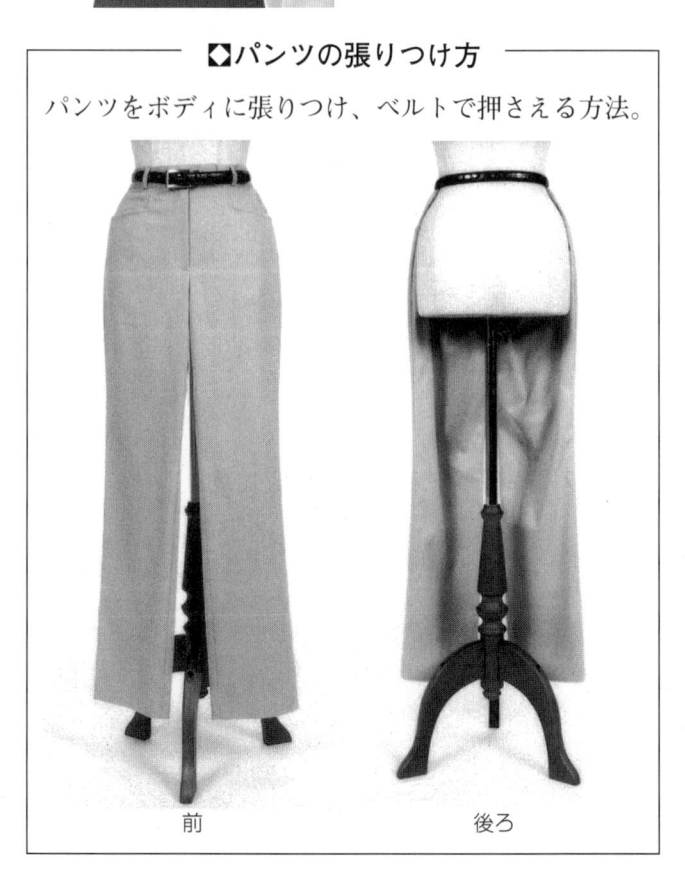

前　　　後ろ

3）マネキンのウェアリングA

●袖なしでかぶりタイプのトップと、パンツのコーディネート。

　タートルネックセーター、パンツ、ベルト

① マネキンを分解しておく。パンツの場合、スタンドベースからはずした下半身を逆さにし、片方の脚を取りはずす。固定している脚からパンツをはかせる。片方のパンツに取りはずしておいた片脚を、つま先から入れてはかせる。分解した脚をしっかりはめる。
② 足もとを押さえながらパンツをはかせる。
③ 靴（マネキン用）をはかせる。
④ 下半身を元に戻してスタンドベースに差す。マネキンの上半身を取りつけたら、かぶりタイプのタートルネックセーターを着せる。
⑤ パンツの中にセーターを入れてウエストをはめ、ベルトで締める。ベルトの余りは後ろで輪ゴムやクリップを利用するとよい。腕を取りつけて仕上げる。

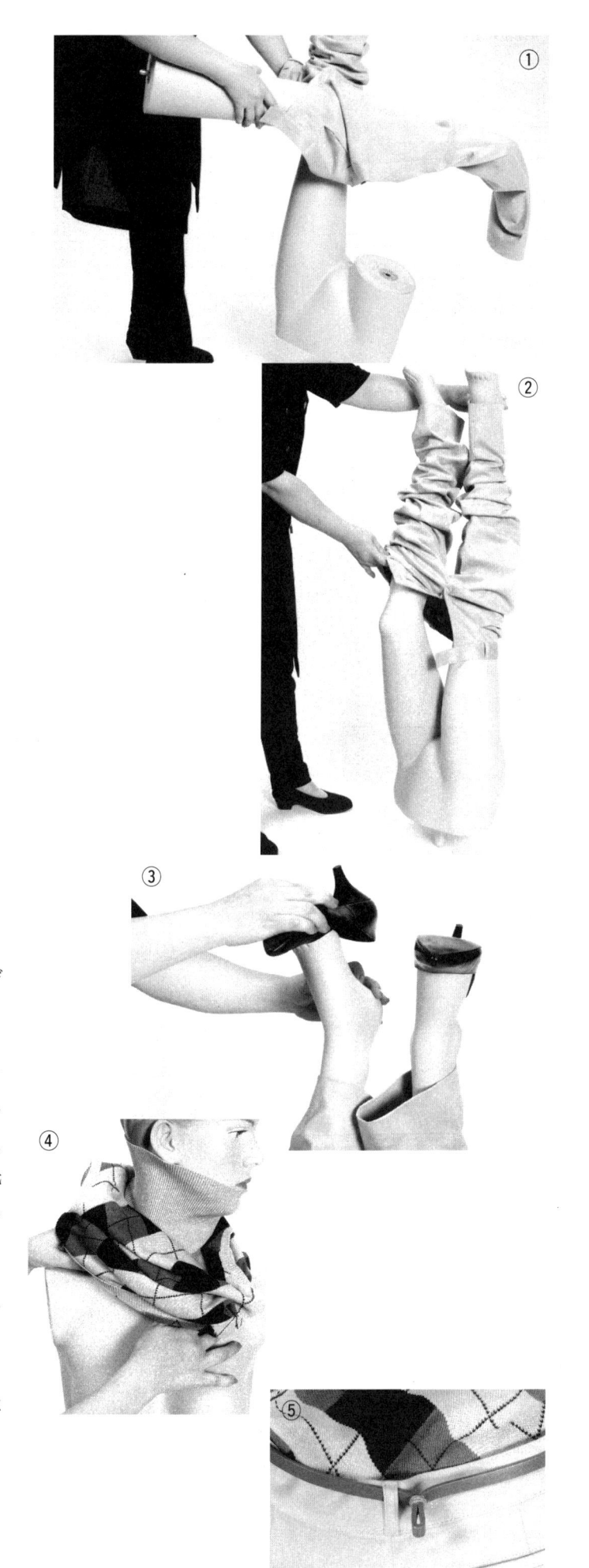

第3章　ビジュアルプレゼンテーションテクニック　ショーイング

4）マネキンのウェアリング B

●袖つきでかぶりタイプのトップとスカートのコーディネート。

シャツブラウス、スカート、スカーフ
① 分解し、マネキンの下半身にスカートをはかせる。
② 上半身を取りつける。
③ スカートウエスト部分の余りをクリップでつまむ。素材にあたりがでないように、保護用の布または紙などを土台にしてからクリップではさむとよい。
④ シャツブラウスを頭からかぶせて着せる。
⑤ 袖つきの場合は、はずしておいた腕の手首部分から袖に通す。商品を傷めず、無理のないよう腕を取りつける。もう一方の腕も同様に扱う。
⑥ 手をつける。最後にスカーフをあしらい全体を整える。

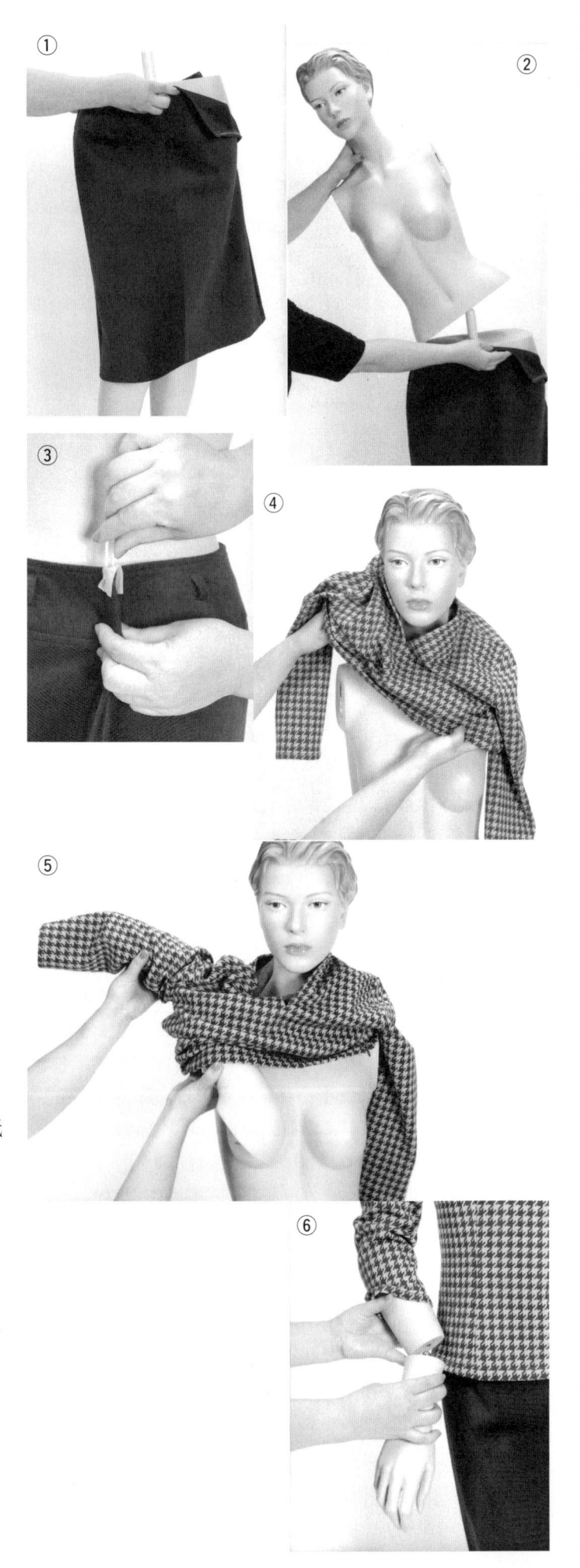

5) マネキンのウェアリングC

●前あきのブラウスとジャケットを重ねて着せ、スカートとのコーディネート。
　ブラウス、ジャケット、スカート

① スカートは84ページと同様にはかせる。マネキンの上半身は片方のみ腕をつけておく。手ははずしておく。事前にブラウスとジャケットの袖を重ね着した状態にして通しておく。マネキンの腕を取りつけた側から袖を通す。このとき腕のポーズの大きいほうから着せるとよい。
② 反対側の袖に、取りはずしておいた腕の手首側から商品を傷めないように無理なく通す。腕を取りつける。ボタンを止め、衿を立てて全体を整える。
③ 手をつけて仕上げる。
④ マネキンのウェアリングA（83ページ）、B（84ページ）、C（85ページ）を空間構成し、クロスコーディネート提案。また、演出小道具（額縁とぶどう）にファッショングッズを構成し、オータムファッションをトータルに演出。

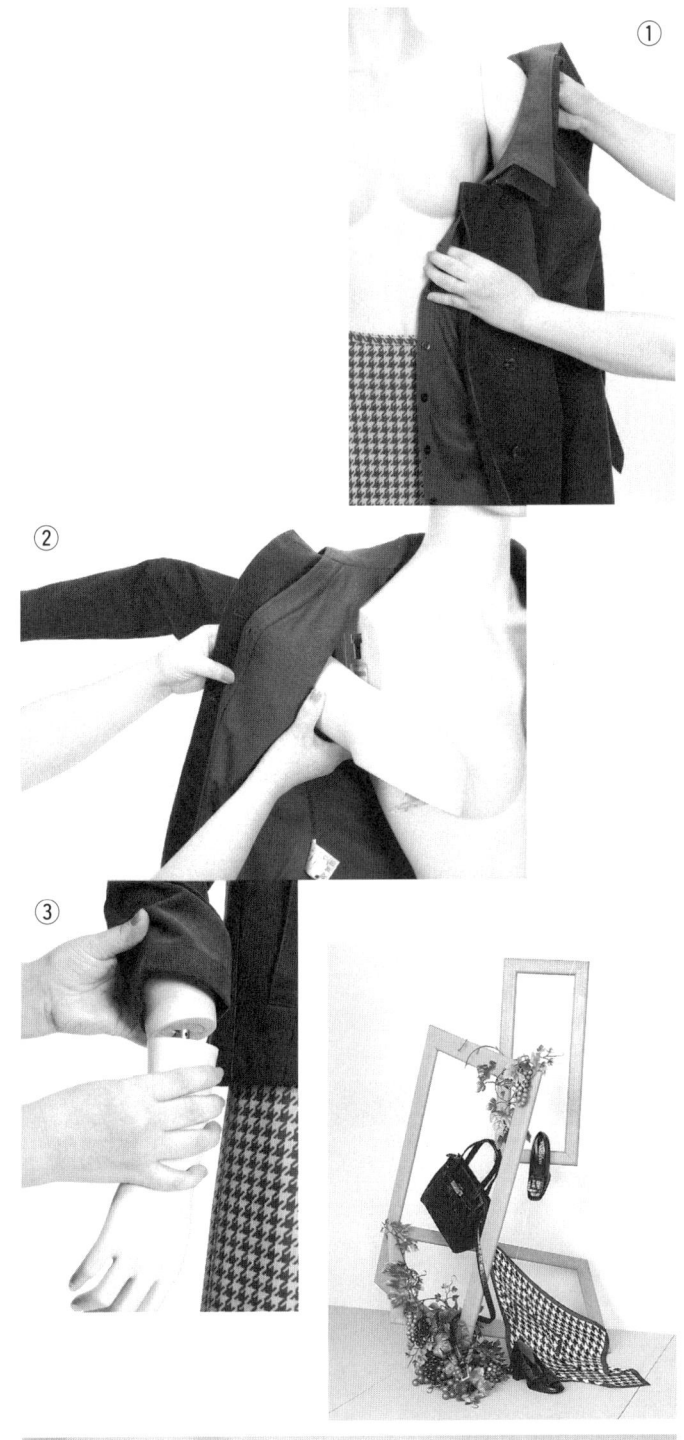

第3章　ビジュアルプレゼンテーションテクニック　ショーイング

スカーフの扱い方

三角折り

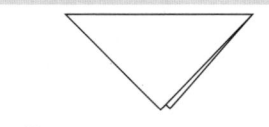

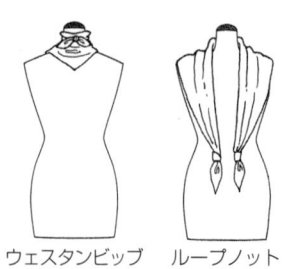

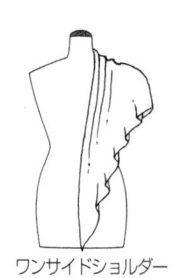

| ストール | セーラー | ウェスタンビップ | ループノット | ワンサイドショルダー |

三角プリーツ折り

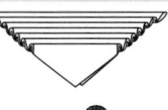

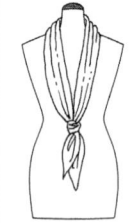

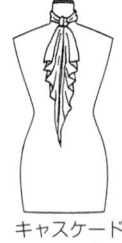

| ワンサイドループ | キャスケードフォール | ブロードタイ | バタフライ | 途中で結んで |

バイアス折り

| チョーカー | チョーカー | アスコットタイ | ネクタイ | フロントドレープ |

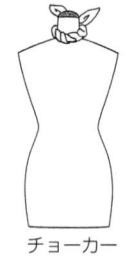

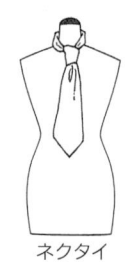

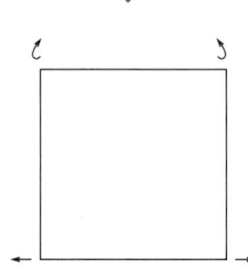

オブロングスカーフ（長方形）

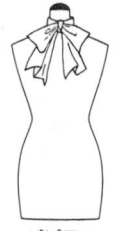

| ツイストロープ | ハーフバタフライ | フラワーライン | パピヨン | ロングロングピエロ | マフラースカーフ |

アコーディオンプリーツ折り

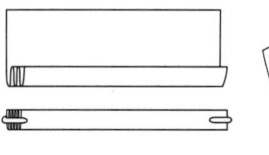

トラッドピエロ　ルーズピエロ

二つ折り

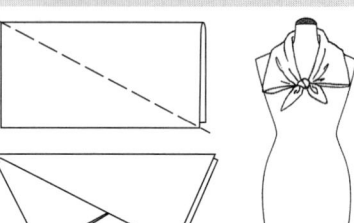

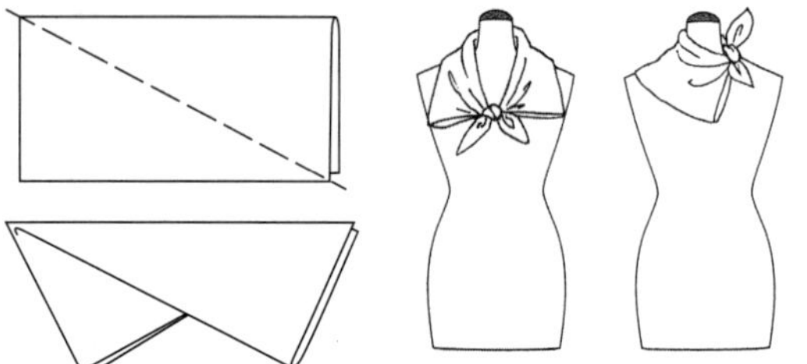

スリーインワン

スカーフブラウス、インナー風に

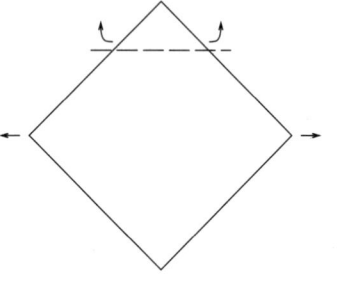

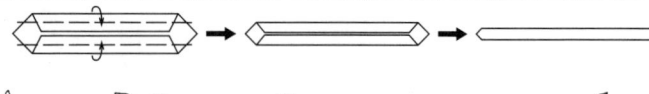

(6) ハンギング（コーディネートハンガー、ハーフボディ）（掛ける、吊るす）

直接消費者と接する売り場展開のためのPP（ポイントディスプレイ）テクニック。壁面、棚什器最上段、ハンガーエンドなど、クリップなどを使用して効果的にウェアリング演出する。

1）コーディネートハンガーA、B、C

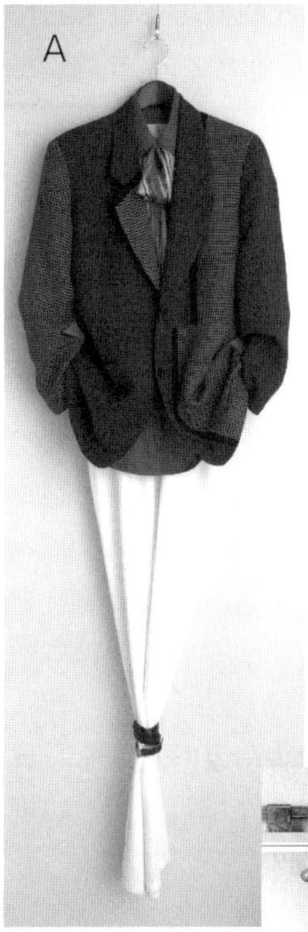

A. ①パンツのウエスト部分をクリップで止める。
②③立体感をつけて、裾に近い位置をベルトで巻いて表情をつける。
④⑤シャツ、ジャケットを着せて、インナーのシャツの袖を引き出して、両サイドのクリップにシャツの袖口を一緒にはさんで止め、腕の表情、ジャケットなどトップの表情をつけ全体をまとめる。

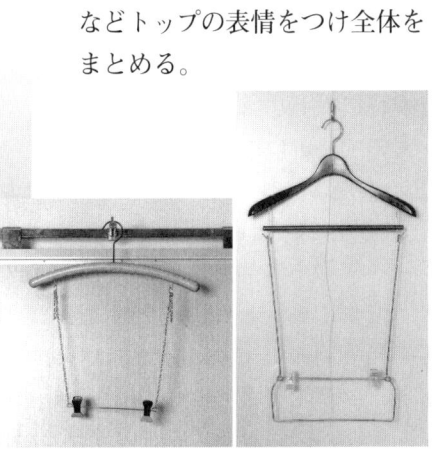

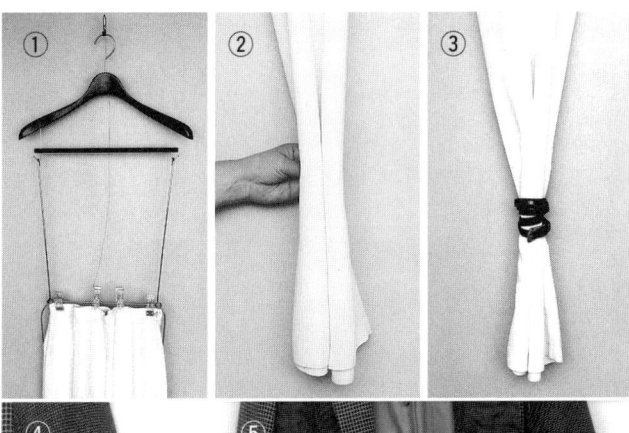

B. Aと同様にクリップで止める。パンツ裾の表情を自然にする場合、ウエストの後ろ中心を多くつまみあげて止めると、きれいにまとまる。

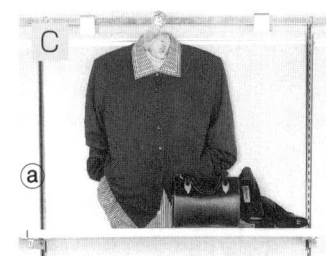

C. ⓐ棚最上段は、トップのみを同様にクリップで止め表情をつける。ⓒⓓはIP（22ページ参照）。

2）ハーフボディ

パンツのウエストベルトにシャツの袖口をクリップで止めて表情をつけ、全体をまとめる。

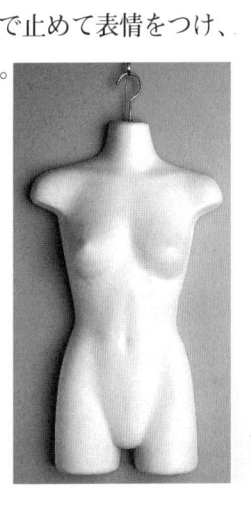

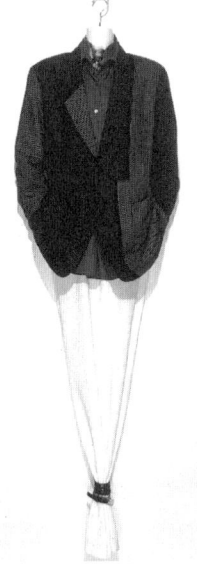

3. 応用テクニック（レディスウェア）

（1）テグスワーク（フライングワーク）（吊る）

　テグスワークは、商品をテグスで吊ることによって、空中に飛んでいるような躍動感のある表現ができるテクニックである。ただ、最近日本では、商品を傷めることもあり、あまり使用されていないが、このテクニックは、直接商品を吊ること以外に、演出小道具などを吊ったりすることもできるので覚えておくと便利である。注意点はこの場合も、天井や床など環境が許される場所で使用する。

●厚手ウールの個性的なスーツをテグスワーク。床から少し浮かせて、無理なく自然に躍動的に表現。これは、ミニスカートを高く宙に浮かせ、ジャケットは低い位置で、前打合わせをあけて広げた状態にして、左右の身頃とジャケットのシルエットの全体が見えるようにプレゼンテーション。

　テグス5号、ピン3号使用（テグス51ページ、ピン51ページ、73ページ参照）

① テグスの端を片結びして2～3cmくらいの輪を作り、短いほうの端を0.5cmくらい残して切り落とす。
② 空間にスカートとジャケットをどんな形と配置で吊るかを考え、位置が決まったら奥側からテグスで吊る。この場合は、スカート右ウエスト位置aの真上のヒートンに①のテグスを掛ける。
③ 掛けたテグスを下に引いて、スカートのウエスト位置aに当ててみて、高さを確認しながら、その位置でテグスに長さ2cmくらいの輪を作って結ぶ（①と同様に片結びして輪を作る。テグスは切り離さない）。ウエストaの脇線の端0.5cmくらい入った位置で、表側からピンを刺し、裏側に出たピンの先にテグスの輪を掛け、ピンの先を裏側脇縫い代に刺し込む。表側はピンの頭のみが出る（写真は⑥～⑨、⑭⑮参照）。ベルトがある場合は、ベルトの端から0.5cmくらい入った位置でピンを刺し、ピン先をベルト芯に刺し込む。
④⑤ テグスは切り離さないでそのまま真直ぐ下に強めに引いて、床に止める。親指の爪先のテグスの位置で、テグスに片結びで2～3cmの輪を作る。床の止め方は、止める位置にニッパーなどを置いて目印をして、そこにピンを打ち込み、テグスの輪を掛け、ピンをテグスが引っ張られる方向と逆に倒して固定する。テグスの端は0.5cmくらいに切り落とす。bの左脇ウエスト、c、dの左右脇裾を同様にテグスで吊り固定する。このとき、天井のテグスの位置がスカートの向きを決めるので注意する。スカートは斜め前向きに吊りたいので、bのヒートンは最初の位置の斜め前、対角線上にあるものを選び吊る。a、bとやや平行になるようにc、dを吊るとスカートがねじれないのできれいに仕上る。
⑥ dの左脇裾でテグスの輪とピンの止め方の基本を写真説明する。dの左裾位置で脇線上または脇線に近い縫い代のある箇所に、裾から0.5cmくらい中に入った位置に表側からピンを刺し込む。
⑦ 裾裏側のピンの先にテグスの輪を掛ける。
⑧ ピンの先を裏側縫い代に刺し込む。
⑨ 表側裾にはピンの頭のみが出るので目立たない。
⑩ テグスは止めた商品側に引かれるので、くの字または逆くの字になる（テグスの輪で調節されるので、商品が直接の力で引かれて伸びることはない）。
⑪ スカートa、b、c、d順にテグスを吊った状態。
⑫ ジャケットの形と配置を決める。右衿e、左衿fの手

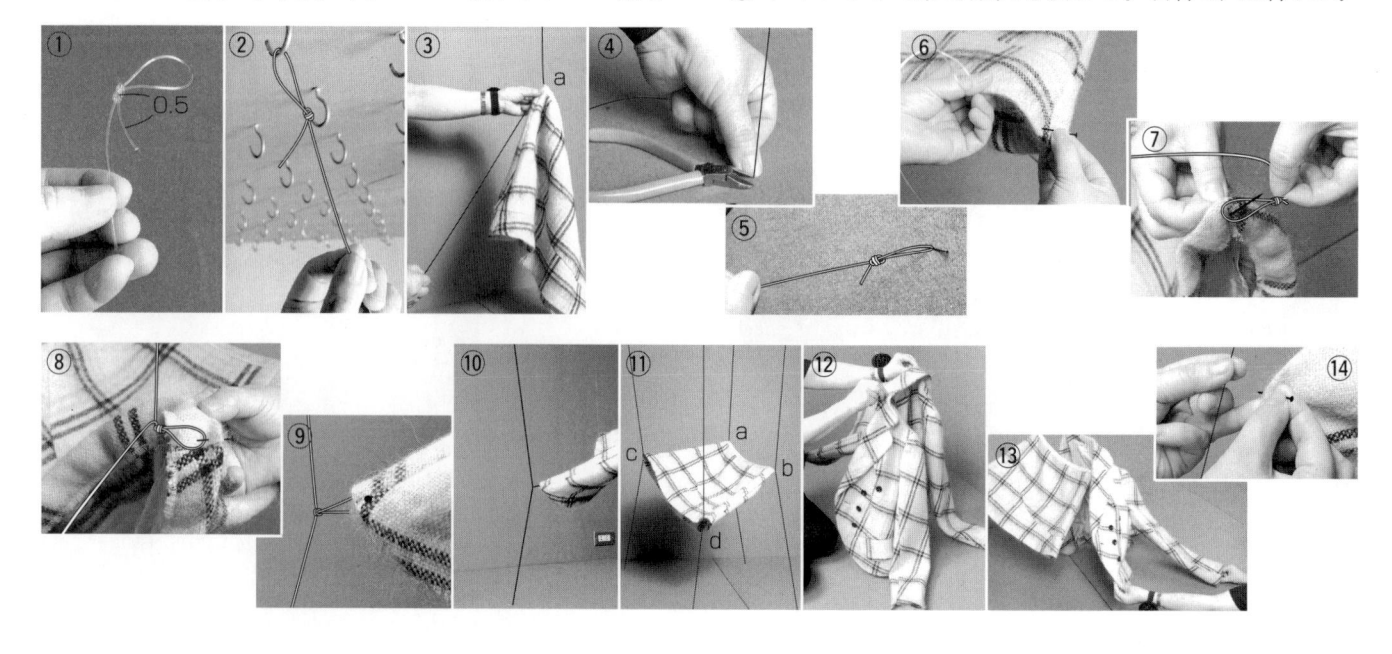

順でテグスを吊る。衿つきの場合は、肩線の延長線上の衿の折返し線から0.5〜0.7cmくらい入った位置に表側からピンを刺し、テグスの輪をピンの先に掛け、ピンを衿の裏側布に刺し込む。表側はピンの頭のみが出る。

⑬ 前端裾と袖口を持って、身頃、袖のきれいなシルエットを決める。

⑭⑮ 前端gのテグスの位置を決め、表側からピンを刺し込み、ピンの先をテグスの輪に掛けて、裏側に刺し込む。表側はピンの頭のみが出る。

⑯ 袖のシルエットが自然な感じできれいにでるように調節して、床に袖口hの内側からピンを刺し、ピンの頭の位置まで袖口を上げ、ピンの長さだけ浮かせて立体感をだす。

⑰ 右前身頃と右袖のシルエットがきれいにでるように調節して、右前端iの位置をテグスで吊る。右袖jは⑯と同様にピンを床に打ち、浮かせる。

⑱⑲⑳ 開いた内側の裏布が見えるところは、すでにあるテグスなどを利用して、ファーのマフラーを掛けて隠す。ブーツ、バッグ、手袋をバランスよくレイアウトする。

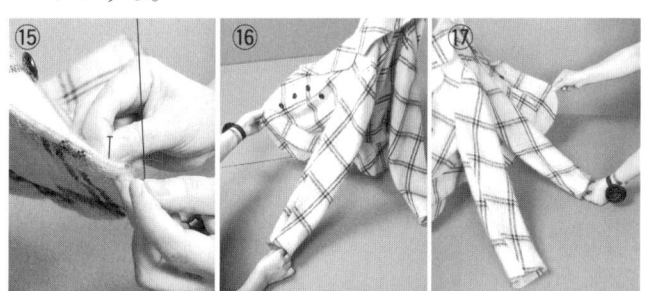

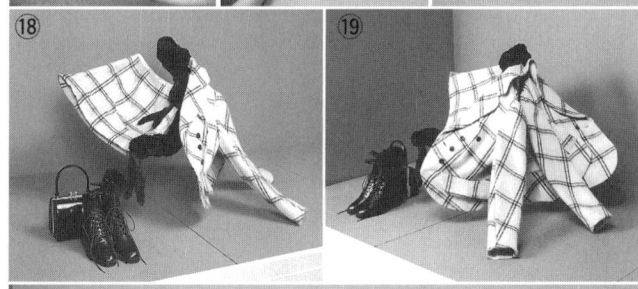

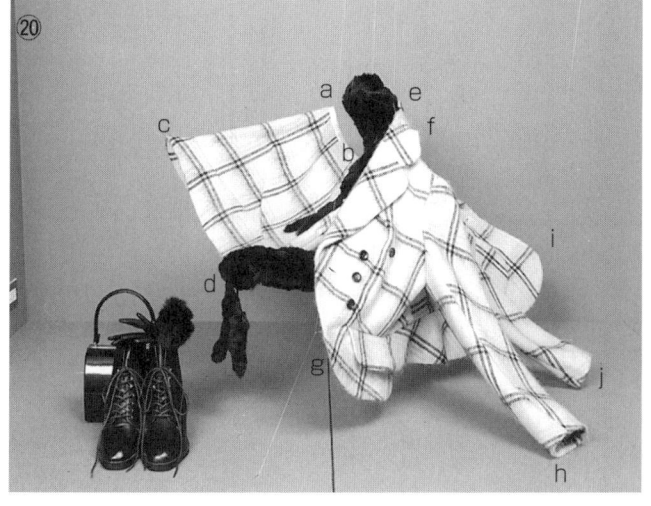

(2) ワイヤリング（動き）

スカートやコートの裾またはネクタイなどのように袋状になった部分に針金（ワイヤー）を通し、意図的に形づけをしてリズミカルな動きを演出する。針金は素材に合わせた太さを選び、長期間使用する場合はさびを避けてビニールでカバーした針金などを使用するとよい。

● オーバーコート

① 16番の針金の先を丸く折り曲げてコートの裾と前端に布地を傷つけないように入れる。

② 針金を形づけて風に揺れているような動きをつくる。

③ ベルトは裏面から織り糸を切らないように針金を入れ、ベルトの中で縁にそわせ形づける。全体の形を整える。

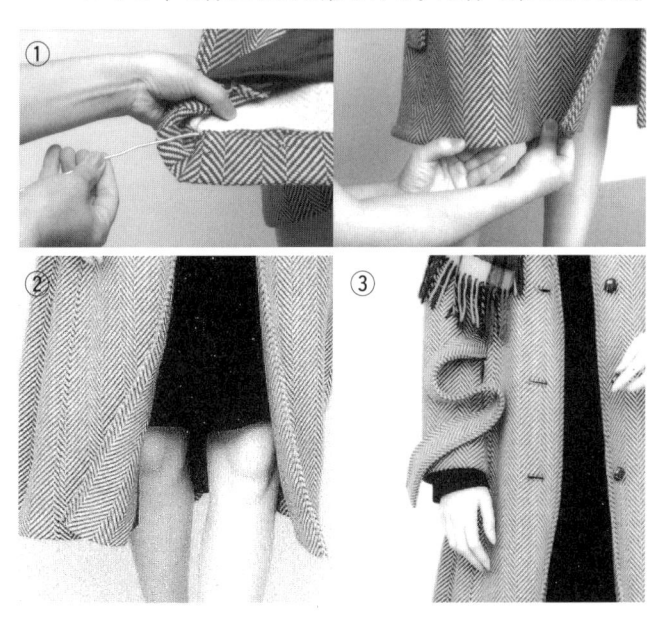

パンツやスカートの裾はコートより細い18番の針金を入れ、動きをつけるとよい。

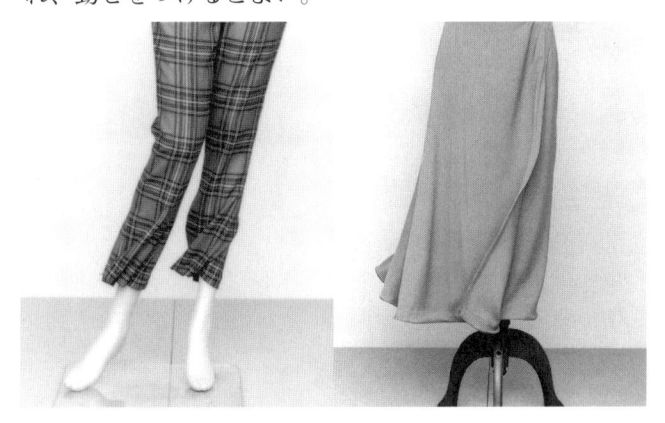

第3章　ビジュアルプレゼンテーションテクニック　ショーイング　89

4. ライフスタイルと空間構成

人々の生活スタイルは、多彩であり、それぞれ暮らし方や価値観などの多様化が見られる。また、個性化の時代といわれる中で、よりコンセプトを明確にすることはもちろん、ライフスタイルによる提案は、顧客の想像力をかき立てさせてくれる。商品プレゼンテーションの訴求効果を高めてくれる演出を空間に構成する。

(1) タウンウェア（スーツ＋フレキシブルハンガー器具）

●都会的なアーバンライフのイメージで、パンツスーツをメインに、トータルコーディネート演出（79ページ参照）。

(2) スポーツウェア（テニスウェア＋グッズ＋ピンナップ）

●スポーツライフをテニスウェアとテニスグッズで構成し、さわやかなフレッシュさで演出。

(3) フォーマルウェア（セミフォーマルウェア＋マネキンのウェアリング）

●パーティのセミフォーマルドレス提案を、シンプルに気品あるエレガントな着こなしで演出。

(4) ヤングカジュアルウェア（ジーンズウェア＋グッズ＋マネキンのウェアリング）

●ラフな感覚でのジーンズカジュアルを、マネキンのボトムだけを使ってコミカルに演出。

(5) スポーツウェア（ゴルフウェア＋グッズ＋ボディウェアリング＋レイダウン）

● ゴルフスポーツで楽しむ気分を、ブランドイメージで統一し、トータルコーディネート提案で演出。

① ボディのウェアリング
ポロシャツ、ジャンパーの重ね着とゴルフパンツのウェアリング。サンバイザーを添えての着こなしを全体の構成のメインとする。

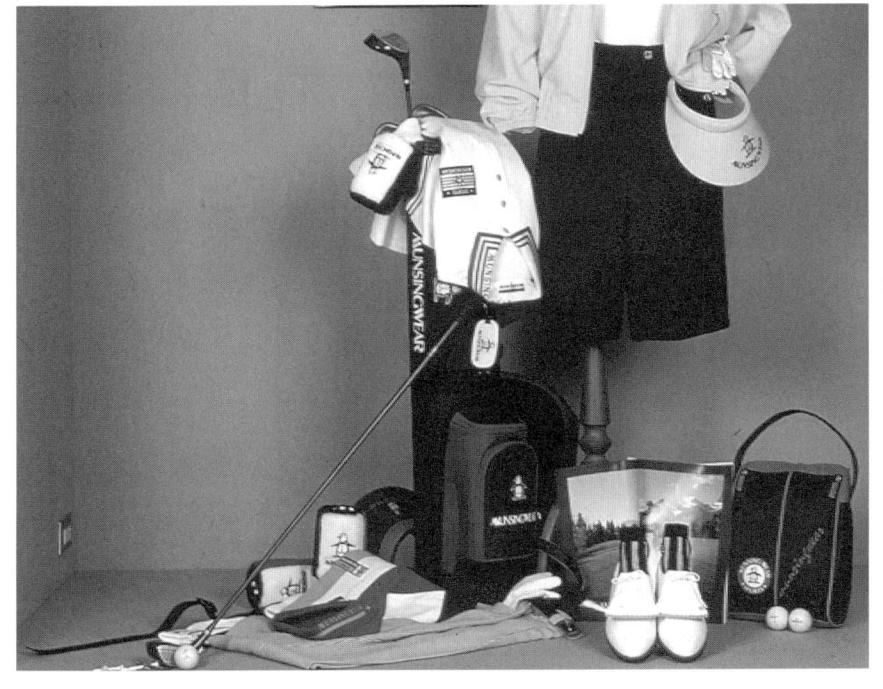

② ステージ面でのレイダウンと三角構成
台紙を入れてフォーミングしたポロシャツと、ゴルフパンツをレイダウンさせ、その他関連グッズ等を構成。キャディバッグの高さ、斜めに掛けたゴルフクラブの先端、シューズバッグの三つのポイントを結び、三角のアウトラインを意識してまとめる。さらに①のボディウェアリングも含め、全体を三角構成で演出。

(6) タウンウェア（コート＋マネキン＋プロップス）

　背を向けたマネキンに、コートをラフにはおらせたウェアリング。黒のキルテッドコーティング素材のコートは、背中に真赤な太い1本のエナメルレザーがデザインされたモダンなタイプ。大理石の現代的フロアイメージの中に、個性的なマネキンとプロップスに動物の黒ピューマの構成でダイナミックに空間演出。

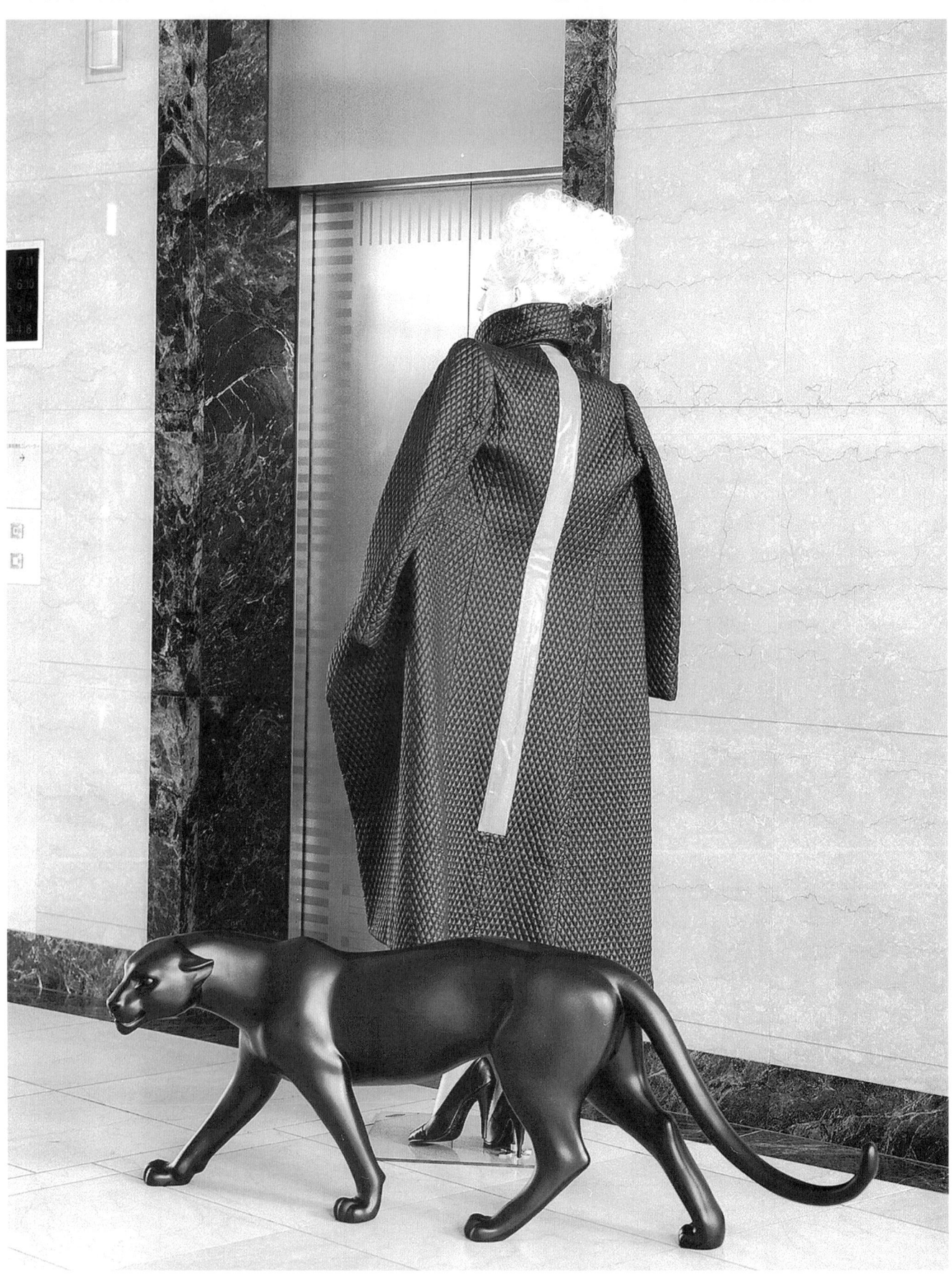

(7) リゾートウェア（水着＋グッズ）

　水着、パレオ、ビーチサンダル、アクセサリー、バッグ、帽子、浮袋など夏の海辺のリゾートウェアを演出。器具をいっさい使わないで、バッグ、帽子、浮袋を基軸に構成した海関連・同系テイストの商品紹介。

(8) インナーウェア（ランジェリー）

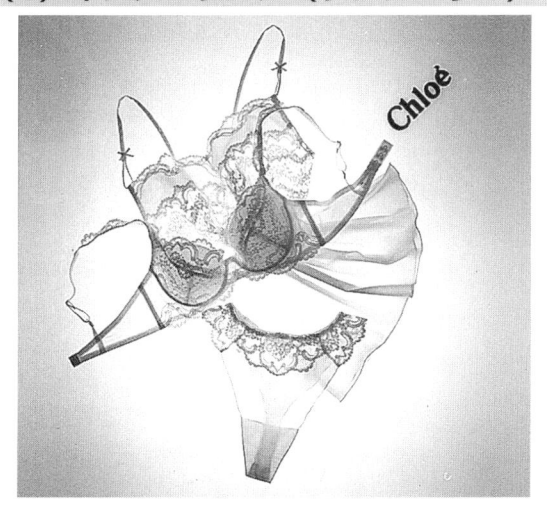

　乳白色のアクリル製のライティングテーブルの上に、ロゴをアクセントとして、キャミソール、ブラジャー、ショーツのシルエットとレースの美しさを浮き立たせた演出。レイダウン技法で自然にソフトに表現。

　インナーウェアはそのほかに、ライトが内蔵されたボディのウェアリングがPP演出として効果的。

(9) ファッショングッズ

　トータルファッション商品を扱うブランドのグッズを演出。

　一般的にファッショングッズはボリューム感のあるものや高さがあるものを中心にすると構成しやすい。また器具やライザー、演出小道具などを使用して高さをだし、ブランドの個性に合わせた構成にするとよい。金属製のアクセサリーなど汚れのつきやすい商品を扱う場合、専用の手袋または綿の白い手袋を使用する。

第3章　ビジュアルプレゼンテーションテクニック　ショーイング　93

5. メンズウェア

　メンズウェアも最近はファッショナブルになり、いろいろなタイプがあるが、ここではメンズボディを使用して、オーソドックスなスーツとワイシャツの基本的なウェアリングテクニックと、ネクタイ、ポケットチーフ、靴下などのグッズテクニックを解説する。
　ワイシャツにピンを使用するテクニックは、上着を着せる場合は必ずしも必要ではないが、専門を志す場合は覚えておく必要がある。なお、売り場ではPL法などの規制もあるので、クリップなどを活用して簡略化するなど工夫するとよい。メンズはレディスとは異なり、着こなしに決まりがあるものも数多いので、ポイントを押さえて表現する。それぞれの売り場、目的に合わせて、臨機応変に時代に合ったプレゼンテーションをするように心がけることが大切である。

（1）メンズボディのウェアリングポイント

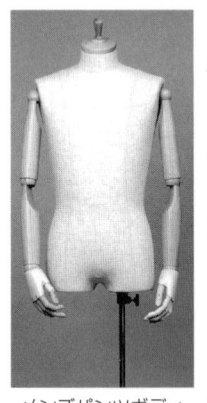

腕つきメンズパンツボディ普通体型A5を使用した、Mサイズのスーツのウェアリング。Vゾーン、衿、肩、裾、全体のシルエットの形を美しく仕上げることがポイント（メンズウェアの構成写真は61ページ参照）。

メンズパンツボディ

- ワイシャツの衿は、1cmくらい出るようにする。
- メンズの袖は袖山から15cmくらいシャープに仕上げる。
- 肘の位置でやや後ろに引いて曲げる。レディスのようにあまり横に張り出さないようにする。
- 前裾が靴の甲に触れて一折りするくらいに折り込む。
- Vゾーンは直線で美しく仕上げる。
- 三つボタンのいちばん下のボタンは掛けない。
- カフスが袖口から1cmくらい出るようにする。

- ワイシャツの第6ボタンがウエストの位置。
- ネクタイはベルトのバックルが隠れる長さ。

（2）メンズグッズテクニックA〜F

A　B　　　C　D E　F

A. メンズグッズの商品を見やすいようにした、奥行き感のある立体的な構成。
B. ネクタイを衿もとに3cmくらい差し込んで、さらに差し込みながら数個のひだを作る。ネクタイの長さはワイシャツの折り目の前後くらいにする。
C. 二つ折りにしたネクタイを軽く片結びして下げ、わと小剣側で変化をつける。
D. ①二つ折りにしたネクタイを大剣側から丸める。
　 ②内側の大剣部分を引き出して形を整える。
E. ①二つ折りにしたネクタイを折り曲げる。
　 ②ネクタイスタンドに掛ける。
F. 靴下（98ページ参照）

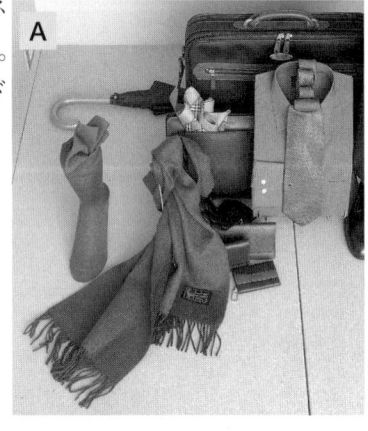

（3）ワイシャツのウェアリングテクニック

ワイシャツのピニングテクニックは、シルクピンを使用する。

1）スーツボディのワイシャツのウェアリングA

① スーツボディ

②③ ボディにワイシャツを着せる。前後のネックラインの中心とボディの中心を合わせる。前立ての裾に隠しピンをボディに止める。第1ボタンは外しておくとネクタイが締めやすい。

④⑤ 後ろのタックの部分を両サイドつまみ、ウエストの位置でワイシャツのみにピンで止める。タックを調節して、裾をボディの内側に引き込み、ピンで止める。

⑥⑦ 前身頃の脇線をつまんで、前身頃のVゾーンがすっきりきれいに仕上がるようにして脇に引き、脇下でピンをボディまで刺し込んで止める。ウエスト位置でワイシャツのみをピンで止める。脇裾をボディの内側に引き込んでピンで止める。

⑧ 前身頃の裾をボディラインに合わせて、ボディの内側に引き込んでピンを止める。

⑨⑩ 前後のボディはすっきりと仕上げる。とくに前身頃のVゾーンにあたる位置がきれいにできているか確認する。

⑪ ワイシャツの衿を上にあげ、ネクタイを結ぶ。

⑫ 第1ボタンを掛けて、衿を整え、ネクタイをしっかり締めて、全体の形を整え仕上げる。

■パンツをはかせた状態にする場合は、ボディの前面にベルトで固定する（82ページ参照）。

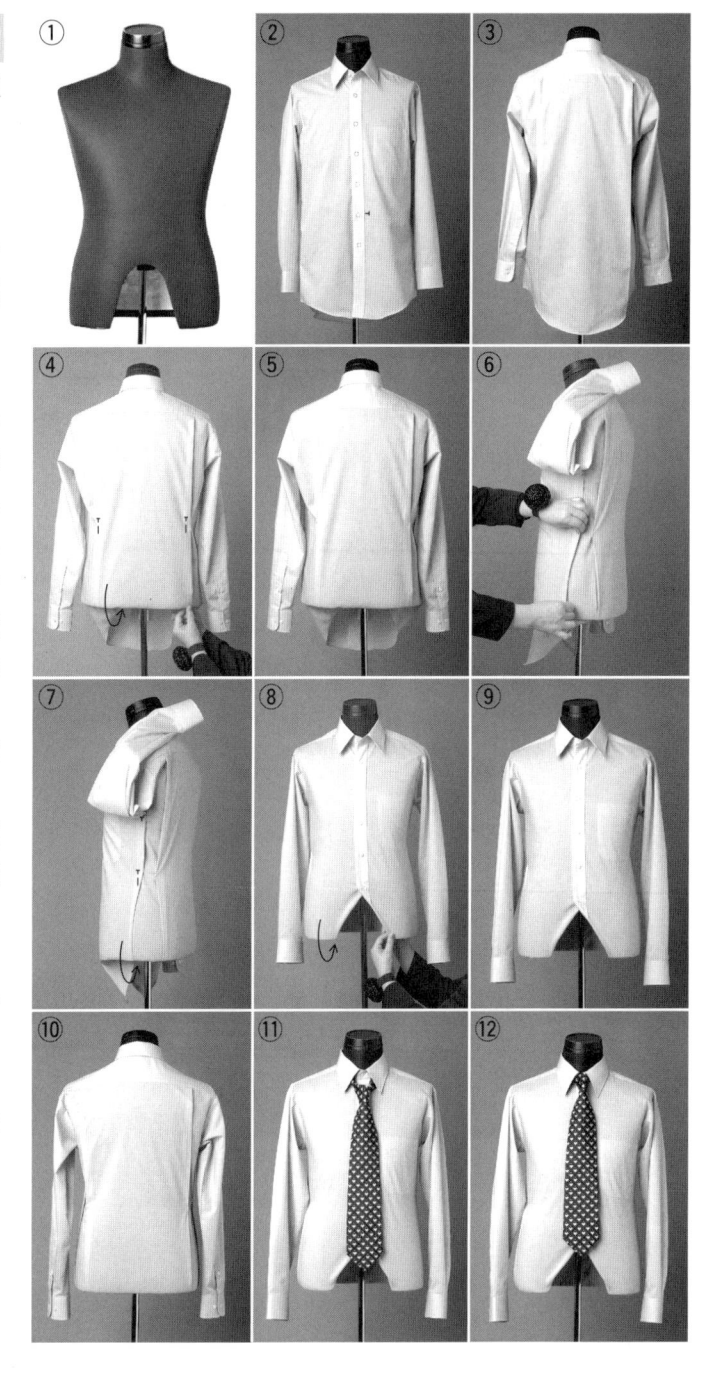

2）スーツボディのワイシャツのウェアリングB

① ワイシャツの第6ボタンの上くらいで裾をワイシャツの内側に折り上げ、前身頃のVゾーンにひびかないようにV字状に調節して折り込む。前立ての裾に隠しピンをボディに止めて裾線を水平にする。

②③ 後ろ身頃も内側にすっきり仕上がるように折り上げ、裾線を水平にする。脇線の扱いは、後ろタックをずらしながらウエストの位置でつまみ脇側に引き、同時に前身頃の脇線をウエストの位置でつまんで脇側に引いて上に重ね、ウエストの位置でワイシャツのみにピンを止める。脇裾をワイシャツのみにピンで止める。Vゾーンがすっきりきれいに仕上がるようにして、脇下の位置でピンをボディに刺し込んで止める。

④ Vゾーン、前後裾線など全体を整える。

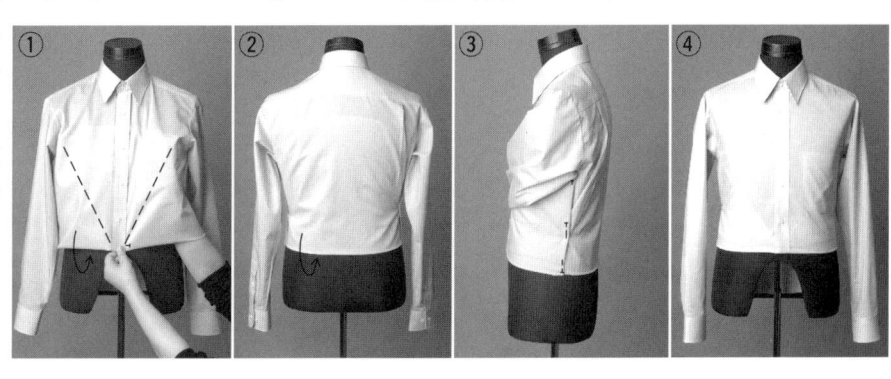

第3章　ビジュアルプレゼンテーションテクニック　ショーイング

3) ワイシャツボディのワイシャツのウェアリングA

① ワイシャツボディ

② ワイシャツの前立て裾に隠しピンをボディまで通して止める。前身頃中心をボディの内側に引き込み、ピンで止める。

③ 脇線写真は95ページの2)③を参照。後ろタックをずらしながらウエストの位置でつまみ、脇側に引き、同時に前身頃の脇線をウエストの位置でつまんで脇側に引いて上に重ね、ウエストの位置でワイシャツのみにピンを止める。脇裾をボディの内側に引き込み、ピンで止める。Vゾーンがすっきりきれいに仕上がるようにして、脇下の位置でピンをボディに刺し込んで止める。

④⑤ 後ろ裾中心を持ってひだをとりながら1か所にまとめてつまみ、後ろボディの内側に引き込みながら先を折り込んで2〜3本のピンでボディに止める。

⑥ 残っている前身頃の裾中心を持って、後ろ側に引き込みながらひだをとり、1か所にまとめてつまむ。

⑦ つまんだ先を内側に折り込んで、ボディの内側にピンで止める。

⑧ ワイシャツがボディにすっきりきれいにまとまるように整理して仕上げる。

ワイシャツ売り場のPPとして活用できる。袖にポーズをつけたい場合は、ライスペーパーなどを筒状にして袖に入れ、肘の位置で折り曲げるなどするとよい。

4) ワイシャツボディのワイシャツのウェアリングB

上着を着せる場合は、Vゾーンがすっきりきれいにまとまっていればよいので、ワイシャツはクリップ一つ、上着を着せて表情をつけたいときは、さらに二つのクリップで簡単にウェアリングすることもできる。売り場のPPに活用すると便利である。

① 前後身頃の裾をVゾーンがすっきりきれいに仕上がるように内側に折り上げ、裾をクリップで仮止めする。

② 後ろ中心線を左側に折り込む(メンズは左身頃側が上、レディスは右身頃側を上にするのが一般的)。

③ 後ろ中心の裾の位置でワイシャツとボディを一緒にクリップで止める。前裾の仮クリップを取りはずす。

④⑤⑥ ネクタイは2本どりの輪ゴムを利用する。ネックに輪ゴムを掛けて、その輪ゴムにネクタイを掛け、片結びをして、わ側を衿の下に入れ、衿とネクタイを整える。

⑦ 上着を着せて、ワイシャツの両袖口をボディの裾端に2か所クリップで止める。

⑧ 二つボタンの上着の第1ボタンを掛けて、上着の裾から少し上を前後つまんで、前を下げ、後ろを上げて裾の形を整えるときれいにまとまる。

⑨ 全体のポーズをつけて仕上げる。

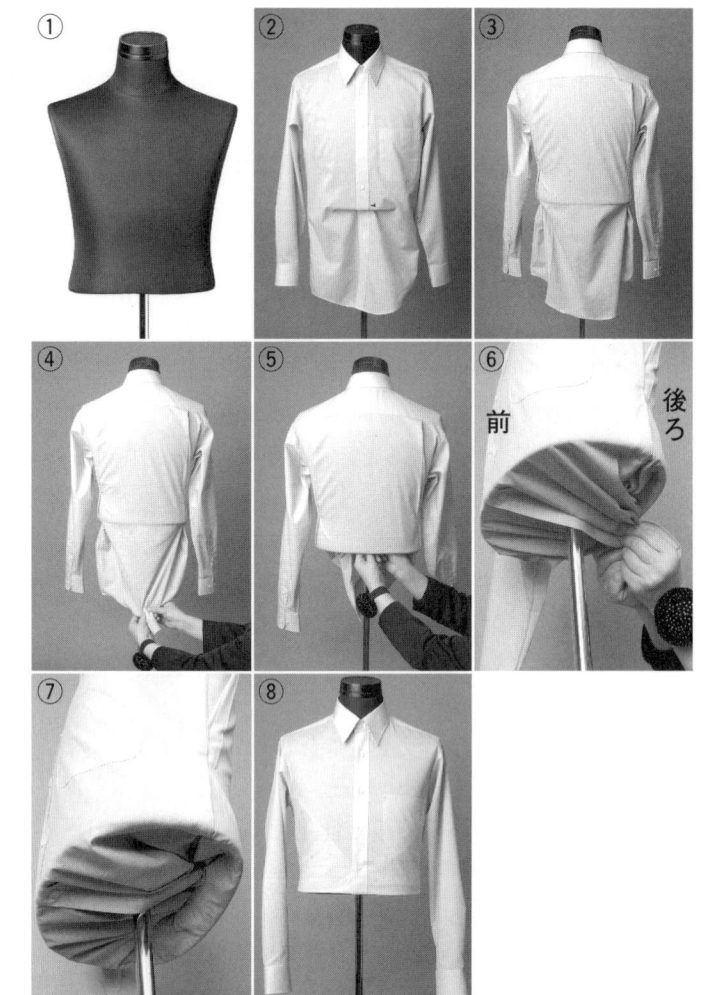

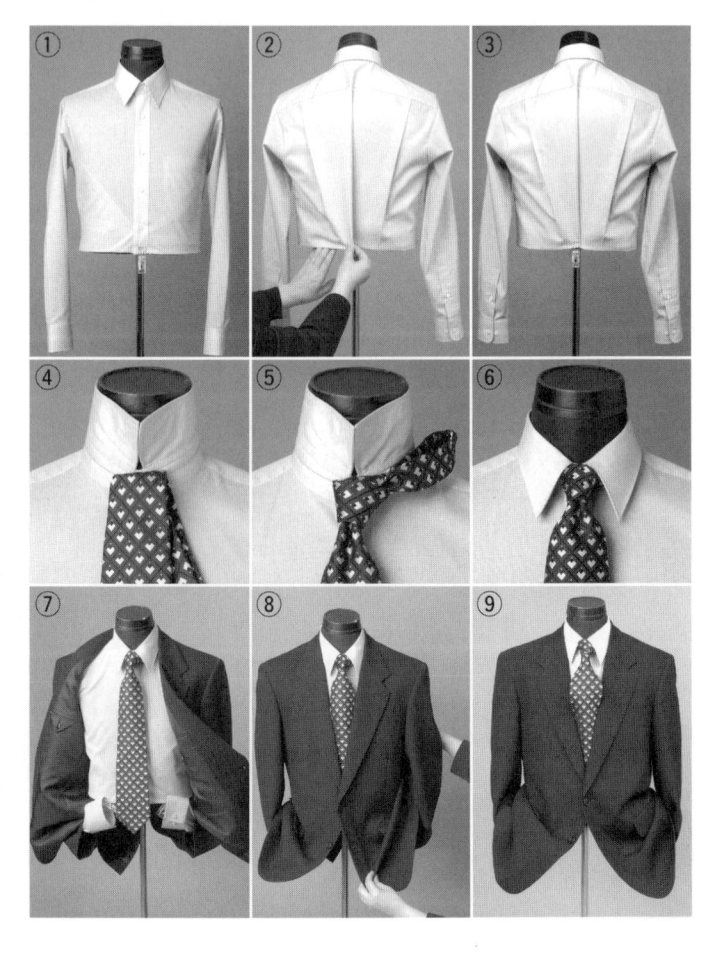

(4) メンズボディとパンツの扱いA、B、C

A
ビジネススーツをメンズボディにウェアリング。パンツの片脚に中央にあるスタンドパイプを通してはかせ、裾を引きながらパイプに巻きつけるように止める。

B
スーツボディにウェアリングし、T字スタンドにパンツ、シルクのマフラーを掛けてスーツを表現。シャツスタンドにワイシャツをフォーミング、ソックススタンドに靴下、セーター、ワイシャツをフォーミングし、バッグ、靴、その他小物を構成演出。

C
スーツボディにウェアリングし、パンツをレイダウン。セーターに台紙を入れた立体的なフォーミングやシャツスタンドのワイシャツフォーミングとネクタイ、ソックススタンドの靴下、アタッシェケース、傘、靴、ベルトなど、小物を組み合わせて、全体を三角構成で演出。

(5) ワイシャツのたたみ方

●たたみ方A
① 台紙を衿に差し込み中央を後ろ中心に合わせる。左身頃を台紙に合わせ、裾をやや狭く折り、さらに袖を折る。
② 袖を折り上げカフスを折り返す。
③ 右身頃も台紙に合わせて裾をやや狭くたたみ、形くずれしないように肩先をクリップで止める。カフスを台紙より出して袖をたたむ。
④ 仕上りサイズに折り上げた裾を台紙との間に入れ込む。
⑤ 折り込んだ両端を台紙にクリップで止める。
⑥ 表にしてカフスを折り返し、クリップで止める。

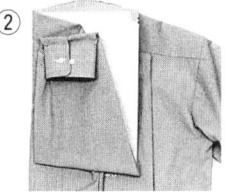

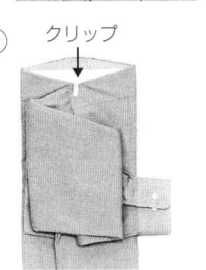

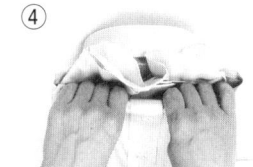

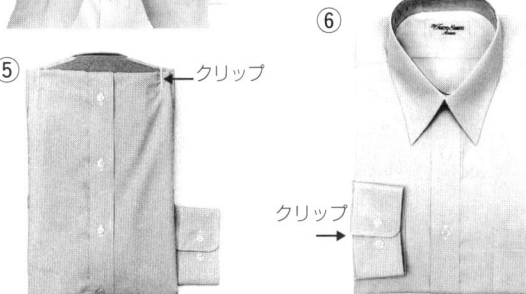

●たたみ方B
① 左袖を身頃の幅に合わせて折り、台紙から出るカフスを折り返す。
② 左身頃を台紙に合わせて折る。たたみ方Aと同様に③④⑤⑥とたたむ。
半袖の場合は(67ページ、シャツだたみD参照)

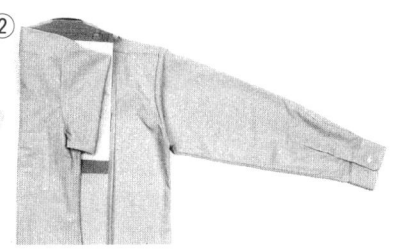

(6) メンズグッズ

帽子、マフラー、ネクタイ、ハンカチーフ、ジュエリー、ベルト、靴下、時計、バッグなどあるが、ここではディスプレイで使用される代表的なネクタイの結び方、ポケットチーフのたたみ方、靴下のたたみ方について図説する。素材、色、柄で用途も異なる。

1) ネクタイの結び方（ノット）

- **プレーンノット**
  一重結びで、最も細く小さく形作られる、簡単で基本的な結び方。レギュラーカラーに適する。ネクタイの結び目の真下に作るくぼみのことをディンプルという。

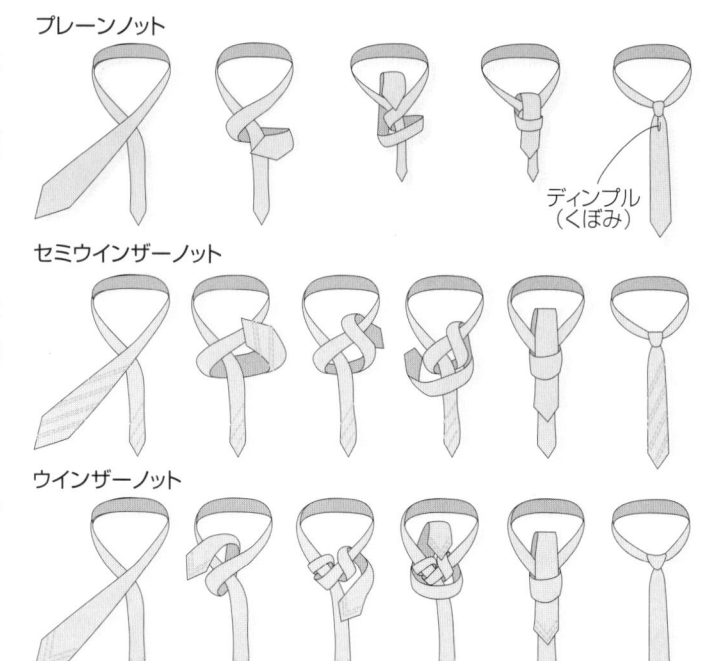

- **セミウインザーノット**
  半太結びで、正三角形に近い結び目が特徴の結び方。プレーンノットとウインザーノットの中間的な、手ごろな大きさの結び目で、ほとんどのシャツに適する。

- **ウインザーノット**
  太結びで、三角形に近い結び目が最も大きい結び方。ワイドカラーに適する。

2) ポケットチーフのたたみ方

ポケットチーフは礼装には必需品である。

- **スリーピークス** → フォーマル用
- **TVフォールド** → フォーマル、ビジネス、タウン用
- **トライアングラー** → セミフォーマル、ビジネス、タウン用
- **IVYフォールド（パフドスタイル）** → セミフォーマル、ビジネス、タウン用 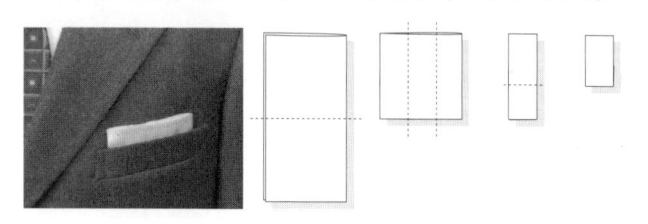
- **クラッシュドスタイル（チップアップ）** → タウン、パーティ用 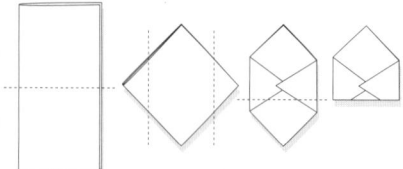
- **チップアップ＋パフドスタイル** → タウン、パーティ用

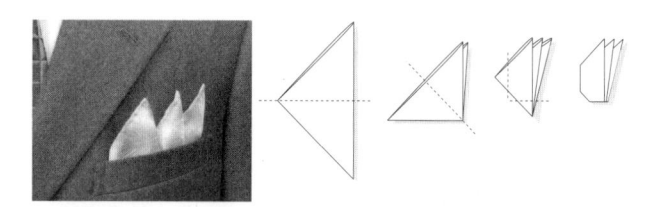

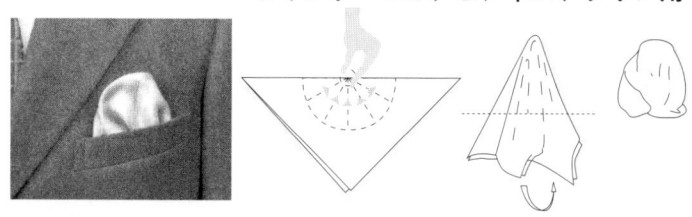

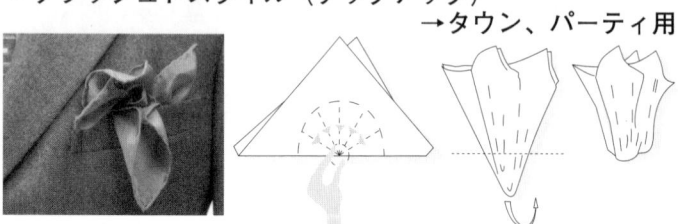

3) 靴下のたたみ方

靴下のかかとの位置の中心をつまんでひだをとり、両サイドに二つずつ、計五つのひだ山を作る。もう片方の靴下をソックススタンドにはかせて、はき口のゴムの中にたたんだ靴下のかかと側を少し折り込んで入れ、形を整える。

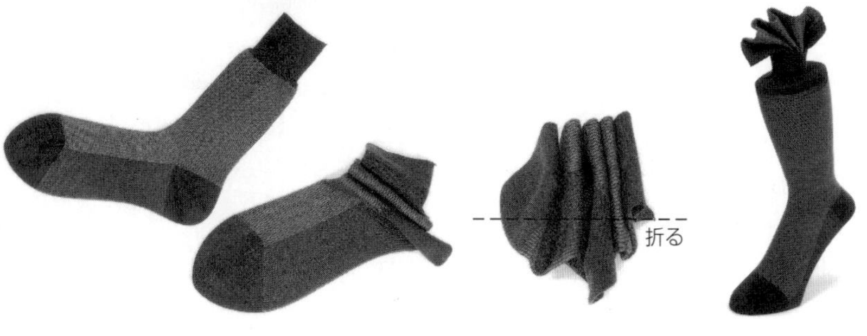

6. キッズウェア

(1) 子供服売り場のPP演出（ハンギング）

棚什器の最下段をステージにハンギングバーを活用して、子供用コーディネートハンガーとクリップで、ガールズ＆ボーイズのリアルなウェアリング演出。パディング技法でふっくらした丸みのある子供のかわいらしさを表現する。棚上段は関連商品のIP展開。

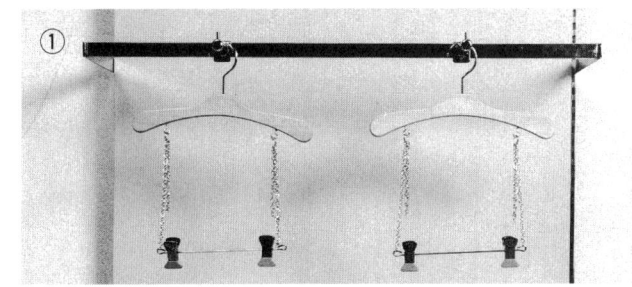

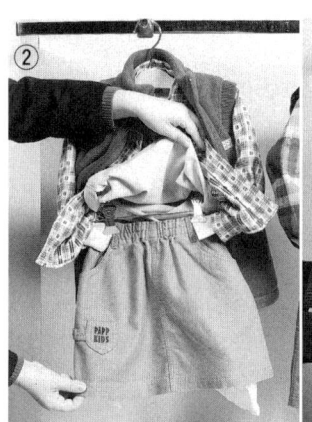

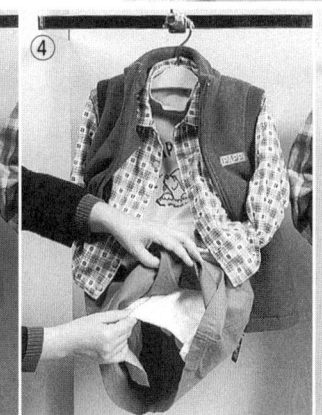

① コーディネートハンガーを年齢の身長に合わせて調節する。
② ハンガークリップにスカート＆パンツを止める。トレーナー、シャツ、ベストの順でウェアリング。長袖トレーナーの袖口をボトムクリップと一緒に止める。
③④ トップス＆ボトムスの内側にライスペーパーを適度なふくらみに丸めて入れる（パディング）。
⑤ 全体を整える。
⑥ クラフト紙などを筒状にして靴下をはかせて、靴の中に入れて足の表情をつける。
⑦ ハンギングバーに取りつけたフックに帽子を乗せて、かわいらしいリアルな子供の表情を演出する。

(2) 棚什器トップハンギングバーのPP演出

シャツを下にトレーナーを上にして、(1)に変化をつけたコーディネート提案。男女セットのPP演出。棚下段は関連商品のIP展開。

● ハンギングバーにコーディネートするトップスの袖を通してから、ハンガーチェーンの長さを調節して掛け（①）、ボトムスをクリップで止める。トップス＆ボトムスに必要であればライスペーパーを入れ、全体を整える。トレーナーの裾が長すぎてうまくまとまらない場合は、②のように両サイドを両手でまとめ上げるときれいにまとまる。

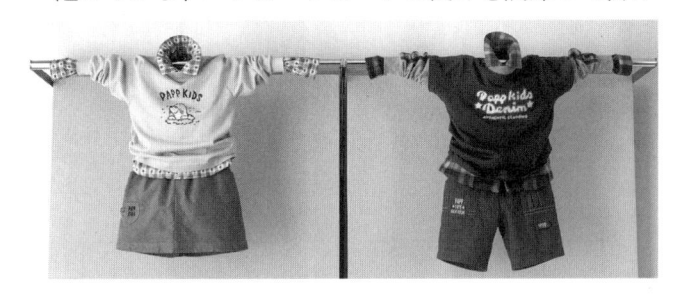

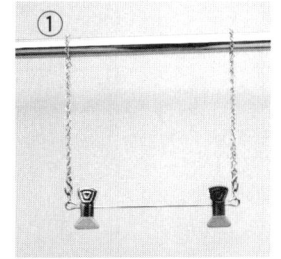

7. VPデザイン：販売促進（SP）タイムスケジュール・テーマプレゼンテーション

　小売店の販売計画タイムスケジュールに基づいて、販売促進タイムスケジュールは決定されるが、クリスマス商戦は、その中で最も長く大きなイベント（催事）の一つであり、VPは、ショーウインドー、フロアステージ、売り場全体で展開され、予算、スペース、個性が最大に生かせる場である。レッド、グリーン、ホワイト、ゴールド、シルバーなどのクリスマスカラーや、クリスマスツリー、クリスマスリース、サンタクロースなどのモチーフのさまざまなアレンジや個性的なオリジナルオブジェなどで、情報性、話題性、独自性のあるアイデアと演出が求められる。実施にあたっては、クライアント（発注者）のテーマ、コンセプトを的確にとらえてVP演出することが重要である。

（1）クリスマスディスプレイ（アパレル＋クリスマスオブジェ＋ギフト＋POP）

1）テーマ、コンセプト

●テーマ
　クリスマス―大人のためのクリスマスパーティ―

●コンセプト
　アダルトな男女をターゲットに、女性の赤のロングドレスと男性のタキシードを主体にクリスマスパーティウェアを提案。大理石のフロアに、オリジナルのヘアとメイクの個性的なマネキン、真鍮パイプ、クリスマスボール、ガーランド、ポインセチアなどのオリジナルクリスマスツリーとギフト、Merry ChristmasのPOPなど、レッド、ゴールドをキーカラーに華やかにVP演出。

2）VPイメージデザイン

大人のためのクリスマスパーティ、イメージ1　1/30

3）クリスマスオブジェ：クリスマスツリーの作り方

演出小道具はゴールドをキーカラーに真鍮パイプを主体にしたオリジナルクリスマスツリー。真鍮パイプのスケルトンとゴールドボール、ガーランド、ポインセチアをダイナミックに演出。

材料

真鍮パイプ（長さ2m×直径12mmを12本）、針金（♯10、♯16）、スノーガーランド、グリーンガーランド、ボール(ゴールドボール、カラーメッキボール、クリスタルボールなど6種)、リボン（ビーズリボン、ゴールドリボン、センターメッシュ）、クリスマスピック、松かさ、ポインセチア、ひいらぎ、真鍮ワイヤー、地巻きワイヤー♯26、各種箱、ラッピングペーパー、POP

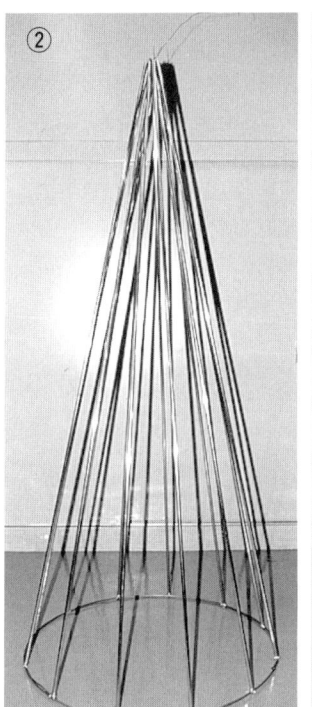

① ゴールド、赤のポインセチアとひいらぎを作る（作り方103ページ参照）。

② 直径90cmの基盤に針金♯10を2周巻き、円を作り針金で固定する。針金♯16を通した真鍮パイプ12本を等間隔に円に固定し、上部を一つにまとめ円錐形のスケルトンツリーを作る。

③ ツリーにガーランドを巻きつける。

④ 各種オーナメントをつける。ビーズリボンを流れるように、各種ボール、松かさ、ポインセチアなどをダイナミックにつける。先端にゴールドのポインセチアとメッキボールをつけポイントとする。取りつけにくいものは地巻きワイヤー♯26を使用する。POP（Merry Christmas）をつける。

⑤ さまざまな大きさの箱をラッピングしてギフトボックスを作り、床面に構成する。

W900 × D900 × H2000

(2) クリスマスギフト（ギフト＋クリスマスリース＋POP）

シーズナブルギフトチャンスの中でもとくにクリスマスはさまざまな人々による贈り物の需要が多くなり、ギフト商戦が盛り上がる。

1）テーマ、コンセプト

●テーマ

クリスマスギフト―心のこもったクリスマス―

●コンセプト

シンプルライフの20歳前後の女性をターゲットに、素材や色にこだわったベーシックなトップスと、時代のエッセンスとなるファッショングッズやステーショナリーなどを商品の赤、黒のボックスに詰めたクリスマスギフトのVP演出。

●商品

トップス：カットソー、タートルネックのセーター、カーディガン

ファッショングッズ：アクセサリー、時計、ソックス、タイツ、ハンカチ、システム手帳、CD、小物入れ

ボックス：赤、黒のボックス

●演出小道具

ひいらぎのリース（103ページ参照）、ギフトボックス（ギフトラッピング104～107ページ参照）

●POP

「Merry Christmas」

■クリスマスについて

クリスマスの起源は諸説あるが、キリストの誕生日を祝う日とされ「降誕祭」ともいう。冬の長い北欧では太陽を神と信じ、冬至に不滅の太陽の再来の日として太陽の誕生日を祝う習慣があった。キリスト教が伝わって神である太陽＝キリストの象徴と結びつき12月25日をキリストの誕生日として祝うようになり、家庭でクリスマスツリーが飾られるようになった。その装飾物にはそれぞれ宗教的な意味合いがあるが、日本では宗教に関係なくいろいろな形で楽しまれている。

2）クリスマスリースの作り方

ひいらぎのクリスマスリースのほかにもオーナメントでいろいろなオリジナルリースができる。

●クリスマスの代表的なオーナメントをブーケ状にまとめてワンポイントにし、つるの素朴さを見せたオリジナルクリスマスリース。

材料

ベースはあけびのつる、オーナメントはひいらぎ（アートフラワー）、モミ（ガーランド）、松かさ、りんご、ミニギフトボックス、リボン、ベル、ワイヤー

① ひいらぎはゴールドの布の裏面にワイヤーをはりつけて、筋ごてで葉脈を入れ、組み合わせてテープを巻く（103ページ参照）。ギフトボックスは発泡スチロールを小さく切りラッピングし、リボンを結んでワイヤーをつける。松かさのすき間にワイヤーをくい込ませて目立たないようにつける。モミの枝を2、3本まとめてワイヤーをつける。

② 市販のワイヤーつき果実などを加え、バランスよく組み合わせてテープを巻く。2、3組み作る。

③ まとめたものをベースのつるのすき間に差し込みワイヤーで止めつける。

④ バランスを見てベースにグルーガンで松かさをスピーディにつける（グルーガンは瞬間接着ができ、ボンドでなかなか接着できない材料やワイヤーがつけられない材料などの接着に便利である）。

⑤ 仕上げにベルにリボンを結びワイヤーでベースにつける。上部に吊るすためのワイヤーをつける。

●リースのベースと用具
① アケビのつる
② サンキライのつる
③ 発泡スチロール
④ 段ボール
⑤ オアシス
⑥ 針金
⑦ 地巻きワイヤー
⑧ グルーガン

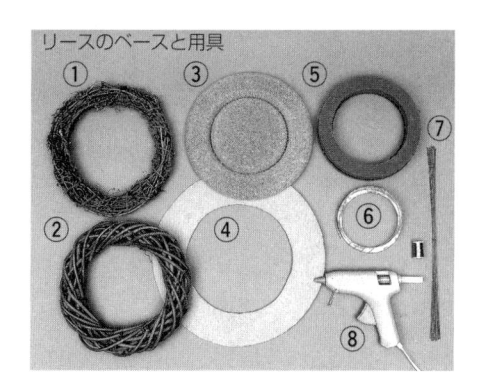

●各種クリスマスリース
① ポイントタイプ………アケビのつる
② ガーランド……………シナモンスティック、ワイヤー入りリボン
③ ワンサイドタイプ……月桂樹の葉（赤、緑、ゴールド）
④ シンプルタイプ………ひいらぎ
⑤、⑥ 自然素材タイプ…ニートパイン、ウッドローズ、サンキライのつる（実つき）
⑦ バラエティタイプ……ドライフラワー（6種）

●クリスマスカラー………赤、緑、白、ゴールド、シルバー
●クリスマスの植物………もみの木、ひいらぎ、木の実、ポインセチア
●オーナメント……………ベル、ボール、星、りんご（果物）、キャンドル、おもちゃ、お菓子、ハートをモチーフにした飾りなど。

3）ポインセチアの作り方

星の形をしているポインセチアは「クリスマスの星」と呼ばれクリスマスの演出に効果的である。

材料
花（ペップ）
苞（ほう）
葉
ワイヤー

●赤いビロードとシールのポインセチア
① カットした苞と葉の裏に赤い地巻きワイヤーをボンドで貼りつける（ない場合は白いワイヤーを赤いマジックで塗る）。苞と葉の裏面から筋ごてで葉脈を入れ、表からは葉脈の根元を少しずらして先でそろうように当てる。
② 数本のペップ（花）にワイヤーを添えてテープを巻き、花の回りに3枚の苞をつける。
③ 次々と苞、小さい葉から順に輪生状に巻き込む。

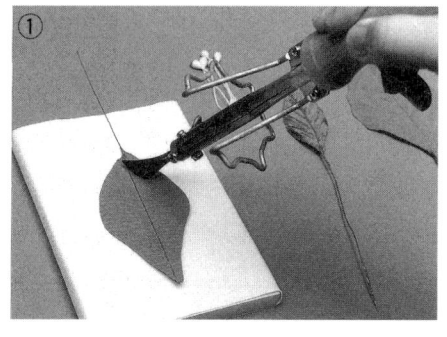

●ひいらぎ
① ポインセチアのようにペップ数本をテープで巻く。ワイヤーを貼った葉に筋ごてで葉脈を入れる。
② 小さい葉からペップの回りにテープでつけていく。

（3）ラッピングとリボンの掛け方・結び方

　ラッピングとは物を美しく包装することで儀礼的なものと個人的なものがあり、目的によって包み方が変わる。贈答のしきたりやマナーをふまえて、おしゃれなラッピングとリボン掛けをしてプレゼントをしたくなるような気持ちにさせるギフト提案をすると演出効果が上がる。

ラッピングのいろいろ

1）ラッピングの基本

① 斜め包み、デパート包み

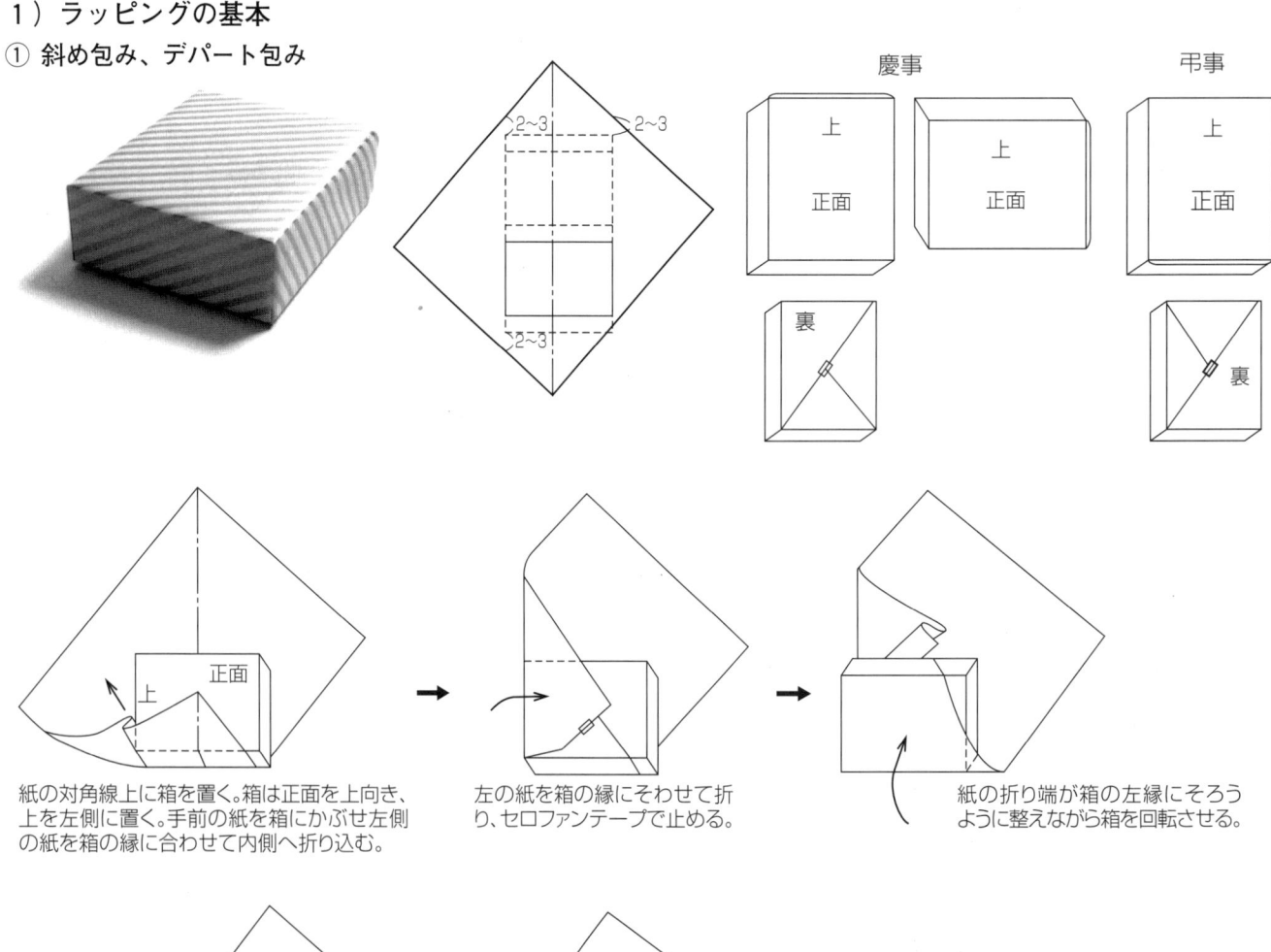

慶事　　弔事

紙の対角線上に箱を置く。箱は正面を上向き、上を左側に置く。手前の紙を箱にかぶせ左側の紙を箱の縁に合わせて内側へ折り込む。

左の紙を箱の縁にそわせて折り、セロファンテープで止める。

紙の折り端が箱の左縁にそろうように整えながら箱を回転させる。

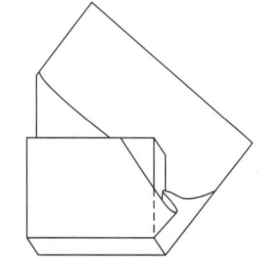

右の紙も同じように箱の縁にそって折る。

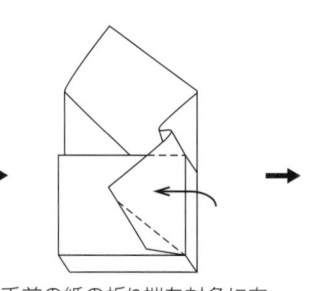

手前の紙の折り端を対角に向けて折り込む。

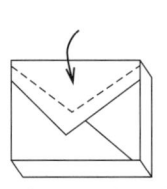

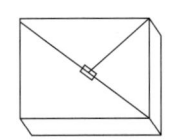

残りの部分の紙を箱にかぶせる。紙の端は対角線にそって折り、セロファンテープで止める。

② 合せ包み（キャラメル包み）

箱の高さの $\frac{2}{3}$

箱の周囲分＋重ね分（3）

慶事　弔事

右重ね　左重ね

右端を1.5cm内側に折る。

右を上にして包み、両面テープで止める。

1、2、3の順に箱の縁にそって折る。

厚みの中心に合わせて折り、両面テープで止める。

③ 円筒形包み

(a)

正方形

円筒の直径＋3cm

対角線上 $\frac{2}{3}$ まで巻いてから、ひだを折る。

5本くらいのひだ
ひだが1か所に集まるように円の半分まで寄せ、残りを円筒にかぶせる。

反対側も同様にひだを寄せる。紙の折端が縁にそうように内側にたたみ込みながら回転させる。

紙の端を折り込み、両面テープで止める。

(b)

正方形

円筒の直径＋3

手前から筒の半分まで紙を巻き、aの要領でひだを寄せ、端を1cm折り両面テープで止める。

第3章　ビジュアルプレゼンテーションテクニック　ショーイング　105

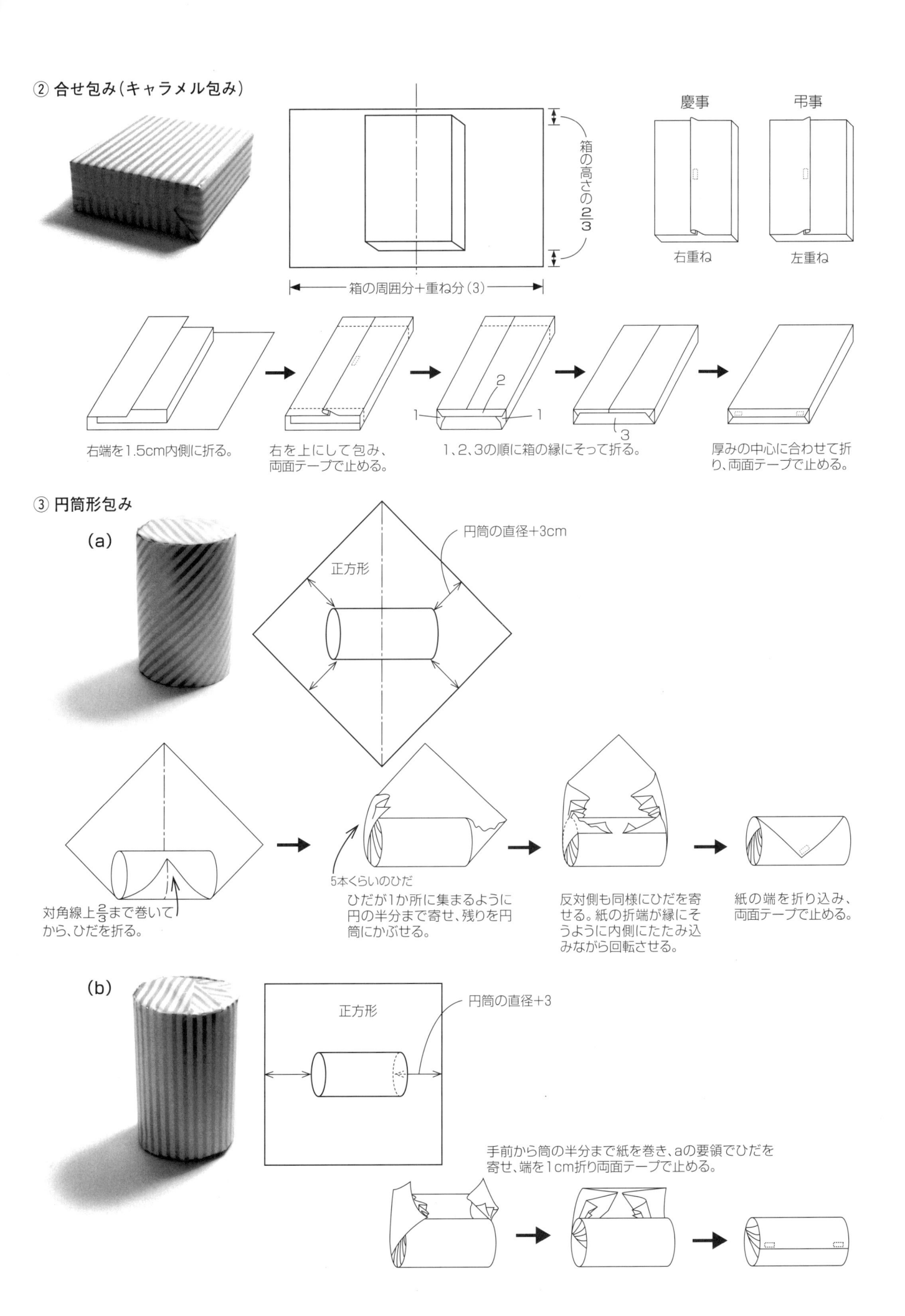

④ 丸箱包み

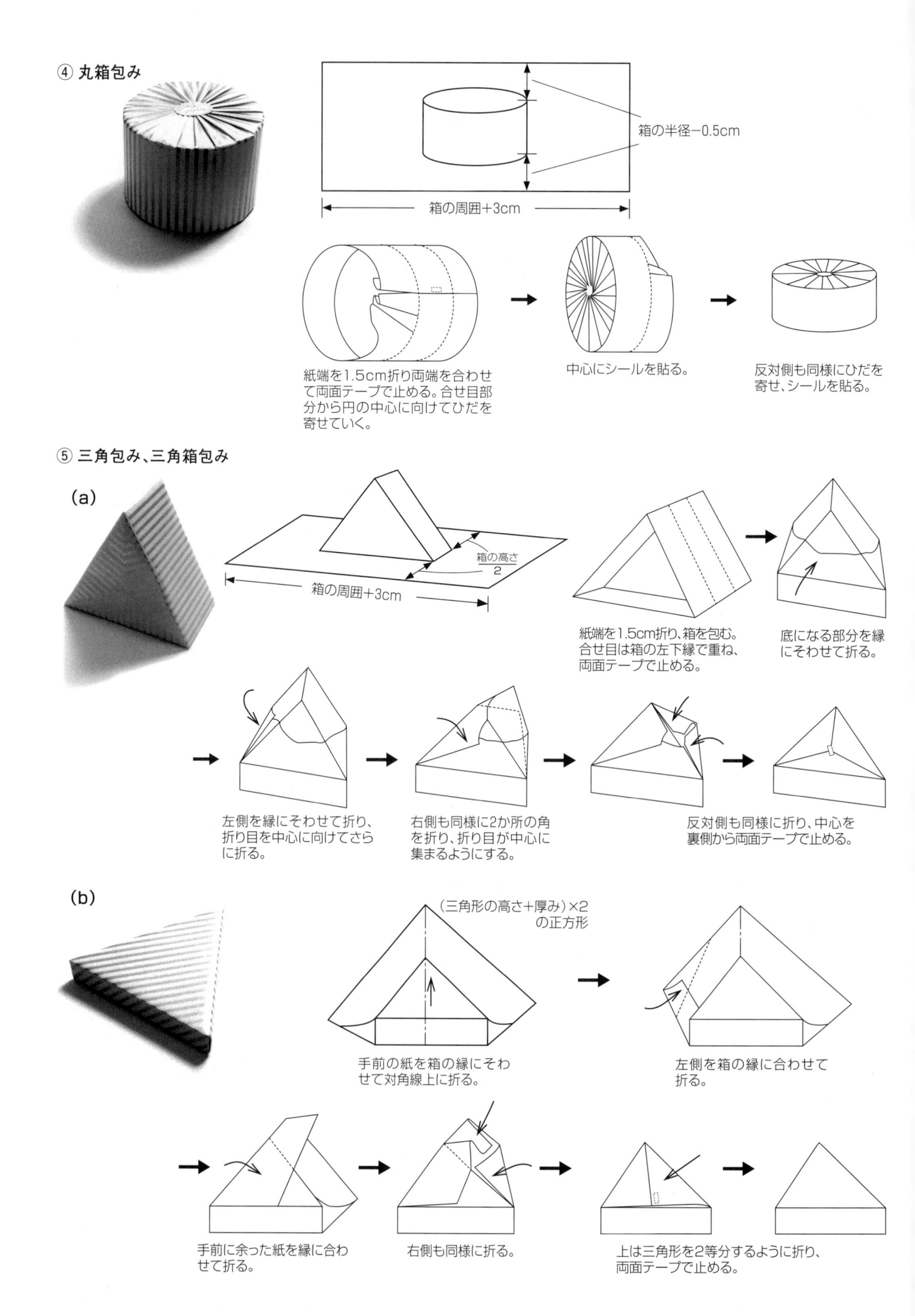

箱の半径−0.5cm

箱の周囲+3cm

紙端を1.5cm折り両端を合わせて両面テープで止める。合せ目部分から円の中心に向けてひだを寄せていく。

中心にシールを貼る。

反対側も同様にひだを寄せ、シールを貼る。

⑤ 三角包み、三角箱包み

(a)

箱の高さ
2

箱の周囲+3cm

紙端を1.5cm折り、箱を包む。合せ目は箱の左下縁で重ね、両面テープで止める。

底になる部分を縁にそわせて折る。

左側を縁にそわせて折り、折り目を中心に向けてさらに折る。

右側も同様に2か所の角を折り、折り目が中心に集まるようにする。

反対側も同様に折り、中心を裏側から両面テープで止める。

(b)

(三角形の高さ+厚み)×2 の正方形

手前の紙を箱の縁にそわせて対角線上に折る。

左側を箱の縁に合わせて折る。

手前に余った紙を縁に合わせて折る。

右側も同様に折る。

上は三角形を2等分するように折り、両面テープで止める。

2）リボンの掛け方（結び方）

①十字掛け（蝶結び）

蝶結びに必要な長さを残す。

箱に回し正面でリボンを交差させ、くぐらせる。

下のリボで上向きの輪を作り、上のリボンを手前から中を通して右に出す。余分なリボンを切る。

②斜め掛け（蝶結び）

蝶結びに必要な分を残し、箱の面に斜めに掛ける。

巻始めでくぐらせ箱の角で結ぶ。

蝶結びをする。

③三角掛け（蝶結び）

蝶結びに必要な分を残し、斜めに2度回す。

上一点に合わせ巻始めで下にくぐらせる。

始まりを上にして蝶結びをする。

3）リボンの結び方

①バタフライボー、蝶結び

輪
たれ

リボンの端の切り方

②フレンチボー

ねじる

中心を別のリボンまたはワイヤーで止める。

③ポンポンボー

中から引き出す

切込みを入れる

④スターボー

中心をホッチキスで止める

⑤ウェーブボー

中心をホッチキスで止める

⑥重ねボー

中心をホッチキスで止める

⑦8の字ボー

中心を別のリボンまたはワイヤーで止める

⑧ローズリボン

a. 左を手前に直角に折る。

b. 左より巻き花芯を作る。

c. 右側を後ろ側に直角に折る。

d. 折った分（▲）を花芯に、花弁外側はゆったり根もとはきつく巻く。

e. ばらをイメージしながらc,dを繰り返す。

f. 巻終りを根もとに合わせる。

g. 根もとをワイヤーで止める。

第3章 ビジュアルプレゼンテーションテクニック ショーイング

◆ディスプレイフラワーの作り方

造花は季節感や商品イメージの表現にディスプレイ効果を発揮する演出物である。コンセプトやテイストに合わせて花材、色、大きさ、素材、花器、表現方法などを工夫するとよい。ここではアートフラワーの技法を使って実のもの、花、葉、野菜の作り方を解説をする。

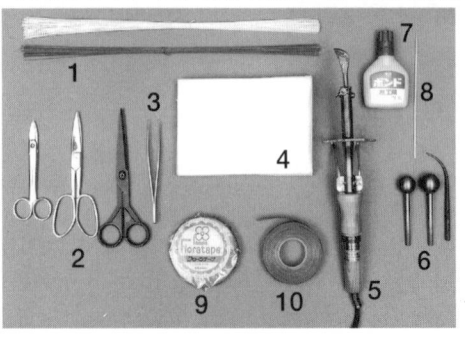

1. 地巻きワイヤー
2. はさみ
3. ピンセット
4. こて台
5. 電気ごて
6. こて先
7. 接着剤
8. 竹ぐし
9. フローラルテープ
10. 薄絹テープ

●実もの（ぶどう）

スノーボール（発泡スチロール球）を布で包んでいろいろな実を簡単に作ることができる。伸縮素材や各種紙などで包んだり直接着色してもよい。

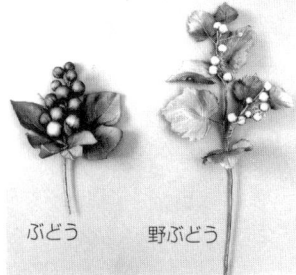

ぶどう　野ぶどう

材料

スノーボール、布、地巻きワイヤー

①スノーボールにワイヤーを差しボンドで固定する。
②1粒が包める大きさに切った布をスノーボールにかぶせワイヤーの回りにタックをとりながら包む。根もとを薄絹テープで巻く（余分な布は切る）。
③2、3個ずつまとめテープを巻いたものを組み合わせて1房にまとめる。
④葉の裏にワイヤーを貼り、裏面、表面に筋ごてで葉脈を入れる。大きい葉は支えにワイヤーを貼る。
⑤目打ちの先に向かってワイヤーを巻き、つるを作る。
⑥実に葉、つるを添えながら薄絹テープを巻く。

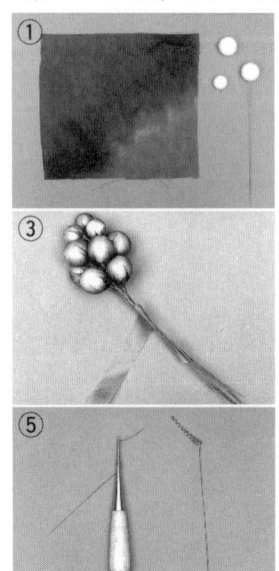

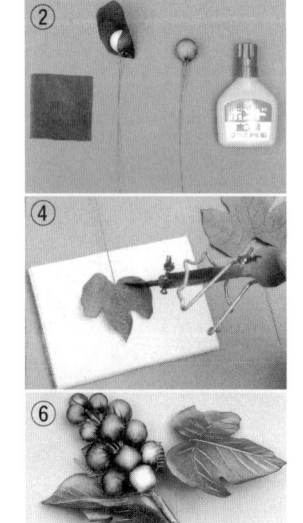

●花・葉（ばら）

花弁や葉の形に布を切り、着色、こてを当て立体的な形にして花芯の回りに花弁をつけ、花を作る。花に葉を添えて1枝の花に仕上げる。

材料

花弁（大・中・小）、葉、薄絹テープ、綿、チューブ、地巻きワイヤー

①花弁（中、小）は裏から、大花弁は表から丸ごてを当て、丸みをつける（大花弁は支えにワイヤーを貼る）。
②花弁の裏側からへり返しごてを当て、へりを返す。
③チューブにワイヤーを通して茎布を巻き、先にボンドで綿をつけ、小花弁1枚で包み、花芯とする。
④花芯の回りに小花弁を1枚ずつ貼り、花弁中は小よりやや高めにつける。次に大花弁をつけて形を整え根もとに綿を巻く。
⑤がくをつけ、ワイヤーで絞り、くびれを作る。
⑥葉にワイヤーを貼り筋ごてで葉脈を入れ、葉を組む。茎に目打ちで穴をあけて葉を差し込みまとめる。

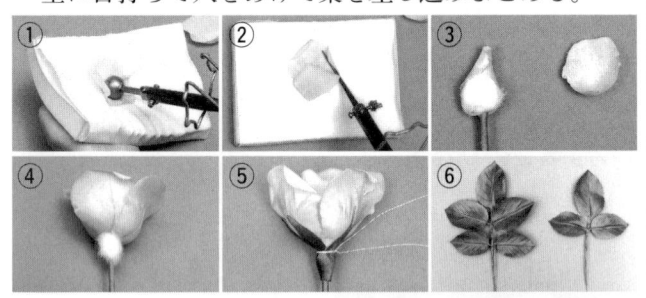

●野菜・果物

布を縫って縮めたり、縫い合わせた布の中に詰め物をして野菜や果物などを作る。いろいろな素材により趣が変わる。

材料　布、糸、綿、地巻きワイヤーなど

かぼちゃ

①丸く切った布に粗い針目のミシンをかける。
②裏側から糸を引き、中に綿を詰めて口を閉じ、へたをつける。

長ねぎ

①葉の部分と白い部分に分ける。
②中表にして筒状に縫い、表に返して中に綿を入れる。
③葉2本を組み合わせて縫い、白い部分と縫い合わせる。糸にボンドをつけて乾燥させ、根として縫い止める。

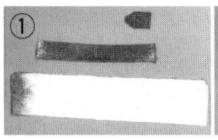

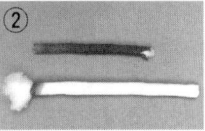

第4章
ビジュアルプレゼンテーションテクニック
ピンワーク

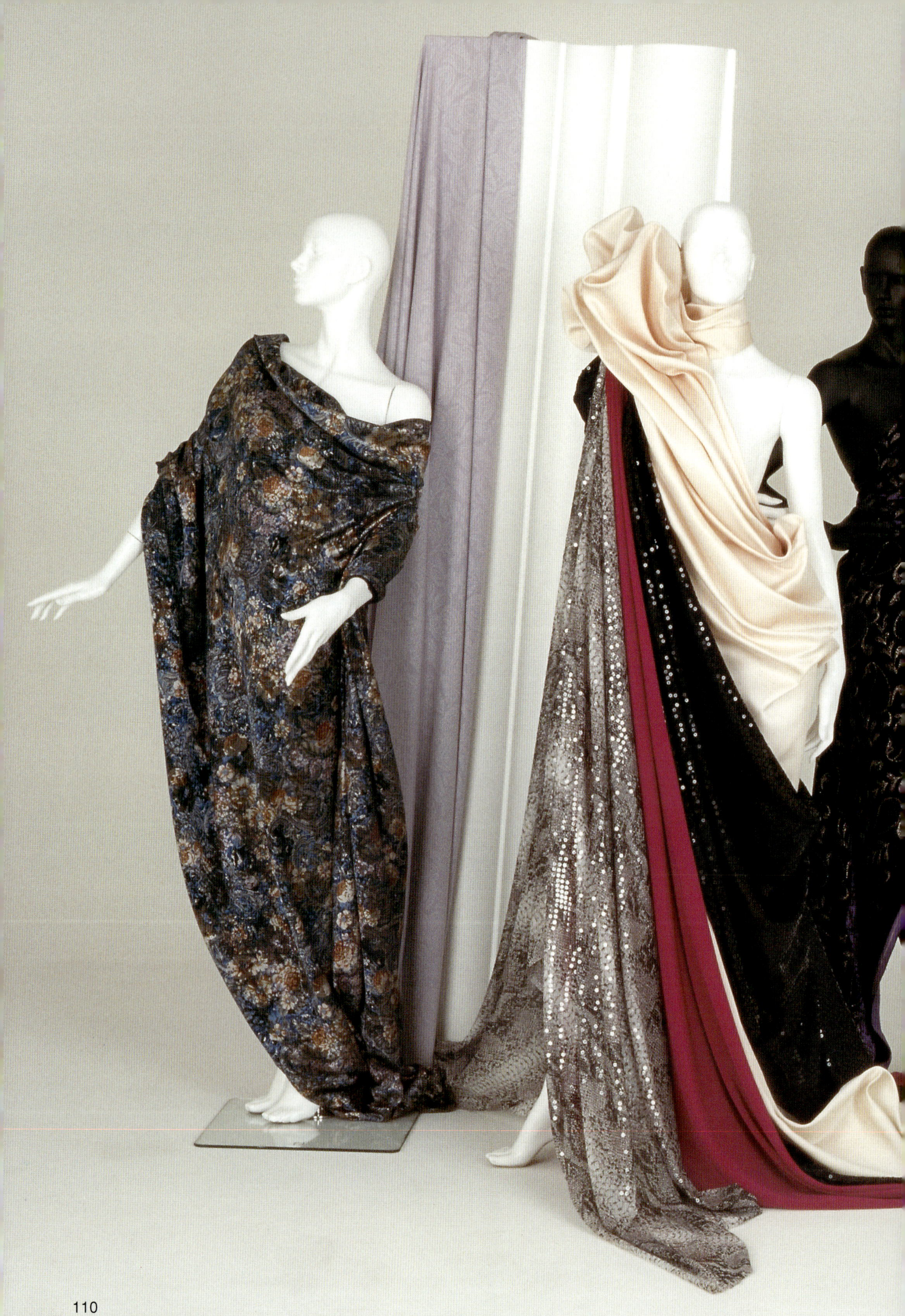

白黒の5体のマネキンと、背景に大小のドレープをかたどったプロップスを配置し、良質の布を生かして、それぞれの持つ素材感を表現した空間構成。
シルクサテン、綿サテン、スパンコール、シルクウール、ベルベット、グログラン、クレープなど10点約30m

第4章　ビジュアルプレゼンテーションテクニック　ピンワーク　111

マネキンにあしらったドレープと、プロップスのデザイン線を生かして、全体にリズミカルで軽やかな動きを表現した空間構成。
スパンコールつきの花柄プリント、オーガンジーカーテンレースなど約20m

マテリアルコンベンション（素材展示会）などのコンセプト演出。躍動的な同一ポーズマネキン3体のリピート構成。
シルク、ウール、マトラッセ、コーティングキルティング、フェイクファー、フェイクシール、フェイクレザーなど9点約30m

ワイヤーの特性を生かし、流れるような曲線で表現。透けた薄地のチェック柄2色を軽やかな動きで演出。
ストレッチ素材2点約20m

ファッションショーと同時に開催された素材展「コモテキスタイル展示」の演出。天井からのカーテンドレープと、アクセント効果をだしたボディピンワークで、プリントシルク素材の魅力を空間に構成。

協賛各社別の素材スワッチをボディにピンアップ。

各種素材スワッチをパネルボードにコラージュ感覚でピンアップ。

第4章　ビジュアルプレゼンテーションテクニック　ピンワーク　113

アパレルアイテムピンワークをマネキンで演出。
ウール、シルクウール、プリントシルクなど4点約9m
（132〜136ページ参照）

ベーシックなマネキン2体に素材特性を生かしてしなやかなドレープを表現。
刺繍を施したウール、ポリエステルファイユ、金属糸入りシルクシャンタン、インドシルクなど4点約8m

ボディやコーディネートハンガーを使用した、いろいろなアパレルアイテムピンワーク表現。
ウール、化合繊など各種素材。インナーやネックに端ぎれを利用するとよい。

アートボディのラインの美しさを生かして、軽やかに躍動感をだしたピンワーク。
楊柳クレープオーガンジー、紬インドシルクなど約9m

角柱、半円、$\frac{1}{4}$円を組み合わせたオブジェ器具に、厚手ウールを立体的に演出。
厚手ウール8点約20m

個性的なアートボディは、さり気なく素材特性を生かして新鮮に。
シルク、シルクウール、マトラッセ、コーティングクレープなど4点約12m

第4章 ビジュアルプレゼンテーションテクニック ピンワーク　115

インパクトのある大きな額縁を演出物として、絵から抜け出してきたようなイメージで、2体のマネキンにドレープで演出。
シルクウール　約15m
フェイクレザー　約3m

同一タイプの2種類の大きなポーズのマネキン5体を動的に構成。演出効果をねらった約100mの白ビニールレザーを使って、黒のコーティング素材、大胆な白黒プリントの綿サテン、同一柄のシルクオーガンジーを際立たせる。大きな鏡をバックにおいて、迫力のあるVP演出。
黒コーティング、白黒プリントの綿サテン、シルクオーガンジー3点約26m

1. ピンワーク

ピンワークとは、一続きの布を切ることなくマネキンや什器、器具、あるいは演出小道具、オブジェなどにドレープやその他のテクニックを使い、ピンで止めながら表現する技術である。目的やコンセプトを明確にし、空間にデザイン提案する。ビジュアルプレゼンテーションテクニックの一つである。

(1) ピンワークの先駆者

デザイナーであり、教育者であった笹原紀代女史がファッションの勉学として渡仏していたころ（1957～'58年）、パリの街でこの素晴らしい技術と出会った。あまりのみごとな美しさに感動し、この技術を身につけて帰国。その後日本にピンワークとして広めた。

当時、服地専門店「ロダン」のショーウインドーディスプレイは、専属デザイナー、コロンブ氏が手がけていた。その布の造形は、仕立てられた服とはおよそ異なり、マネキンに華麗なドレープを巻きつけて美しさをより引き立てていた。毎回見るたびに変化するデザインに魅せられ、ぜひこの技術を覚えて帰りたいと、何度も足を運び、やっと直接個人指導を受けることになったのである。同業者を増やすことを好まないコロンブ氏を動かしたその想いには強いものがあったようである。そして、たくさんの習作を重ねて技術を身につけていった。

当時のヨーロッパでは、マネキンに布を巻きつける技術を「ムラージュ・ドゥラペ・シュール・ル・マヌカン（moulage drapé sur le mannequin）」と呼んでいた。布の彫刻とも思える幾重ものドレープは、芸術的で洗練された技法で見る人に想像力を与え、街のショーウインドーを魅力的なものに演出していた。

1958年、この技術を持ち帰ったのである。そのころ日本には、まだこの技術を持った専門家はいなかったこともあり、さっそく服装教育に取り入れたのである。「アン・ビエ」「ドゥブル・ビエ」のほかに、基礎となる技術をいくつか考案し、新しい創造的なカリキュラム分野を開拓した。教本をまとめるうえで、日本人にわかりやすい名称をと考えた。ムラージュ・ドゥラペ・シュール・ル・マヌカンの本質は布とピンの仕事であるとの思いに至り、「ピンワーク」という和製英語を考え出し、スタートした。

今では専門的な技術としての位置づけはもちろん、さまざまな広がりを持って生かされている。笹原紀代女史は先駆者であり、ピンワークを広めた第一人者である。

(2) ピンワークテクニック

パリで習った基本テクニックは、布の角を基点にドレープをたたむアン・ビエ（un biais）と、布の耳の1か所を基点に円を想定してたたむドゥブル・ビエ（double biais）の二つだけだったという。ただし、素材感やたたむ長さ、深や、布のボリュームのとり方でまったく違った形になり、同じ基本のテクニックを使っても、次々に新しい作品が生まれたのである。アン・ビエ、ドゥブル・ビエの名称だけは基本なのでフランス語の名称をそのまま残したのである。帰国後、ピンワークをカリキュラムに導入する際に、基本テクニックを、ドレープ、ギャザリング、タッキングなど、英語名でわかりやすくまとめ、1枚の布の表現として次々とバリエーションを広げていった。今では、基礎テクニックはもちろんであるが、基礎にとらわれない柔軟な発想、アイデアでのピンワークが展開されている。

(3) ピンワークと空間デザイン

ピンワークの基礎テクニックをしっかり身につけることはもちろん大切なことであるが、ただ卓越した技術だけでは完成とはいえない。総合的なディスプレイの知識に加えて、技術面、感性面を豊かにし、アイデアの発想、デザインプラン、構成力、表現力などさまざまなトレーニングの積重ねが必要になってくる。

色彩、形、素材の選択など、造形感覚を高めるためにも常日ごろから「美」に対する意識や探求心を持つことも大事なことである。視覚表現としての原動力となり、鋭敏な感覚が磨かれていくのである。

ピンワークの活用される範囲は広く、その分野もさまざまな方面があげられる。例えば、ショーウインドーや店内演出、テキスタイルの展示会、広告・宣伝分野、ステージ・舞台空間、パフォーマンスなど、布の表現は多種多様である。ピンワークの枠を超えて、独創的に、新鮮なアイデアがさらなる新分野を切り開いていくこととなるのである。従来のピンワークの用具であるピンにかぎらず、また、布以外の素材にも着目したり、マネキンやボディピンワーク以外にも、いろいろな什器・器具や、プロップス、オブジェなどを活用することで新たな発想で造形空間が生まれる。モデルピンワークも、人体ならではの動きや変化が偶然のフォルムを生み出し、クリエイティブな世界へと広がっていく。このように限りないビジュアルプレゼンテーションとしてのピンワークが展開される。

2. 基礎テクニック

(1) アン・ビエ、ドゥブル・ビエ

　アン・ビエ（un biais）はフランス語で、直訳すると「一つの斜め」。ドゥブル・ビエ（double biais）は、「2倍の斜め」という意味で、二つともテクニックは全く同じであるが、アン・ビエは布の角を基点に、ドゥブル・ビエは布の耳の1か所を基点に円を想定して、弧を描くように円周をたたんでいくテクニックである。ひだをたたんでいく分量がアン・ビエの1に対し、ドゥブル・ビエはその倍の分量になる。

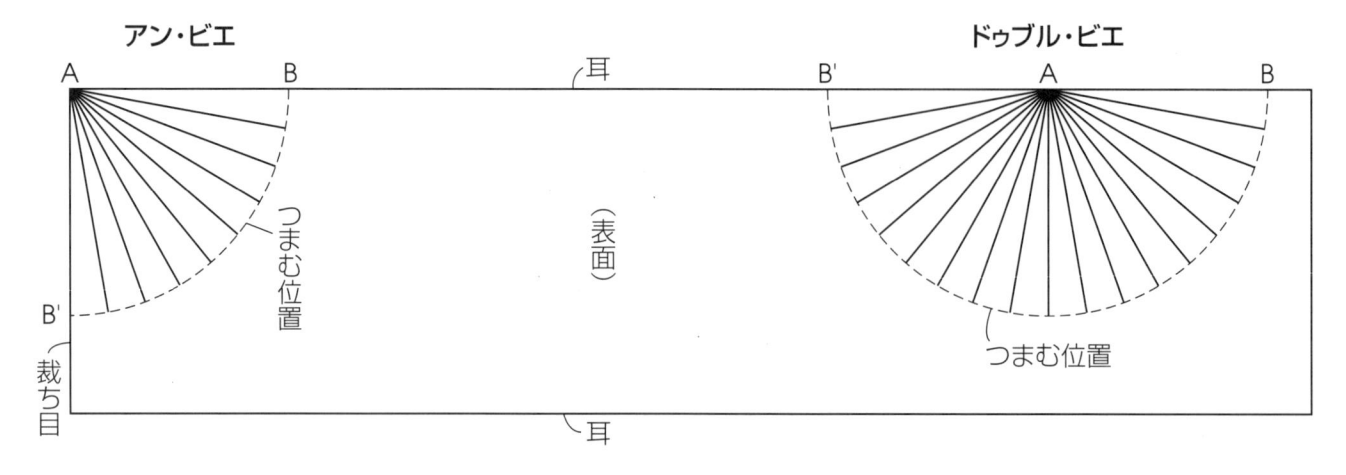

1）アン・ビエ

　親指の長さをドレープの深さにして、角を基点に4分の1円を想定し、弧を描くようにたたんでいくテクニック。

① 図を参照し、布地の角A点を左手で持ち、右手で任意のABをとり、折り山を作る。
② 親指の長さをドレープの深さにして、残りの4本の指で握るようにひだをたたむ。絶えず一定の深さを保ちBからB'へたたむ。
③ 4分の1円をたたみ終え、左手に持ち替えてドレープの山をきれいに整える。
④⑤ 折り山のきわにピンを通し、ドレープの方向に対して直角に布地をすくい横に出す。
⑥ 美しいドレープの流れを整えて完成。

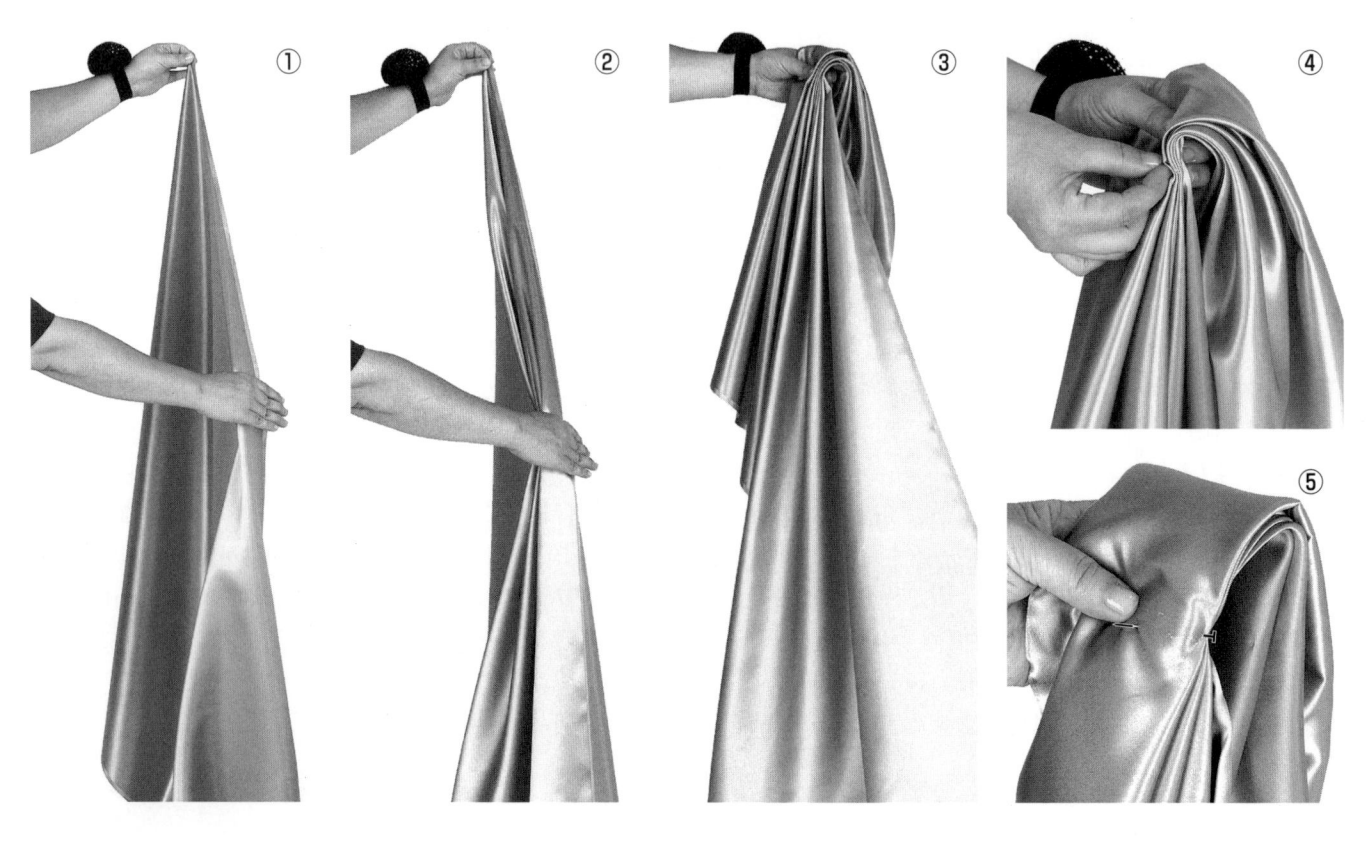

⑥

2) ドゥブル・ビエ

布地の耳の1か所を基点に、半円を想定し、弧を描くようにたたんでいくテクニック。

①② 布地の耳の1か所A点を左手で持ち、右手で任意のA B をとり、B から B' へ半円を想定してたたんでいく。アン・ビエの分量の2倍の分量なので、ボリュームのあるドレープができる。また、ドレープの先を広げたり巻き込んだり、いろいろなアレンジができる。

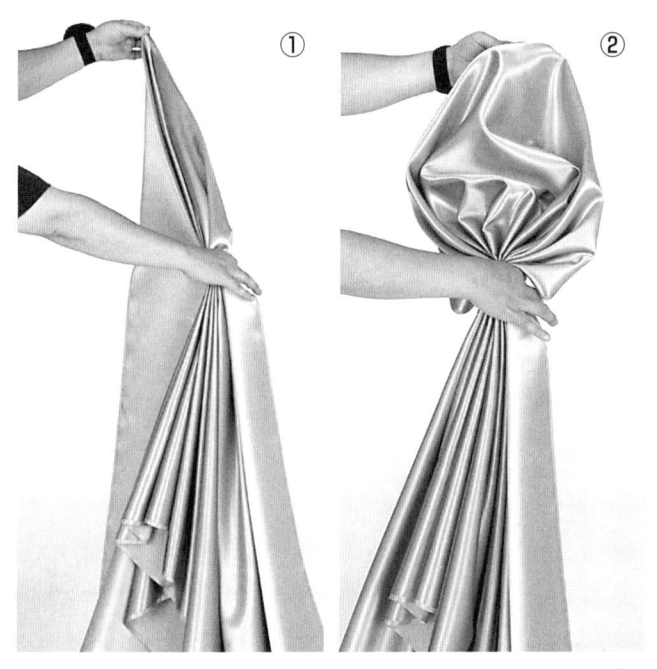

① ②

■アン・ビエ、ドゥブル・ビエの扱いで、ドレープの深さを深くとりたい場合や、ウールのように重みのある布地の場合は、A点を固定するか、他の人に持ってもらい、両手でひだの折り山を合わせるようにたたむ。

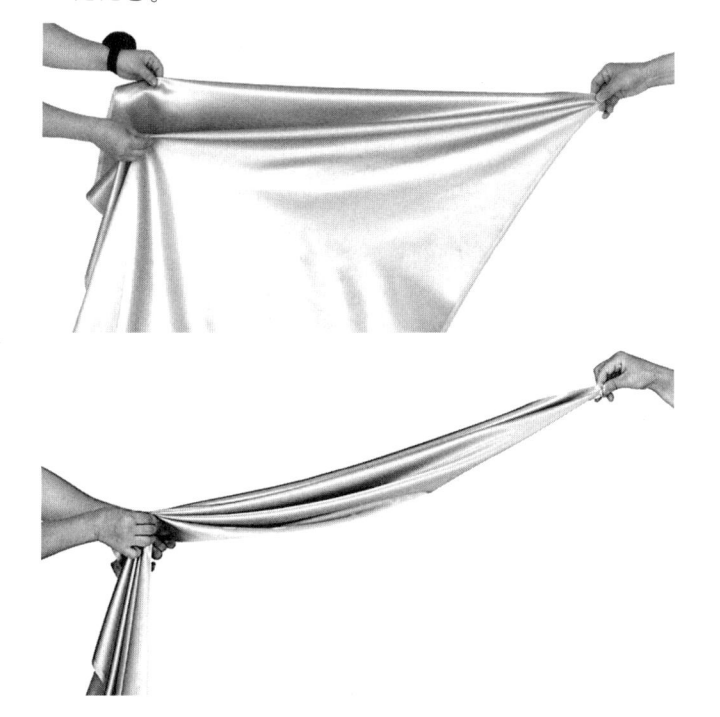

●作品

アン・ビエ、ドゥブル・ビエのテクニックを使用して、肩へのマッス効果をアクセントにし、流れるように胸でドレープを整え、ひだの陰影の美しさを表現。

サテン　92cm幅5.5m

第4章　ビジュアルプレゼンテーションテクニック　ピンワーク　119

(2) ドレープ

布を下げたときにでる、自然で優雅な布ひだを美しく扱うテクニック。バイアス地、縦地、横地などのいろいろなドレープがあるが、素材に光沢があると陰影が美しくて効果的である。

1）ドレープA
●作品

バイアス地は、自然で美しいドレープを表現することができる。シンプルなトップと腰にバイアス地のドレープを扱い、バックはダブル・ビエで華やかにまとめた作品。ここでは、マネキンピンワークの基礎を含め解説する。

　　アセテートサテン　90cm幅5.5m

◆ ピンワークを始める前に、マネキンに土台布をつける。下記〈土台布のつけ方〉参照。

① マネキンのバストサイズに合わせて、布地の角をバイアスに折る。
② バストに布地をしっかり巻きつけ、後ろでピンを止める。ピンの止め方はしっかりと縦に下向き（ⓐ）。
③ ウエストの位置で、布目をバイアスのまま図のようにつまみ、なじませながら後ろに持っていく。
④ ウエストを引き締めるようにして、いちばん外側の布どうしを合わせて、後ろのウエストの位置をピンで止める（ⓑ）。ヒップの部分をフィットさせ、土台布まで通してピンで止める（ⓒ）。
⑤ ウエストに自然で美しいドレープを作るために、裾線がバイアスになっていることが基本。

◆土台布のつけ方

FRP（強化プラスチック）でできているマネキンにピンワークをする場合、ボディに直接ピンを止められないので土台布をつける。

① 腰は90cm幅で約35cmぐらいに裁った布地を前から当て、ヒップラインの位置で強く引き締めて、後ろで上から下にピンで止める（ⓐ）。
② 下方を同じように強く引き締めて、下から上にピンで止める（ⓑⓒ）。
③ 上部の浮き分を、体型に合わせてフィットするようにピンで止める（ⓓⓔⓕ）。

◇このほか、デザインに合わせて肩や腕、足などに土台布をつけるとよい。
◇土台布は、シーチングのようなすべりにくい木綿などが適当であるが、透ける素材の場合は共布などを利用するとよい。

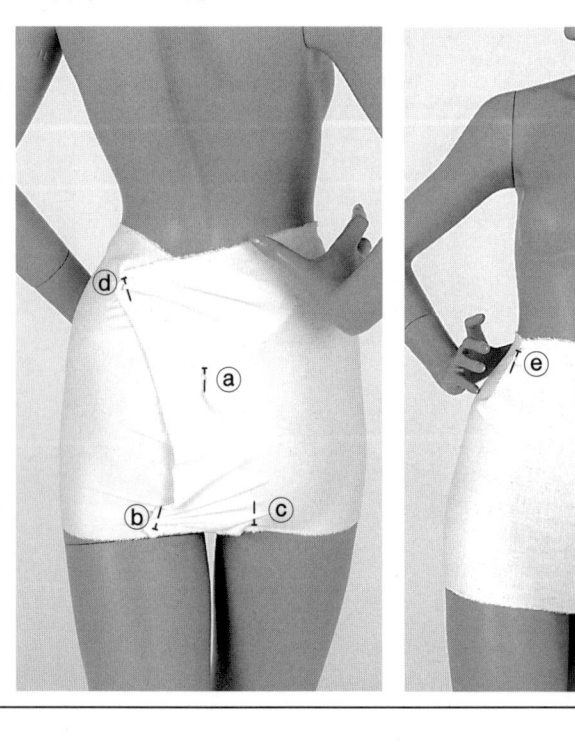

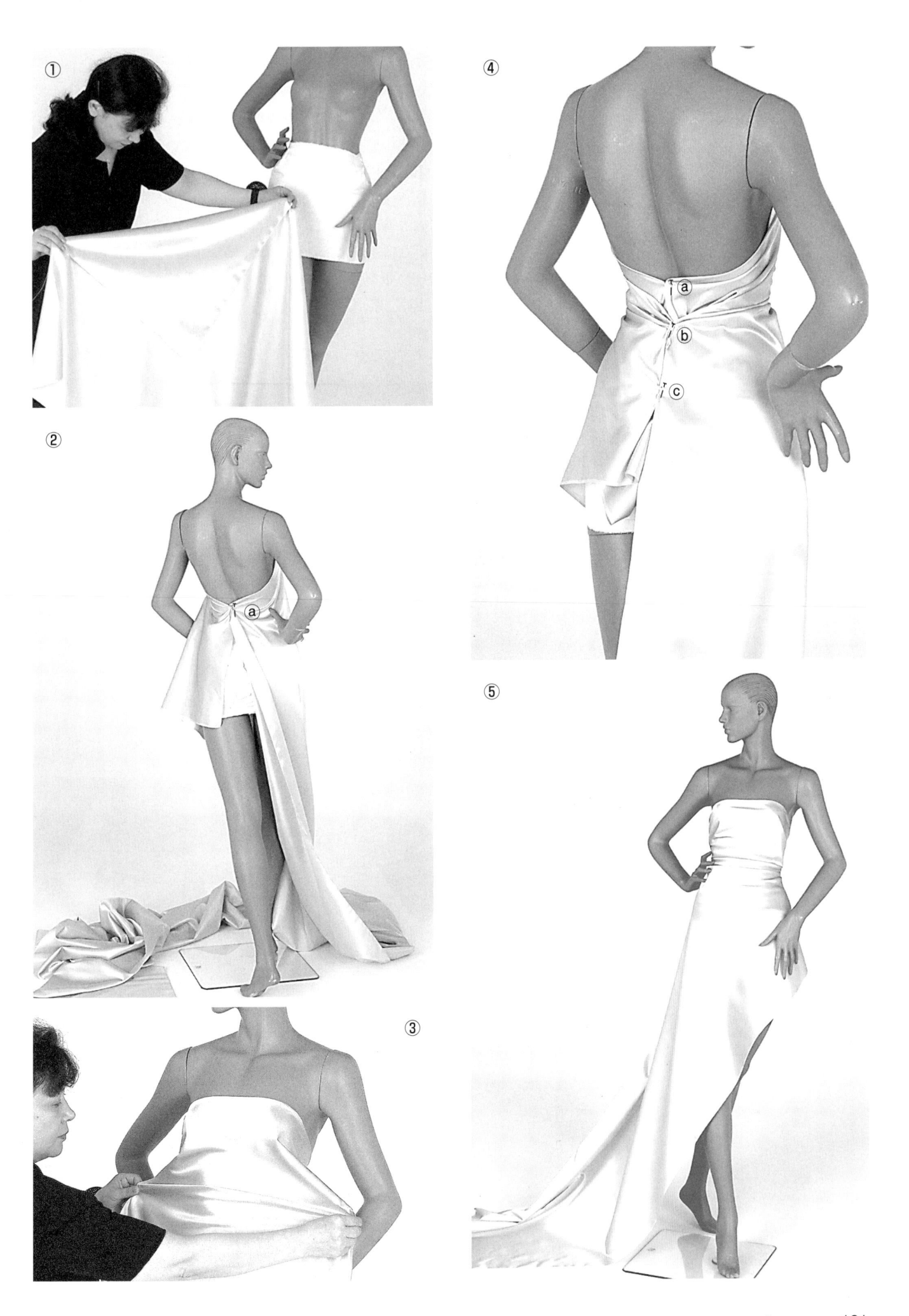

第4章　ビジュアルプレゼンテーションテクニック　ピンワーク　121

⑥ ④-ⓒで止めた後ろのピンを起点として、布を前に回し、ドレープを数本とる。
⑦⑧ ドレープに立体感をつけ、そのままドレープを後ろに持っていき、土台布にしっかりピンで止める。
⑨ 2回めのドレープを続き布で反対側から同じように数本作り、後ろでピンを止める。
⑩ 裾線は適当な位置で内側に耳を折り返し、後ろの目立たないところでしっかり締め、ピンは縦に上向きに止める。
⑪ 残った布を、ウエスト近くで裾からしわづけながらたたみ上げ、整える。

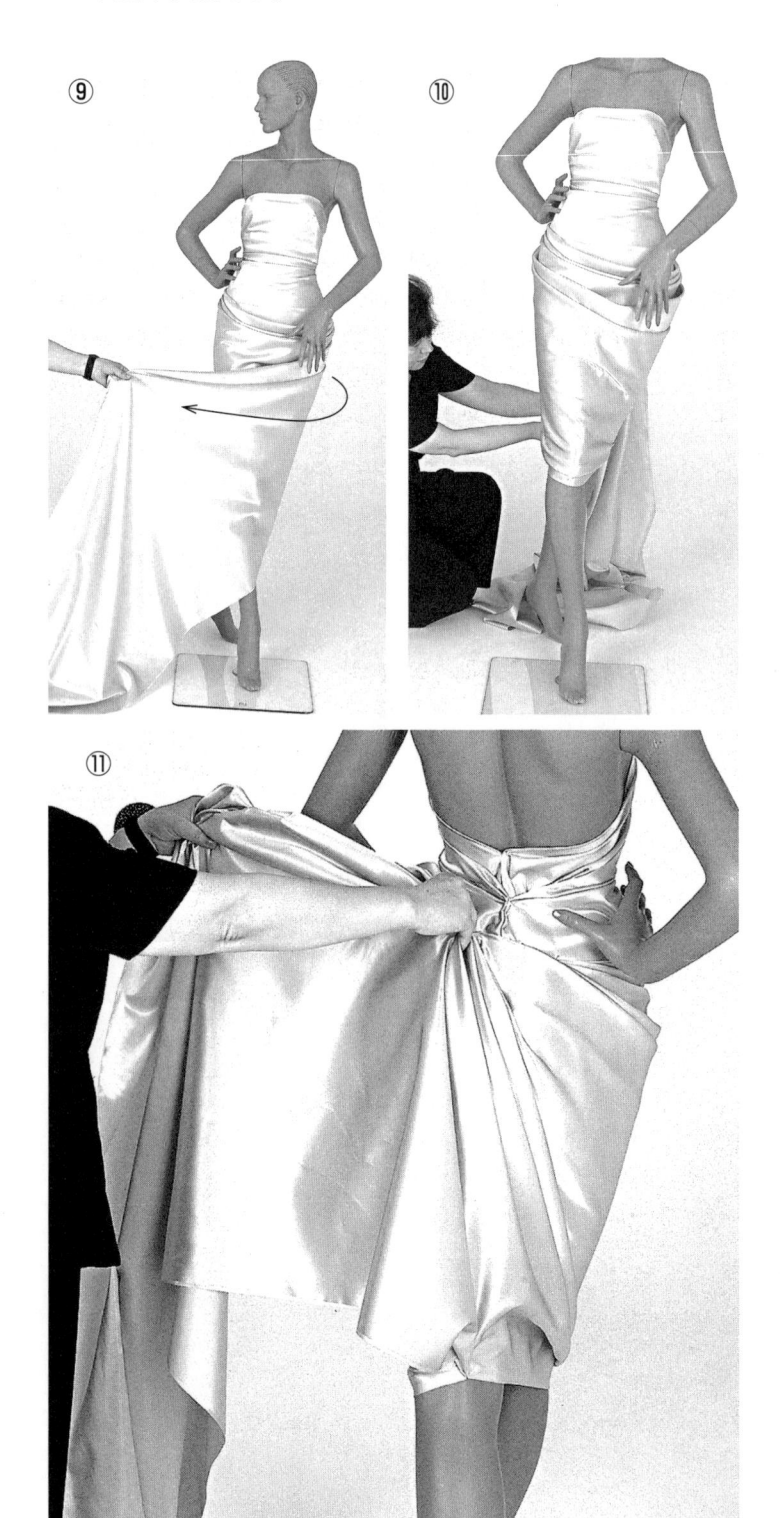

⑫ たたみ上げたドレープは、ピンでいったん止めておき、止めたドレープの端を土台布までしっかりピンで止める。
⑬ 残った布でドゥブル・ビエを作りピンで止める。
⑭ ⑫のドレープを止めた位置の近くに、ドゥブル・ビエを土台布まで通してピンで止める。床に垂れる分のドレープを整え、ドゥブル・ビエをアレンジしてバックスタイルを美しくまとめる。

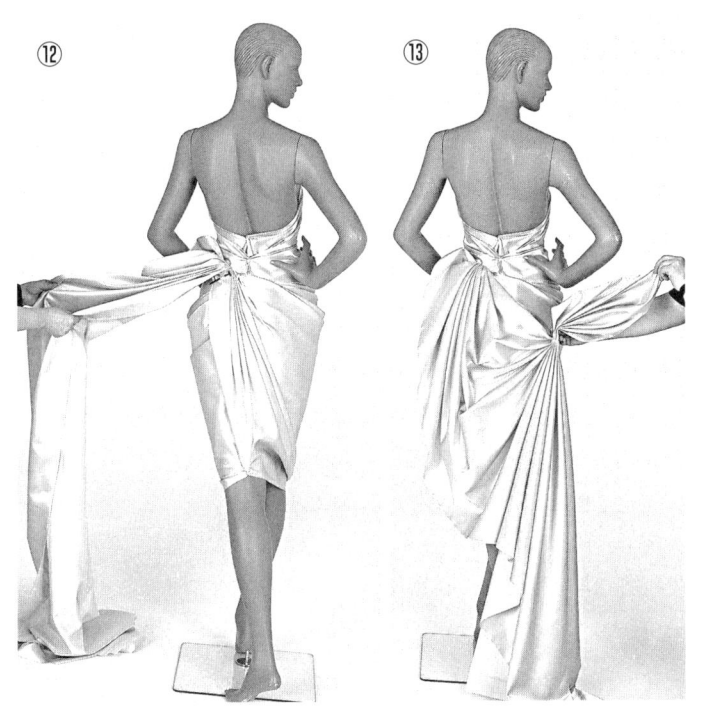

⑫　⑬　⑭

■トップの扱い
　布地の角をバイアスに折ってマネキンの首にフィットさせたタイプ（①）とゆとりを持たせたドレープのようなタイプ（②）、布を縦地またはバイアス地に折り、片方の肩に掛けたタイプ（③）など、イメージに合わせて発想するとよい。

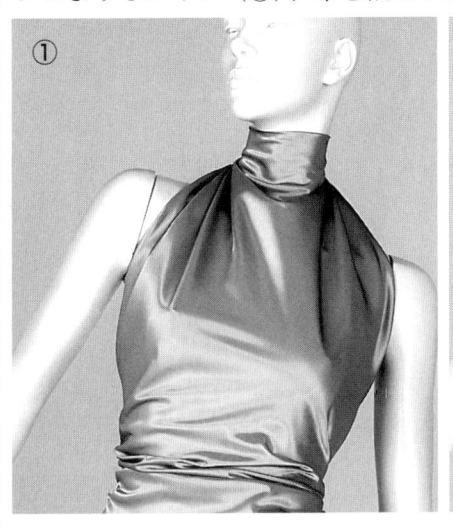

①　②　③

第4章　ビジュアルプレゼンテーションテクニック　ピンワーク

2) ドレープB
●作品

縦地、横地、バイアス地を使った連続の長いドレープで、クラシックなボリューム感のある作品。

アセテートサテン　90cm幅50m

① 裾が充分に垂れる分量を見積もり、耳の部分を2か所つまみ上げ中表に合わせて、土台布まで通してピンを縦に下向きに止める。ⓐはわ側、ⓑは裁ち目側。

② ①-ⓑの部分を表面が出るように開き、縦地のわの部分が出てきたら、そこから適当な深さのドレープをとる。

③ 裾のほうで続けてドレープを1本ずつていねいに引き起こして整える。

④ ドレープを連続にとる場合で布が足りない場合は、①-ⓑの最後の布に別布を写真のように見積もり、中表に合わせて①と同様にピンを止めドレープをとる。

⑤ 連続のドレープは適当な間隔をあけてピンで止める。

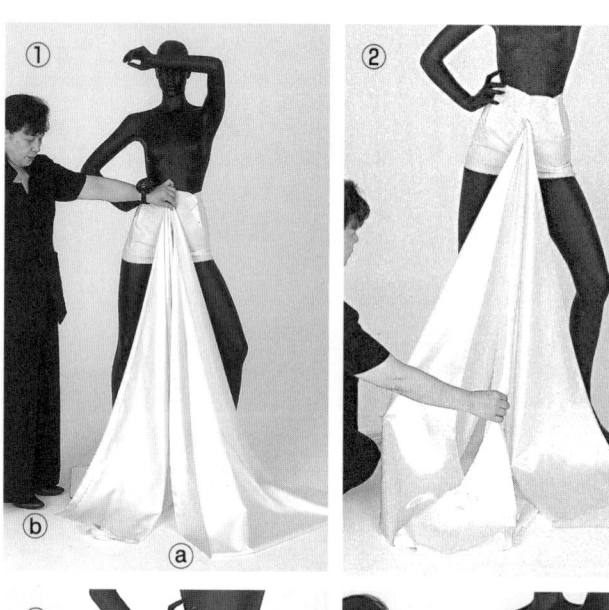

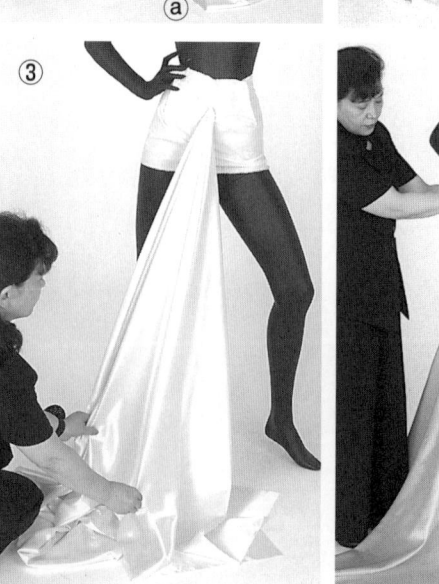

⑥ ドレープを腰に一周させ、全体が自然の美しいドレープになるように整える。最後にトップをまとめる（123ページトップの扱い参照）。スカートの部分のピンは、トップの布を利用して見えないようにする。

(3) ギャザリング

ギャザーをとる位置や寄せ方で、ボリュームの変化がでるテクニック。

1) ギャザリングA
●作品

薄く透けた素材を生かし、軽やかに浮き立つようなギャザー効果で、チュチュのように表現。

シルクオーガンジー　90cm幅8m

① 耳から10cmくらいのところを、少し斜めに折り、ベアトップにしてウエストを引き締め、ボディにフィットさせる。短めにまとめた裾を後ろに引き、しっかりピンで止める。

② 残りの布幅を二つ折りにし、耳が上、わが下になるようにする。

③ 腰回りにギャザーを止める位置を決め、二つ折りにした布の耳から3分の1のところに、ギャザーを寄せて、横の方向にピンで止めていく。

④ 立体的に浮き立つように、わざと不規則にギャザーを寄せたほうが躍動感の効果がでる。最後の布端は内側に折り込み、最初と継ぎ目がわからないようにする。

⑤ 下のわになっている部分を広げ、広げたまん中をボディにすり込むようにし、上の二重になっている耳の部分も広げ、全体に軽やかな動きを表現する。

2) ギャザリングB
●作品

　左右に引いたギャザーの中心線をボディラインにそって流れるように止め、ギャザーの強弱の美しさを効果的に表現。

　　シルクウール　150cm幅2.5m

①② 布地の幅を中表に折り、わから0.5〜1cmぐらいをピンで止める位置にする。細かいギャザーを寄せてピンで押さえるようにすくい、止める。デザインに合わせて見積もった寸法まで、その方向に向けて、ピンを止めていく。

③ 中表にした布を開き、左右にギャザーを強く引き、整える。左右に引いたギャザーの中心線を、マネキンのボディラインにそって流れるように止め、引いたり浮かせたり、強弱をつけながらまとめる。

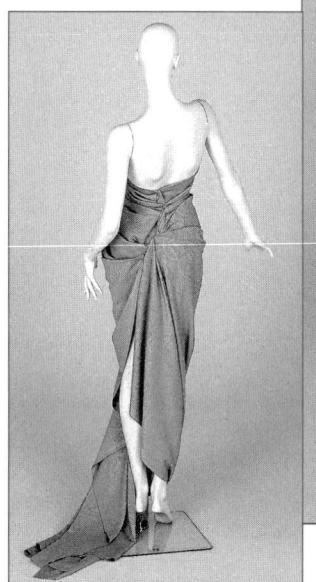

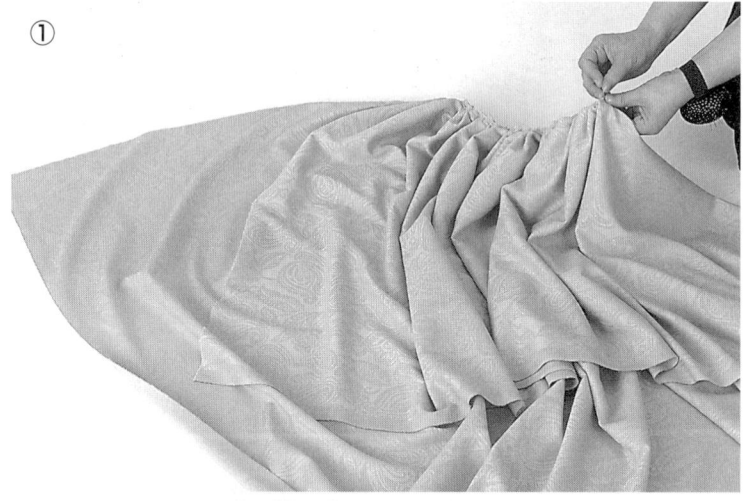

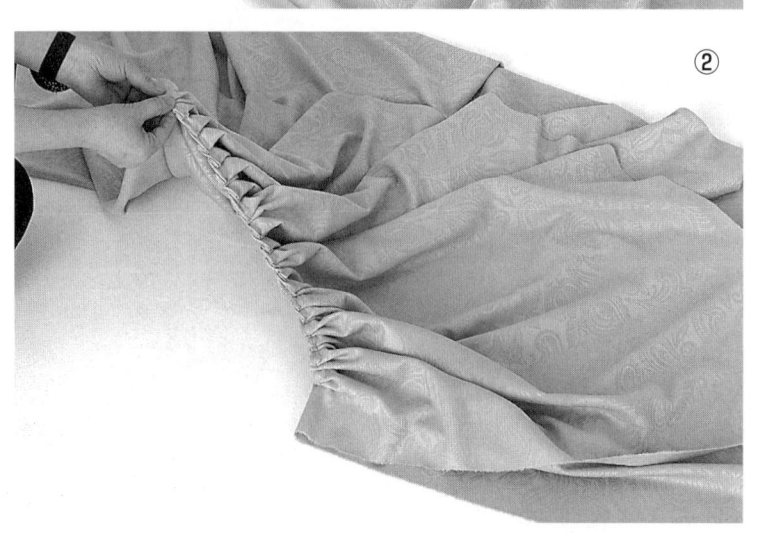

(4) タッキング

　さまざまな方向からバイアス地をつまみ上げ、タックをとりながら軽やかに浮き立った華やかさをだすテクニック。

●**作品**

　ボディの胸もとに大小のタッキングをとり、やわらかく流動的な曲線を描いた作品。このボディは直接ピンで止めることができる。

　シルクモアレタフタ、シルクサテン　130cm幅約5m

① タッキングは出来上り面積の3～4倍ぐらいの布地が必要である。布地の端を少し残して胸のところから始める。最初のタックがバイアスになるようにつまみ上げ、くずれないように谷になる部分をピンで止める。

② さまざまな方向からバイアス地を寄せる。タッキングの高さと分量のバランスを見る。

③ タッキングした部分の布端は、タックを数本寄せ裏からピンを通し、内側に向かって押し上げるように止め、立体感をだす。最初に残した布地をタッキングする。

④ 残りの布地を床に向かってドレープを整え、さらに床面にピンを使わずにタッキングする。

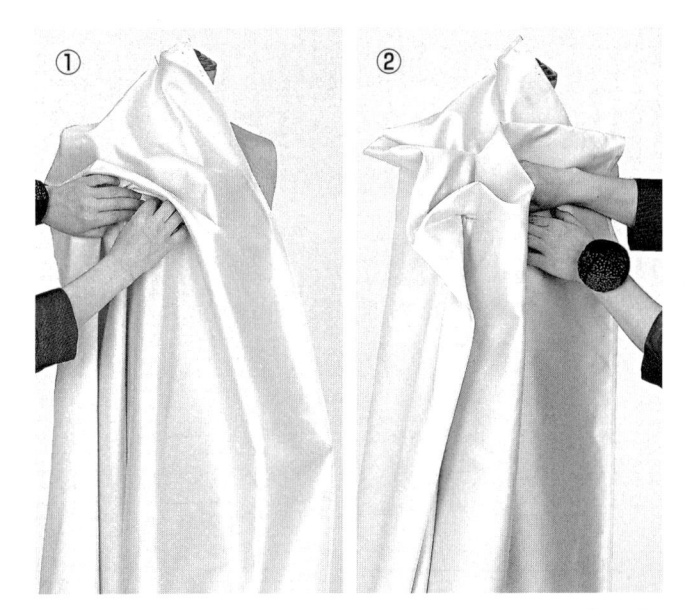

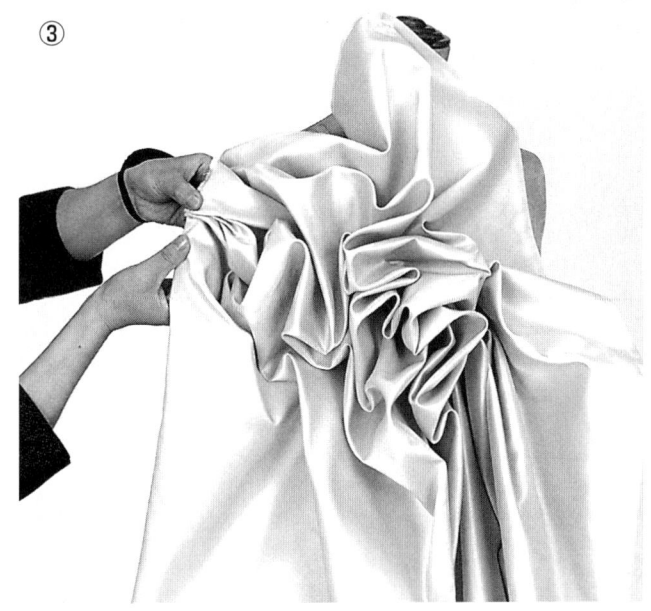

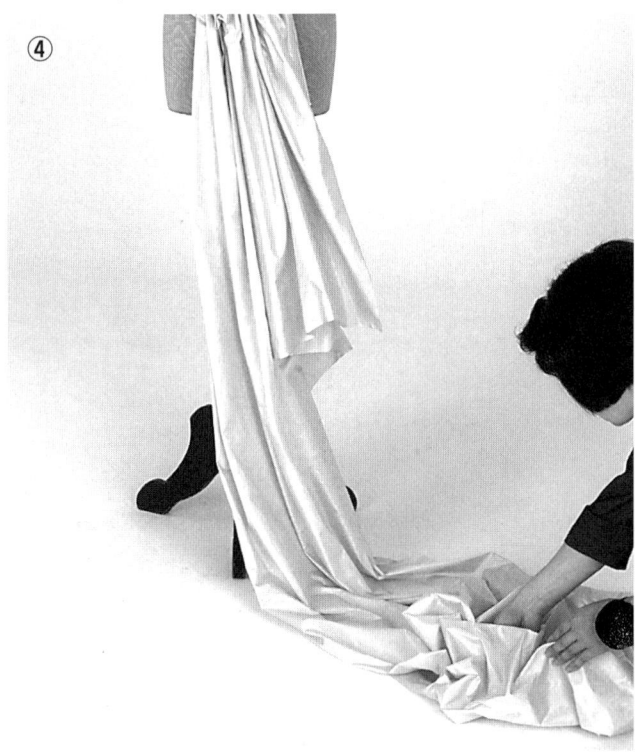

3. 応用テクニック

(1) 布地のたたみ方

縦地・横地・バイアス地扱いの、いろいろなたたみ方のテクニック。

1) 縦地だたみA

布地を縦地に扱い、幅を半分、半分とたたんでいき、4本のプリーツをだす方法。

ウール　150cm幅2.7m

① 中表にした布地の幅を半分に折り、ⓐのわが上になるように持つ。ⓑの下端の耳をⓐのわの部分で合わせるようにして端を折り上げる。

② ⓐはそのまま持ち、ⓑを持ったままⓓをつまみ上げ、ⓐに合わせると片側に2本のプリーツができる。反対側も①②と同様にⓒⓔをつまみ、2本のプリーツを作る。

③ 4本のプリーツを整える。

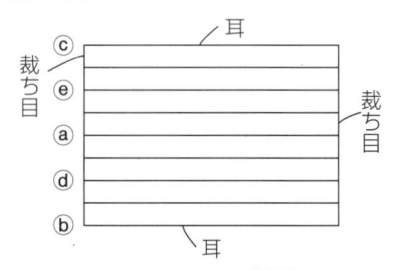

2) 縦地だたみB

縦地扱いの布面を見せる簡単で便利なたたみ方で、布地店や展示会などの布掛けに活用されることが多い。

ウール　150cm幅2.7m

① 布幅を外表に二つに折り、長さのまん中あたりの両端に四指を中に入れて親指だけを手前にしてしっかり持つ。

② そのまま直角に折って、両手のひらを合わせ、地の目と幅を確認する。

③ 片方の手で布の間を通って直角に折った角を内側から探り当てて持つ。

④ 奥を持ったままくるりと手前の布を向う側にかぶせるように返す。

⑤ ちょうど内側になっていたところが表に出て、半分の幅になる。

⑥ ①から⑤の動作を繰り返す。

⑦ 希望の幅まで折る。

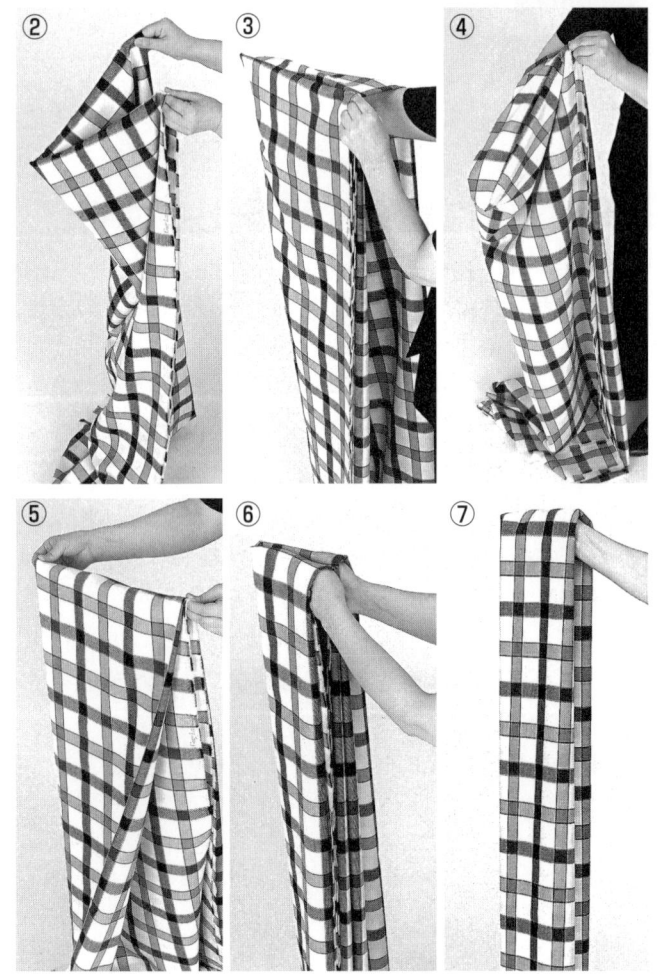

3) 横地だたみA

布地を横地扱いに屏風のようにたたむ方法。90cm幅の薄くて張りのある布に適したたたみ方で、アレンジすると華やかさがでる。

紬インドシルク　90cm幅4m

① 布幅を外表に縦二つに折る。両端を持ちながら手のひらに入る適当な幅を決めてたたむ。最初の裁ち目を中に入れて1回だけひだを巻いておく。二人でするとたたみやすい。

②③ 反対側に折り、屏風だたみを繰り返す。

④ 耳側を開いて適当にアレンジする。

4) 横地だたみB

ウールなどの幅の広い中・厚手の布地を屏風だたみにする場合は、床やテーブル上で適当な幅を決めて積み重ねるようにするとたたみやすい。

シルクウール　160cm幅2.5m

5) バイアス地だたみA

正バイアスのたたみ方で、よりしなやかなドレープがでる。特にツーフェイスの素材は、両面が交互に出るので効果的である。床やテーブル上でA・B点を持って積み重ねるようにたたむ。

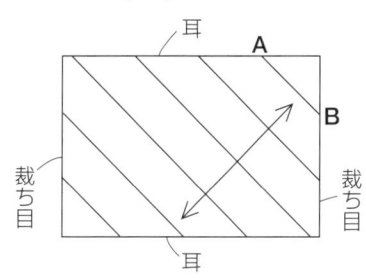

6) バイアス地だたみB

布地の縦地をずらして、折り山が少しバイアスになるようにたたむ方法。ウールなどの幅広い中・厚手の布をたたむ場合、ドレープがしなやかにでるので扱いやすい。

シルクウール　160cm幅2.3m

① 布地の耳の上にA点をとり、耳より少し内側に入ったところにB点をとって、バイアスの角度を決める。

② AB線を基本として、直角の方向に適当な幅を決め、ドレープをとる。二人でたたむと楽である。

③ ドレープとともに裁ち目に少し交互の差ができる。

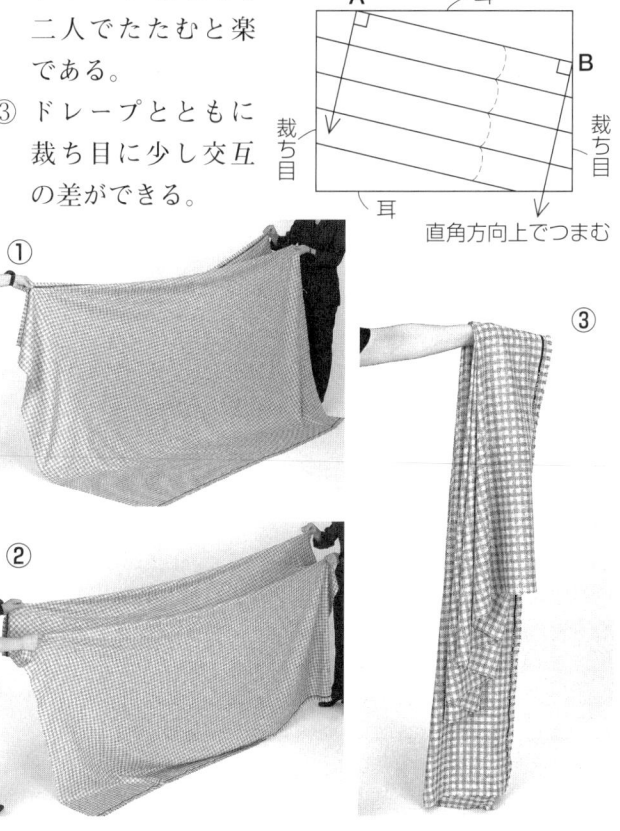

●作品

1) 3) 4) 6) の布地のたたみ方テクニックと器具を使用し、ウールを中心に立体感を表現した、三角構成作品（ピン未使用）。

(2) ウール（厚地の扱い）

　ざっくりした厚地ウールは、マネキンの動きに合わせて立体的に大胆に扱う。

　ウール　140cm幅5m

(3) チュール（薄地の扱い）

　マネキンの美しいシルエットを引き出すために、ボディから軽快に浮かせながら、透けた布の重なりの美しさなどチュールの質感を表現。この場合、土台布を全くつけないでまとめるか、共布を利用し、表に透けないようにする。

　ナイロンチュール　120cm幅10m

(4) ワイヤーワーク

●作品

　布地の端にワイヤーを通して、その動きにより、軽快でリズミカルな線の流れをだす。マネキンのポーズに合わせてラインや部分的なアクセントをつくるのがポイント。

　水玉トリコット　90cm幅10m
　ワイヤー　　　　16番5m

　布端をワイヤーの太さが通る寸法に折り、ミシンを粗くかけてワイヤーを通す。曲線を生かしながら、自由な形を作る。ワイヤーをボディに固定したい場合はテグスを利用するとよい。ワイヤーの太さは、布地の重さによって適当な番手を選ぶ。

(5) ガンワーク

平面上に、ガンタッカーを使用しコラージュ感覚で止めつけていくテクニック。展示会やテレビ、舞台美術などの空間へと活用される範囲も広がり、それぞれのコンセプトに合わせて効果的なデザインをする。

● **作品**

パネルボードの平面上に、配色効果を考え、ドレープ、タッキング、ギャザリング、プリーツなどを自由な感覚でデザイン。広い面積ほど迫力がでる。

パネルボード　　90×180cm
サテン　　　　　90cm幅5.5m　6枚

① ② デザインに合わせ、布を中表に折る。折り山に細かいギャザリングをし、止めつける。表をしっかり開いてから引いたり、たるませたりして強弱をだす。

③ 布地をバイアス状に引いてドレープにしたり、ひだをつまみ上げてタッキングにしたり、流れやボリュームをだす。

④ 折り山を横地扱いにし、プリーツをたたみながら片方の耳端は一点に集め、反対側の耳端は間隔をずらして止めつけることで、弧を描くような円ができる。

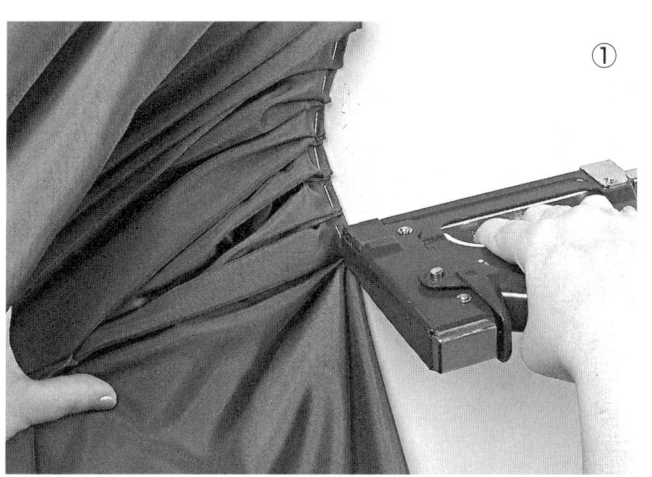

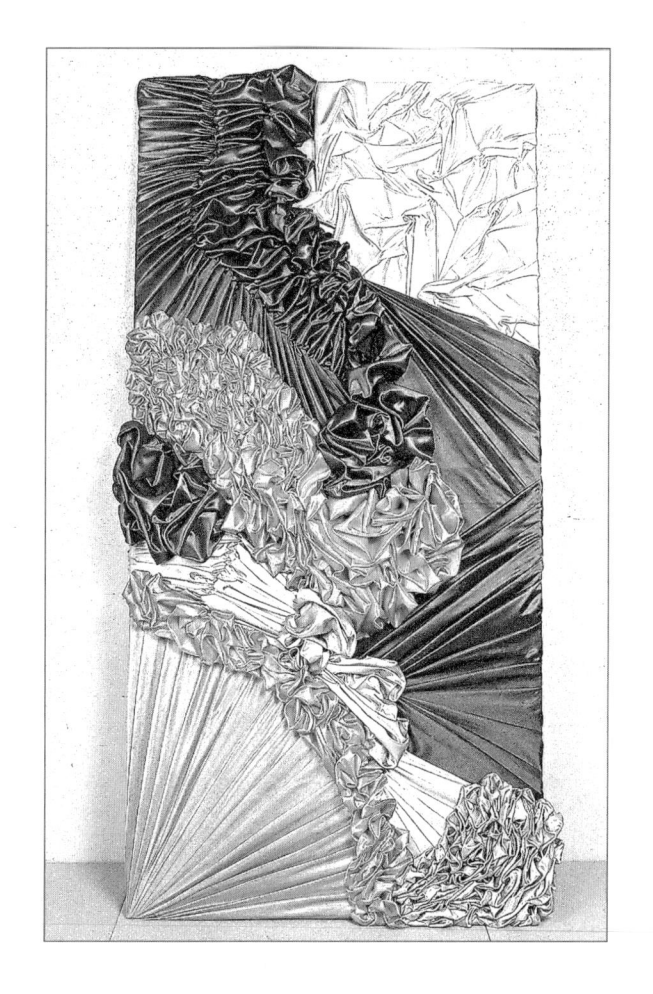

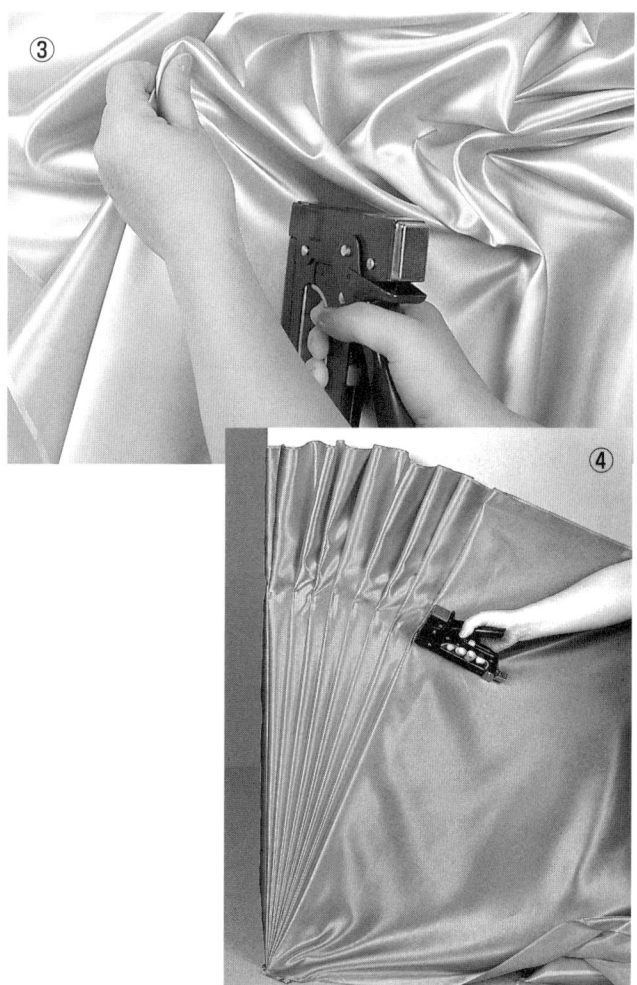

4. アパレルアイテムピンワーク

（1）スーツ（マネキン）

　1枚または数枚の布地で、アパレルアイテムのイメージを表現するテクニック。各種アイテムをマネキンやボディ、ハンガーなどを使っていろいろに表現することができる。

● **作品**

シングルブレストのテーラードスーツ表現。

　ウール　150cm幅2.7m

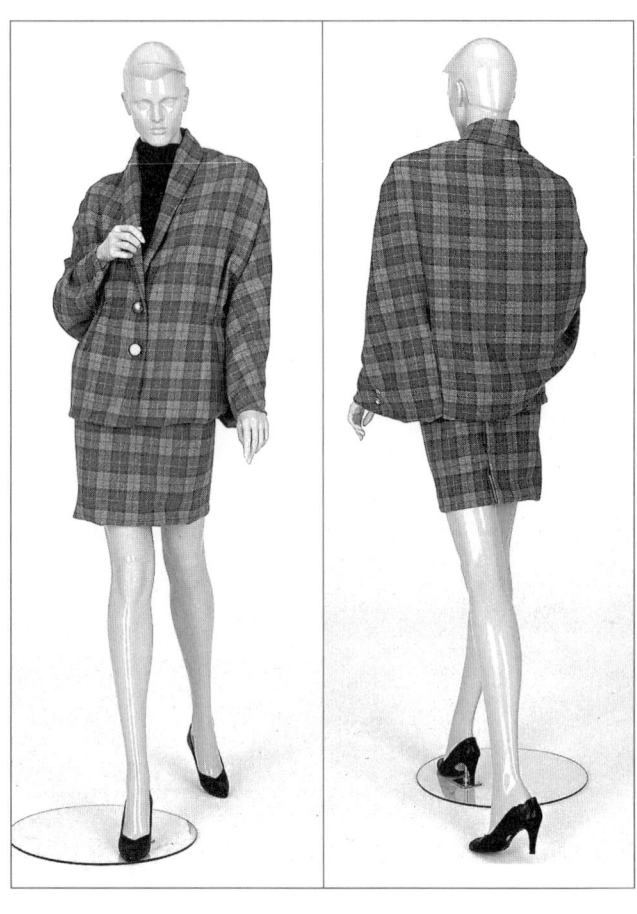

① 始めに土台布をつけ、衿もとにインナーを表現する。スカート部分は、布地の幅をマネキンのヒップ寸法に重ね分を加えた幅に折り、裾を折り上げピンで止める。

②③ スカート丈を決めヒップを包み、後ろ中心でわを上にして重ね、縦にピンで止める。

④ ウエストにゴムテープを巻き、腰に合わせてウエストにタックをとる。

⑤ ジャケットは下前から始める。後ろウエストのわをなじませながら前に回し、着丈を決め肩にかける。

⑥ 衿を折り返し、胸もとで重ね合わせて仮止めのピンで止める。このとき上前の裾を下前より長くしておく。下前の裾を折り、中にたるんだ布地を整理する。

⑦ 袖丈を決め、余った布地を袖口の中に折り込む。袖幅を決め、袖下と袖口をピンで止める。下前を整えて余った布地を脇に入れる。

⑧ 仮止めのピンを取り、衿を整えて返り止りをピンで止める。上前の裾を下前の裾に合わせて折り上げ、裏をピンで止める。

⑨ 上前を整えながら後ろ脇のシルエットを整え、後ろをピンで止める。

⑩ 反対側の袖も袖口で余った布地を中に折り込む。袖幅を決めて余分な布地を袖の中に入れ、ピンで止める。

⑪ 後ろ身頃の裾を前身頃に合わせて裏に折り、ピンで止める。後ろ身頃の適当な位置にタックをとり整える。

⑫ 前身頃にウエストダーツをとり、シルエットを整える。ピンは目立たないように止める。前ボタン、袖口ボタンをピンでつける。

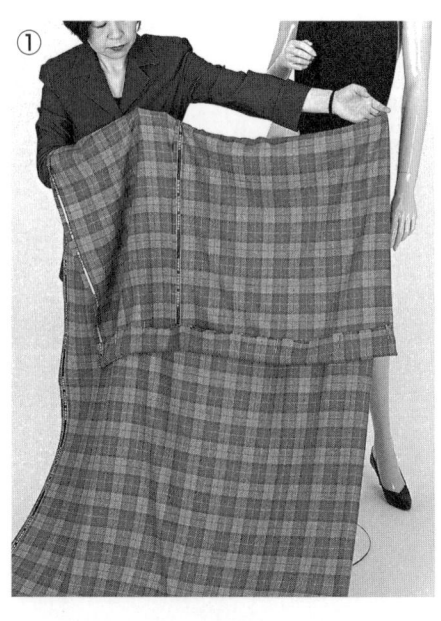

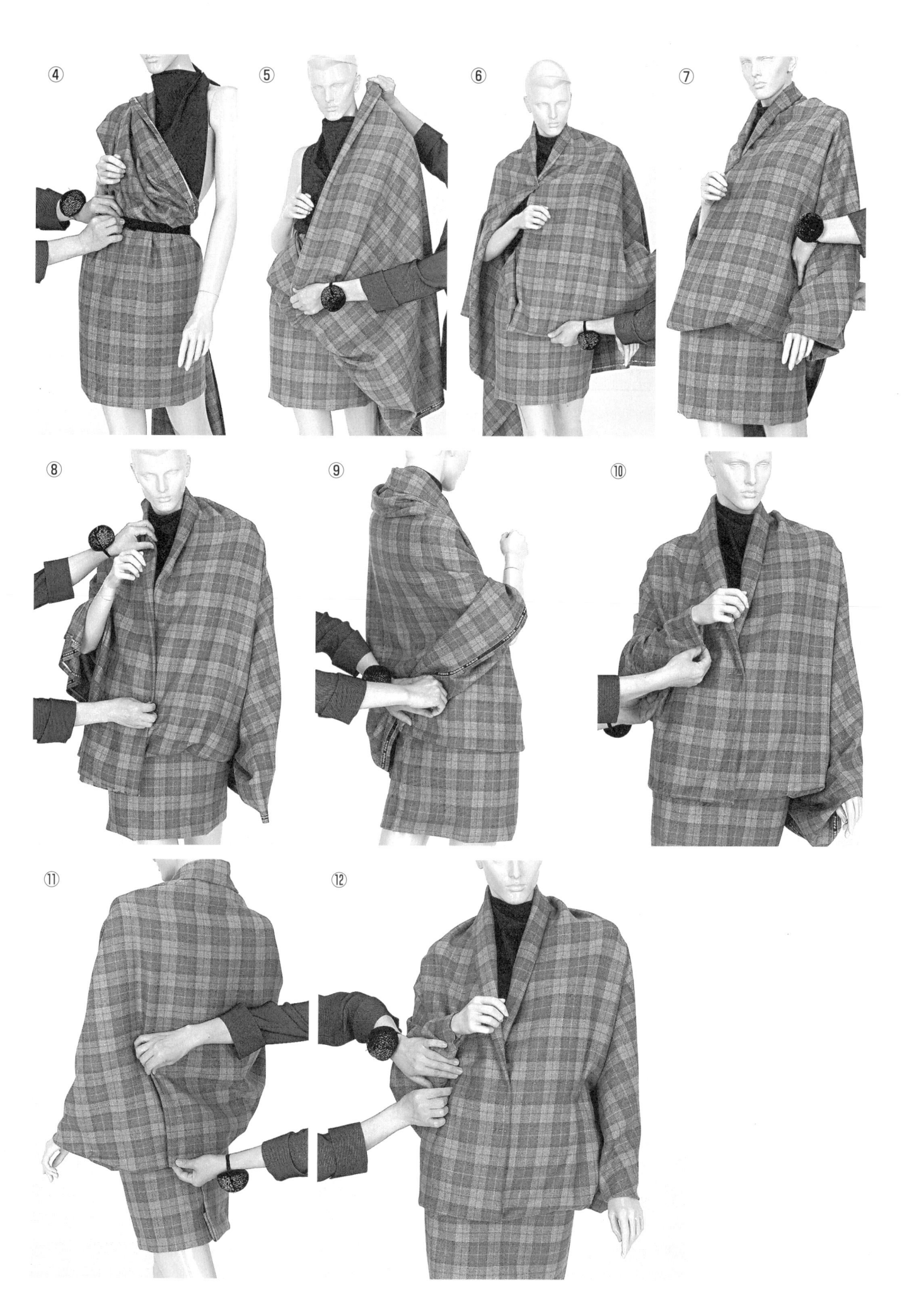

第4章　ビジュアルプレゼンテーションテクニック　ピンワーク　133

(2) パンツ＋ジャケット（マネキン）

●作品

上下別布で、ストレートパンツとバイアス地を効果的に使いソフトなラインをだしたジャケットのイメージ。

パンツ　　　　ウール　　145cm幅1.3m
ジャケット　　シルクウール　160cm幅2.3m

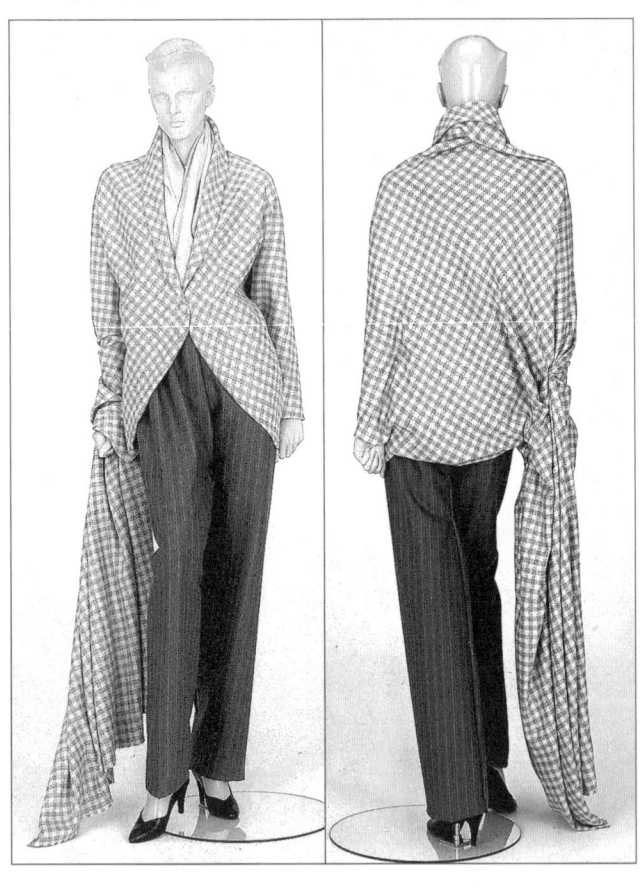

① パンツの布の要尺は、両脚分のパンツ丈プラス裾10cmくらいの折上げ分とウエスト寸法を見積もる。布幅を半分ぐらいに折り、わをウエストのほうに持ってくる。

② ウエストベルトにはゴムテープを利用するとよい。腰回りの布のたるみをウエストタックで整理し、上下に縦地を通しておく。パンツ幅を見積もって片脚を包み、目立たないように後ろで数か所ピンで止める。

③④ もう一方のパンツをまとめるとき、前あきの部分にわを重ね、②と同様に作る。

⑤⑥ 両脚のパンツのバランスを見て裾線を決め、折り上げてピンで止める。

⑦ 後ろ側の布のたるみをゴムテープの上に引き上げて、すっきり整理してまとめる。

⑧ ジャケットは、衿やシルエットをソフトに仕上げるために、布の角をバイアスに折り返し衿を作る。半身頃のシルエットをだしながら、脇の前後の布をつまみピンで止める。ジャケット丈と袖丈を決め、裾を折り上げてまとめる。

⑨ 続きの布でもう一方の身頃もシルエットを整え、前打合せにボタンを添えてピンで止める。肩傾斜のラインを整え、余りを後ろに折りたたむ。最後に残りの布を手首でさり気なく巻き、自然にドレープを垂らす。胸もとをスカーフでまとめる。

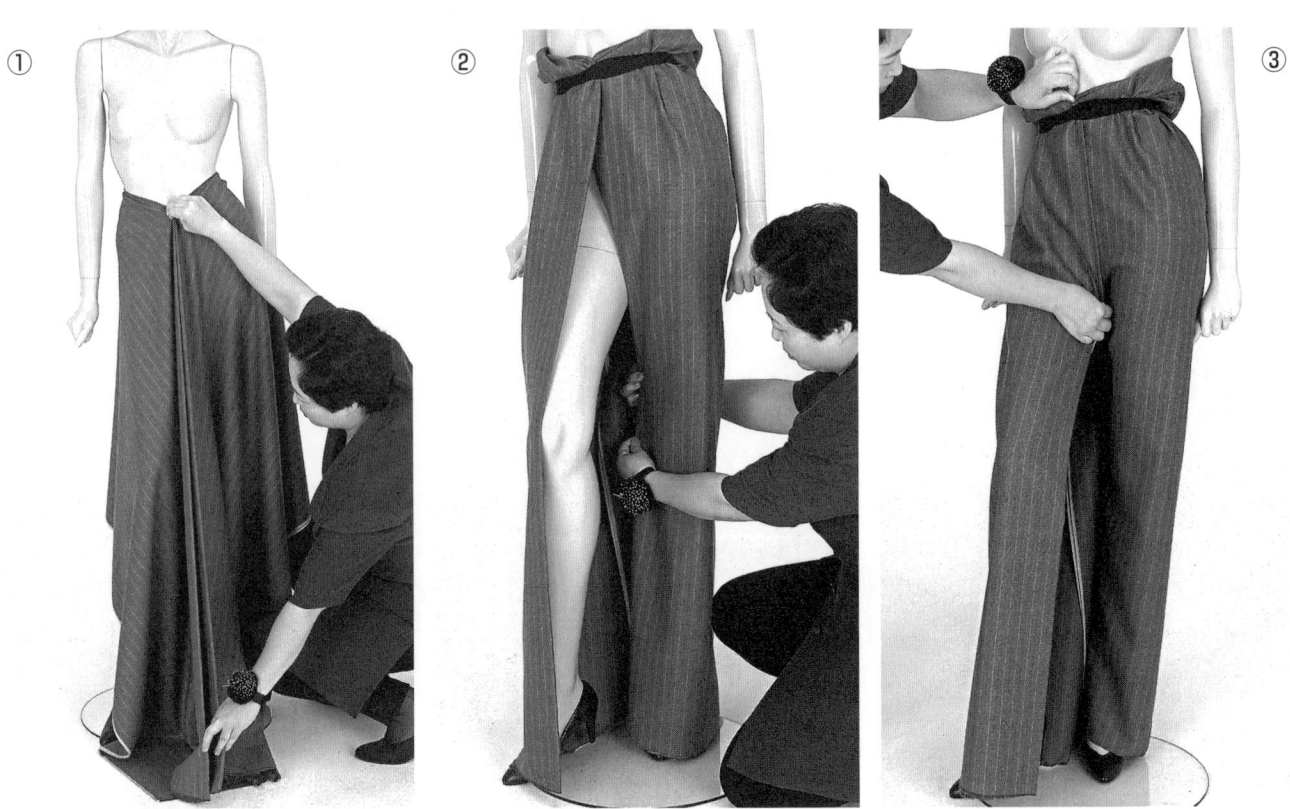

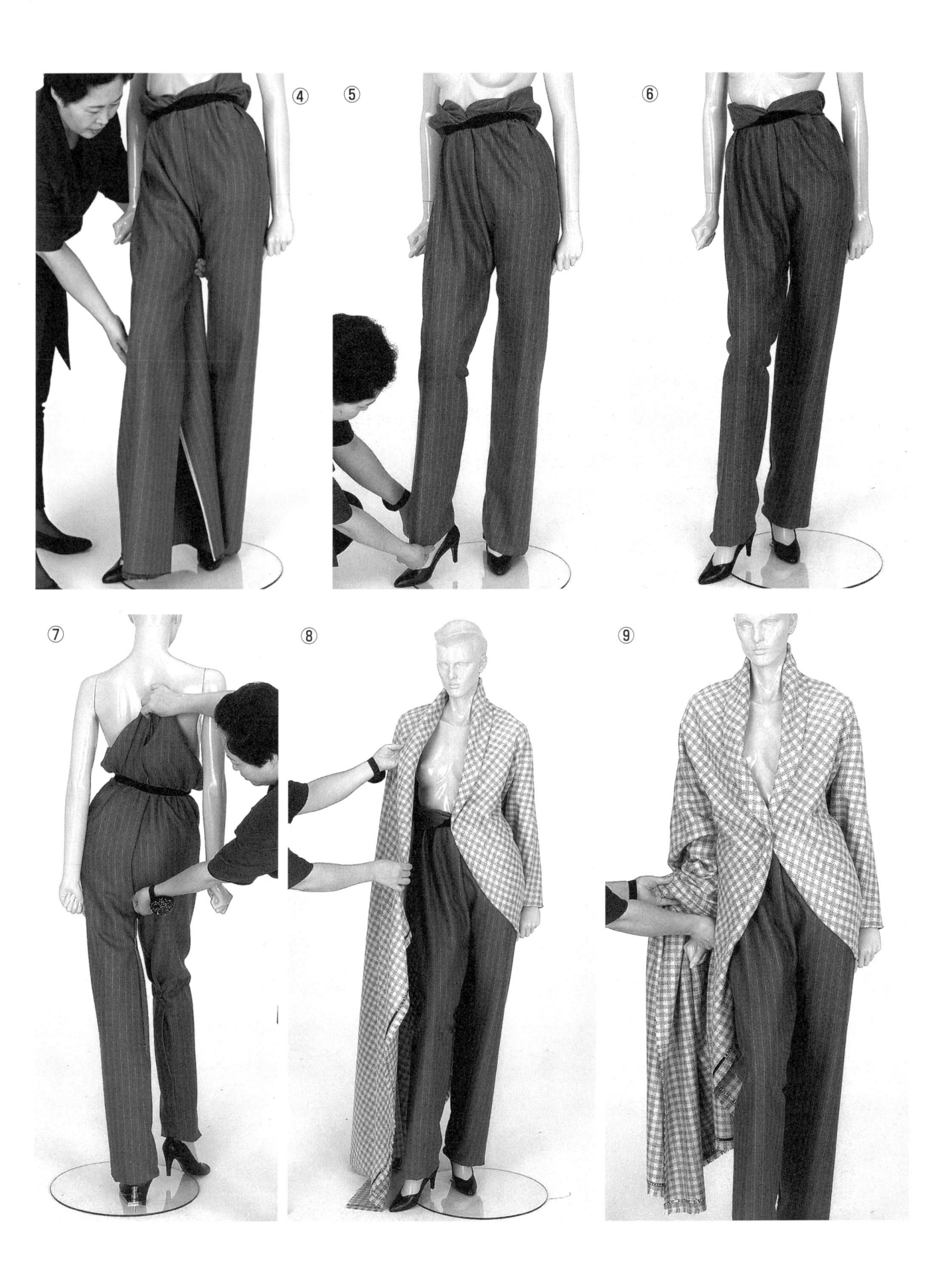

第4章 ビジュアルプレゼンテーションテクニック ピンワーク 135

(3) ワンピース（マネキン）

●作品

花柄の華やかなプリント地を使ったワンピース表現。ベルトを使用すると簡単でまとまりやすい。

シルクプリント　140cm幅2.5m

① 裾丈を決め、後ろでピンを止める（ウエストでベルトを締めてから裾丈を決めてもよい）。
② 残った布を上に持っていき、首から肩に回す。
③ ウエストの位置でベルトを締める。
④ ボトムの後ろ中心線をピンで止める。
⑤ トップの前を自由に表現してピンで止める。
⑥ ウエストラインを適当にブラウジングさせ、袖を表現して、後ろをまとめる。

(4) パンツ＋ジャケット（ボディスタンド）

●作品

ボディスタンドを効果的に使い、帽子、ベルトの小物も添えて、トータルコーディネートでパンツ、ジャケットを表現。

 パンツ   ウール 145cm幅1.3m
 ジャケット シルクウール 160cm幅2.3m
        ナイロンストレッチ 85×85cm

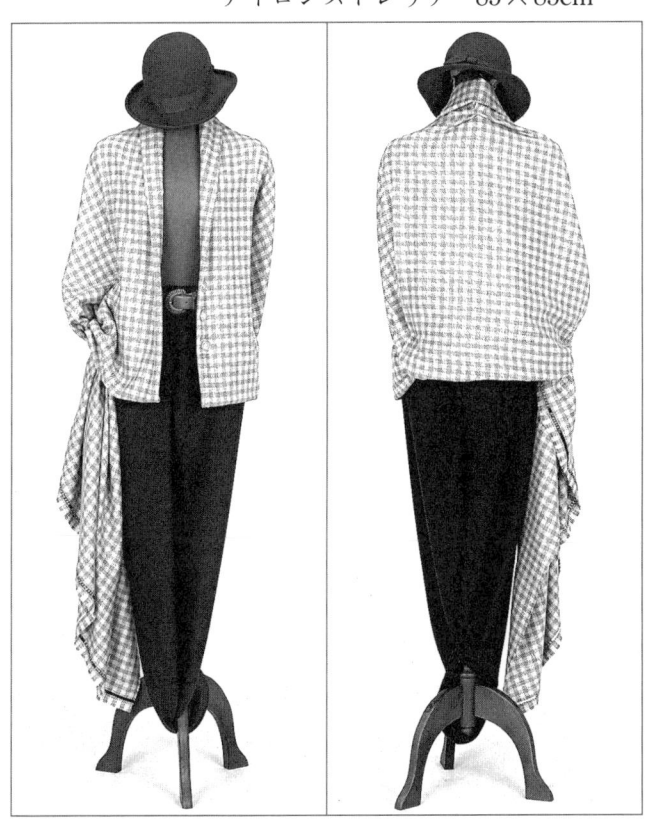

① ボディの表面の材質感と色などを変化させることで、ボディの扱い方のバリエーションが楽しめる。色はコーディネートを考えて選ぶとよい。ここでは、ボディラインが美しくだせるストレッチ素材を使用。

② 縦地にパンツ丈を見積もる。裾は折返り分を余分に残し、ウエスト部分で裏に折り返す。前あきに見せかけたひだを折る。

③ 前あきのひだを中心とし、ボディのウエスト前中心にピンで止める。両サイドの布地を水平に腰にそわせて、後ろ中心で布を重ね合わせピンで止める。

④ ウエストにタックをとる。

⑤⑥ ウエストにベルトを締める。パンツの裾をすっきりさせて、スタンドベースの下をくぐらせピンでまとめる。

⑦ ジャケットの身頃は縦地がくるように、前打合せの端をわにしておく。わの側で折り返し、衿を作る。ジャケットの裾を整理し、袖のポーズをつけ腰に止める。残りの布はドレープを整えて自然に垂らす。

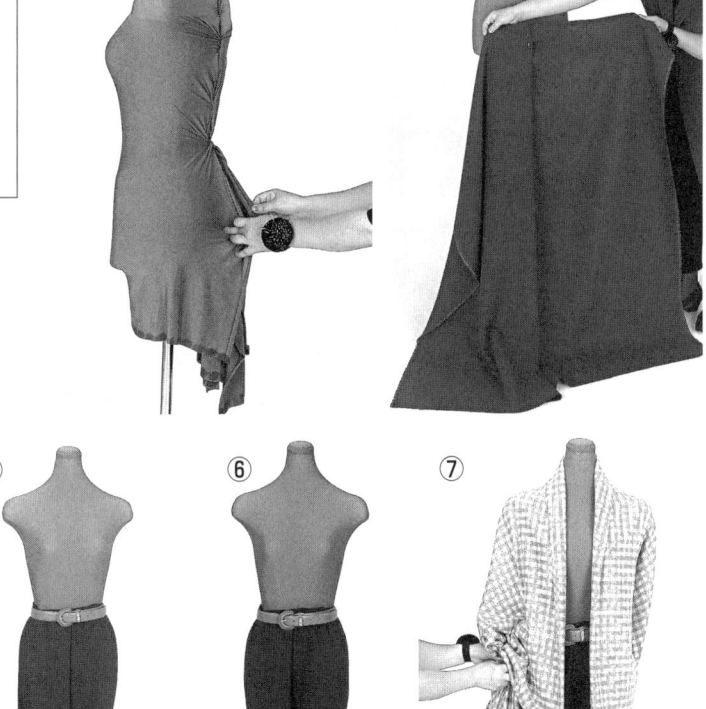

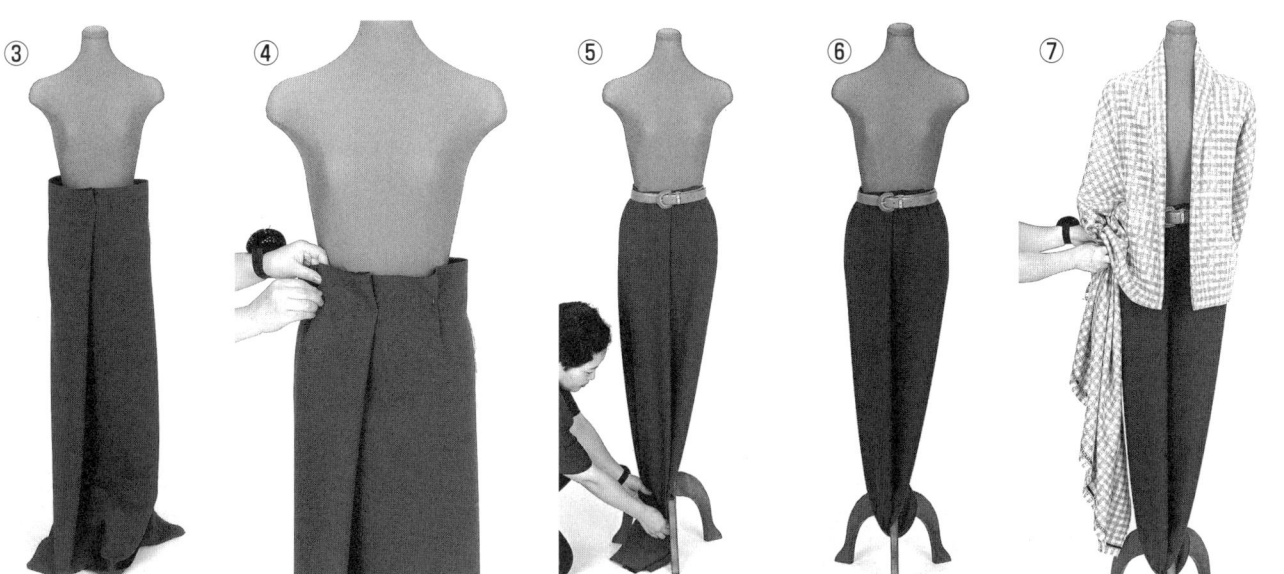

第4章　ビジュアルプレゼンテーションテクニック　ピンワーク

(5) パンツ（ボディスタンド）

●**作品**

メンズパンツをピンを使用せずボディスタンドに表現。トップに既製のアイテムを利用するとよい。

ウール　150cm幅3m

① 最初にワイシャツを着せ、ボディのウエストにゴムテープを巻きつける。布地の幅を二つ折りにする。裁ち目を上にし、わを前中心にしてヒップを半身包み、後ろ中心で余った布地を裏に折り、ゴムテープにはさみ込む。もう一方の裁ち目を上にして、同様に反対側を作る。前中心、後ろ中心を重ねる。次にウエストタックをとり、腰の回りを整える。

② 裾で布地を引きながらパンツのシルエットを整え、ベーススタンドのパイプに包む。その上にベルトを巻き、残った布地を整える。最後にセーターを着せる。

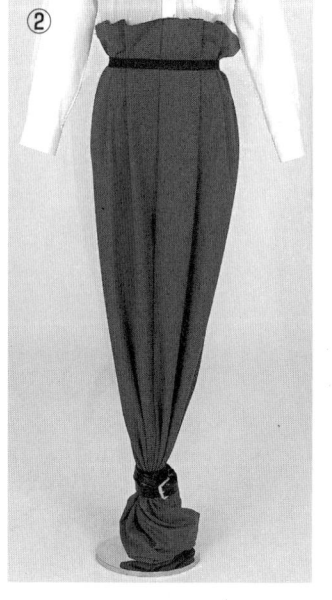

(6) パンツスーツ（ハーフボディ）

●**作品**

パネルをバックにハーフボディを使い、パンツスーツをイメージ。

ウール　150cm幅2.5m

① 布地の幅をヒップ寸法くらいに折る。裾からパンツ丈を見積もり、ウエストにゴムテープを巻きつける。前中心でひだを折る。ウエストにタックをとり腰回りを整える。

② 裾を折り上げ、前中心のひだに続けて股下部分を作る。脇のシルエットを整え、余分な布地を裏に折り込み、ピンで止める。

③ ジャケットは着丈を見積もり、わを首にかけて折り返し、衿を作る。下前の裾のたるみを整え、上前を合わせて裾を折り上げ、ピンで止める。衿を整えて打合せにピンで止める。袖口を折り、袖を作る。身頃の脇、袖の余分な布地をボディの裏に入れる。全体を整え、ボタンをピンでつける。

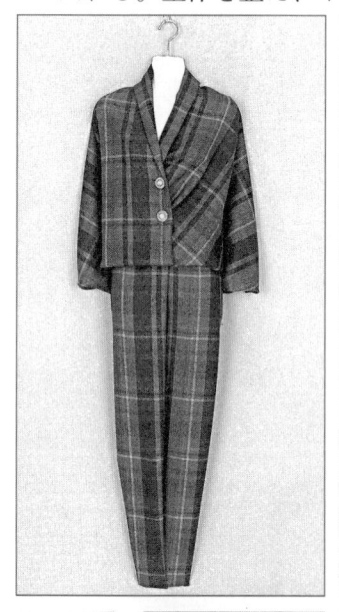

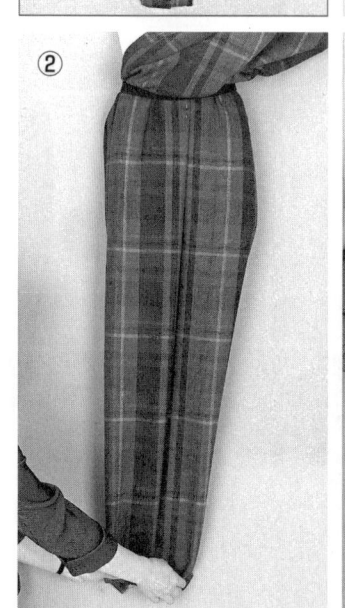

(7) ジャケット＋スカート、ワンピース＋コート（コーディネートハンガー）

●作品

コーディネートハンガーを使用して、ジャケット＋スカートとワンピース＋コートの表現。関連のスーツやブラウス生地を器具に展開した、マテリアルコンベンション（素材展示会）などのコンセプト演出作品。

ジャケット	シルクウール	120cm幅1.6m
スカート	シルクウール	120cm幅1.2m
インナー	インドシルク	90cm幅0.6m
ワンピース	シルクデシン	130cm幅2.7m
コート	毛・化合繊混	160cm幅2.5m

1）ジャケット＋スカート（コーディネートハンガー）

① コーディネートハンガーを器具にかける。
② コーディネートハンガーの下のクリップ部分に50×40cmぐらいの長方形にたたんだスカート状の布を止める（スカートは適当な長さと幅に折りたたむとよい）。
③ トップの布を図のように見積もり、たたんで適当にピンで止める（先にたたんでおくとまとめやすい）。
④ 図の衿側のわを上にして衿幅を折り、ジャケットの裾線が同じ長さになるようにして、コーディネートハンガーにかける。 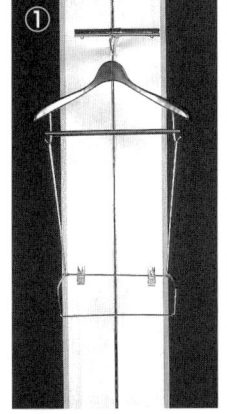 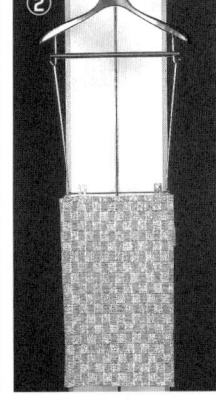 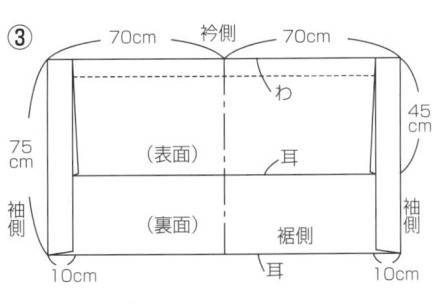
⑤ 衿を整え、ジャケットの前打合せを決めて、スカート部分に目立たないようにピンで止める。ジャケットのウエストダーツをとり、内側からピンで止めシルエットをだす。
⑥ 袖丈を決め、袖に見えるようにして、スカート部分にピンで止める。
⑦ 後ろをまとめる。前あき部分はブラウスやスカーフの表現でまとめるとよい。

◇後ろの器具にスーツ地2着、ブラウス地1着をコーディネートして演出。

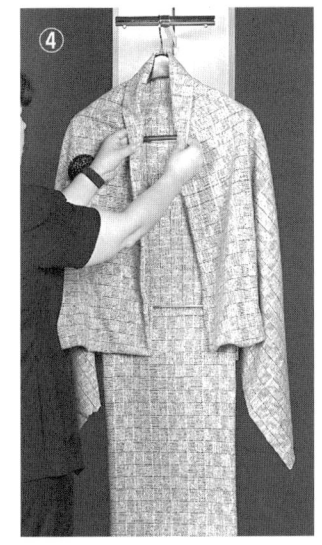

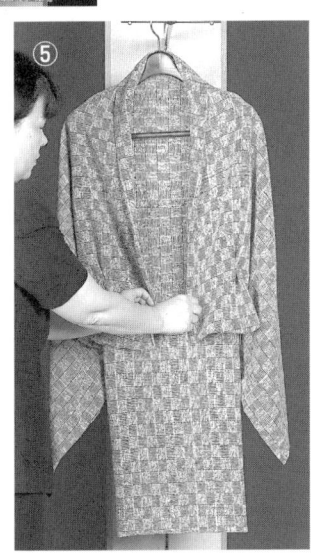

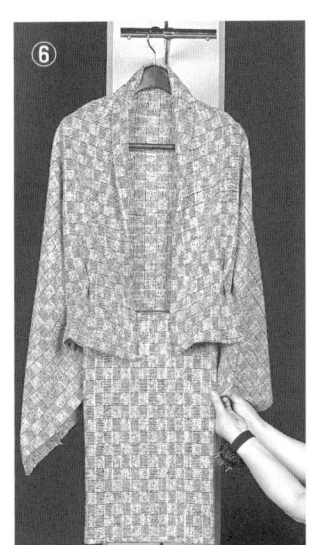

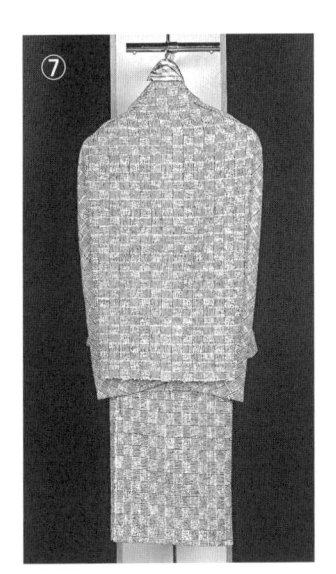

2) ワンピース＋コート（コーディネートハンガー）

① 着分の布の長さを外表に二つに折り、わ側を下にして裾線にする。両端の耳を後ろに回して適当な身幅とボトムの長さを決めて、ウエストラインの位置でタックをとりながら、コーディネートハンガーの下のクリップに止める。

②③ 残った布を上に持っていき、トップのネックデザインを決めて、ハンガーにかけて、後ろでピンを止める。

④ トップの背中心をピンで止める。ボトムは、後ろ中心をピンで止めて、余った布幅を適当にタックをとりながら別のクリップで止める。

⑤ 前ウエストでブラウジングさせて、袖をまとめる。

⑥ ワンピースの上に、コーディネートしたコート地の片側をわでとり、衿のように表現して、残りの布を後ろの器具のハンガーにかけ、コートを半身にかけて装ったように演出。

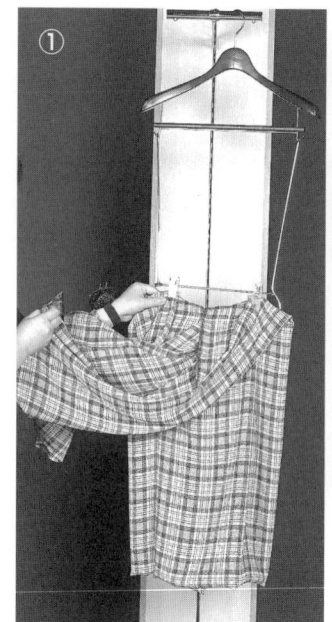

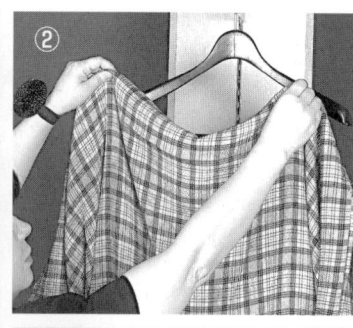

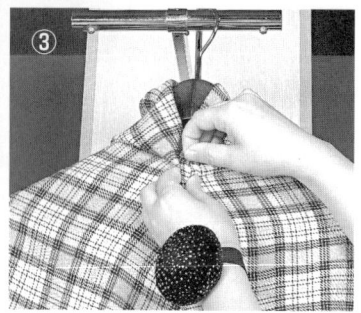

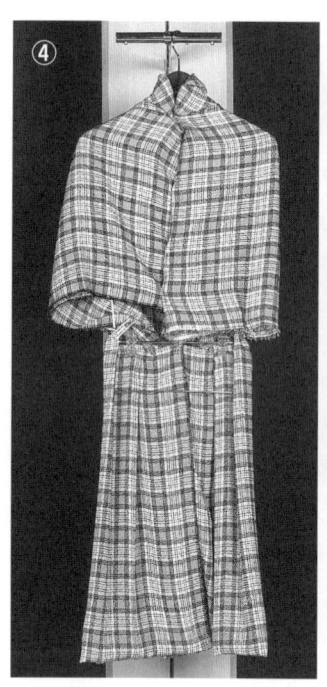

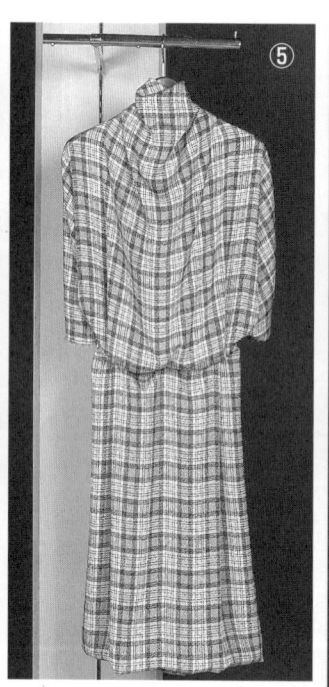

5. ゆかた

●作品

きものは着つけによって、個性ある着こなしの表現ができる。ゆかたの着丈を短めに帯の位置を高めにして、涼しげに若々しく表現。

ゆかた地　1反
半幅帯

① マネキンに土台布をつける。上前はおはしょり分として40cmぐらい長く見積もり、残りの長さを2等分し中表にする。

② わになったところから背中心を作る。耳から4cmぐらい入ったところに折り目をつけ、その線上にわから着丈分だけピンを下向きに止める。次に背中心を折る。

③ 後ろ裾を作る。背中心から布を左右に開くとわのところが三角形になる。この三角形を裏返しにして折り曲げ（折り曲げたところが後ろ裾線）、頂点を縫い代にピンで止める。

④ 後ろ身頃を作る。折りたたんだ部分を下にしてマネキンの後ろから両肩にかけ、着丈を決める。ずれないようにウエストあたりで土台布に止める。

⑤ 前身頃は下前（右）から始める。裾を後ろ身頃の裾線に合わせる。裾をわにして裏側に折り上げ、二重にしたままウエストで横にピンを止める。

第4章　ビジュアルプレゼンテーションテクニック　ピンワーク　141

⑥ 次に脇を止める。脇のピンは縦に下向きにする。下前端はウエストあたりで横にピンを止めておく。残りの布は袖になるので、脇側から外に出しておく。

⑦ 下前と同様に上前を作る。下前よりおはしょり分（20cmぐらい）を長くする。残りは裾をわにして裏側に折り上げ、下前の裾に合わせる。

⑧ 上前の脇を後ろ身頃に止める。ピンは縦に下向き。

⑨ 下前、上前の順に衿を作る。下前の耳を1.5cmぐらい裏側に折る。衿幅を決め、タックをとって折る。次に上前の衿を下前と同様に作る。

⑩ おはしょりを整える。

⑪ 帯を締める。帯を前から回して手の長さを決め、幅を2等分にする（帯結びでは短いほうを手、長いほうをたれと呼ぶ）。帯を2巻きし、手が上、たれが下になるようにしっかり結ぶ。

⑫ たれで羽を作り、羽の中央に手を巻きつけ、余った手を帯の間に通す。形を整える。

⑬⑭ 袖を作る。⑥⑦で裾から折り上げて余った分が袖布となる。後ろから前にかぶせる。

⑮ 袖丈を決め、表に折り返す。袖は二重になる。耳を1.5mぐらい裏側に折り、身頃に合わせて袖つけをする。ピンは見えないようにする。

⑯ 前後の袖下をそろえ、残った布地を裏に折り、ピンで止める。

⑰ 袖口をピンで止める。反対側の袖も同じように作る。

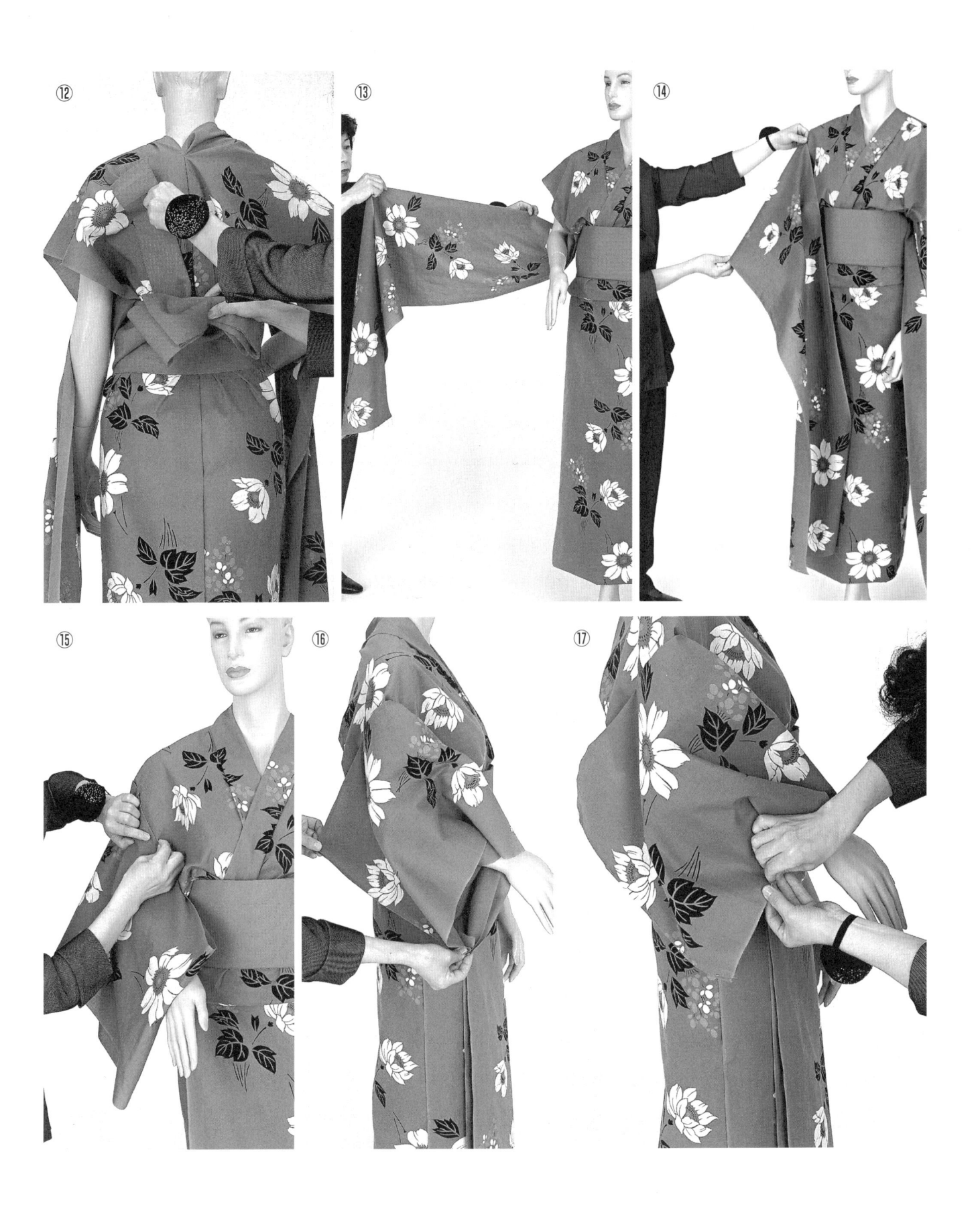

第4章　ビジュアルプレゼンテーションテクニック　ピンワーク

6. 民族衣装から

―――包む・巻く・結ぶ―――

1枚の布から、さまざまな発想が広がる。服としての1枚の布、生活道具としての布、インテリア空間の布、販促としての布、アートな布……など、さまざまな環境の中に、自由に布を表現発展することができる。ここでは、1枚の布を、包む、巻く、結ぶなどを中心にした民族衣装の中から、インドの「サリー」、東アフリカ・タンザニアの「カンガ」、タヒチやバリの「パレオ」の三つのタイプをイメージし、ピンをいっさい使わずに表現。

(1) サリータイプ

●作品

ボーダーに刺繍のあるサリー調の布で、包み、巻きながらプリーツとドレープの美しさを、優雅なイメージで表現。

ジョーゼット　100cm幅6m

① 後ろから前へ、腰を包むように一巻きする。
② 前中央の位置で10cmぐらいの深さで、プリーツの折り幅を決める。
③ 同じ深さを保ちながら5本のプリーツを折りたたみ、まとめてウエストの布の中へ差し込む。
④ 残りの布を、さらに後ろから前へ巻き、ドレープを寄せた布を胸から肩へ斜めにかけ、後ろに布を垂らす。

（2）カンガタイプ

●作品

色、柄が鮮やかなカンガを使って水着風に表現。

カンガ　木綿110×150cm

① カンガを縦長にして両端を持ち、前からバストを包むように巻き、後ろで結ぶ。

② 前に下がった布地を体の線に合わせて引きながらたぐり寄せ、股をくぐらせて後ろに回す。

③④ 次に布地を広げヒップを包み、ウエストに巻いて、前でしっかり結ぶ。ヒップにたるんだ布地はウエストにはさみ込む。

（3）パレオタイプ

●作品

パレオ　インドシルク　110×163cm

① パレオを横長にして両端を持ち、ボディを包むように背中から前に持ってくる。

②③ 胸もとで交差させ、ねじりながら首の後ろで結ぶ。

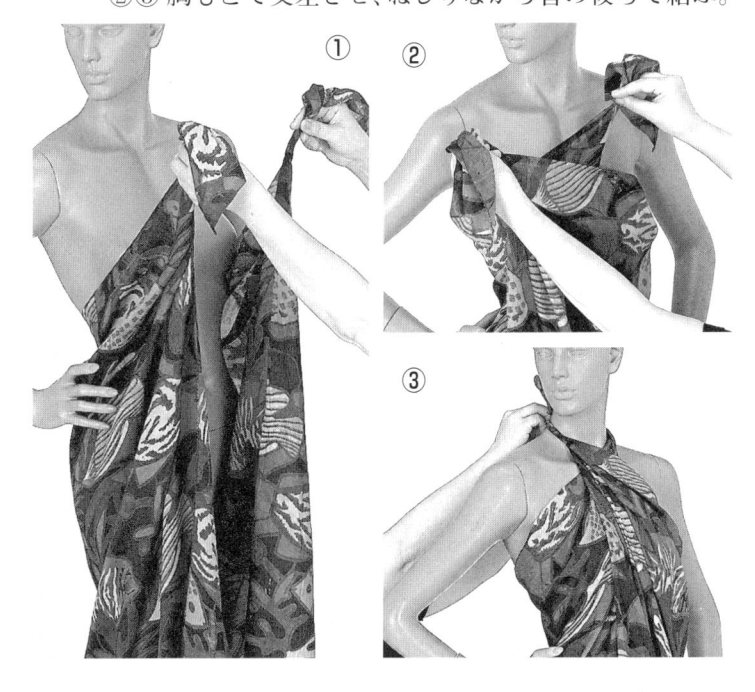

7. メンズ素材の扱い

オーソドックスなメンズ素材は、レディス素材のように曲線扱いにせず、直線扱いを主体に表現する。メンズスーツやコート、ワイシャツ素材などをカラー系統でコーディネートしてグルーピングした空間構成。演出小道具に、金網をオブジェ化して、ワイシャツやネクタイ、ベルト、バッグなどを使用し、素材をクローズアップ。

　スーツ地　　9着
　コート地　　3着
　ワイシャツ地5着

8. 広告・宣伝、販促アイデアとしてのピンワーク

——ピンワークのバリエーション——

これまでのピンワークの基本を土台にして、さらに発展させ、いろいろなデザイン発想からアートな表現にもバリエーションが広がっていき、広告・宣伝、販売促進などのそれぞれの分野に応用することができる。

(1) 異素材

布以外の素材、紙、ビニール、アルミホイル、金網などに応用発展。

メタリックな金網の質感を生かして、シンプルにダイナミックに表現。
♯20ステンレス金網
90cm幅5m

(2) 造形的なピンワーク（レリーフ）

ストレッチ素材の特性を生かし、布ひだの陰影の美しさをレリーフ的に、アート感覚で表現。
ストレッチ素材
85cm幅85cm　2枚

(3) モデルピンワーク

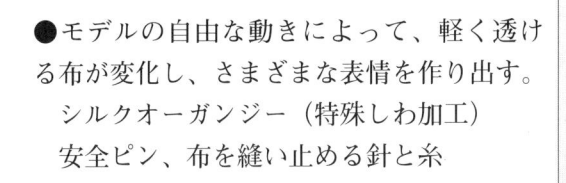

●モデルの自由な動きによって、軽く透ける布が変化し、さまざまな表情を作り出す。
　シルクオーガンジー（特殊しわ加工）
　安全ピン、布を縫い止める針と糸

　モデルならではの自由な動きによって、布にさまざまな表情が生まれる。広告・宣伝、販売促進として、テレビコマーシャルや新聞・雑誌広告、DMやポスターなど、そのコンセプトにふさわしいイメージの素材を使用。撮影も室内にかぎらず、ロケーションを変えるとさらにイメージが広がり、クリエイティブワークの世界へと広がる。布の扱い方は、直接モデルにピンワークするため、短時間に仕上げる。また、ピンは危険なので、安全ピンや布を縫い止めるために糸と針を使用したりゴムひもなどで固定したりと、さまざまな工夫で対応させることも必要である。全身やクローズアップなど、イメージ追求はカメラワークと一体となる仕事でもある。

第4章　ビジュアルプレゼンテーションテクニック　ピンワーク　147

9. 素材展示会

　ピンワークはファッション素材の展示会などで、素材のテーマ・コンセプトを的確に表現演出するテクニックとして活用されることが多い。プロは常にシーズンに先駆けたファッショントレンド情報をキャッチして、クライアント（依頼主）の要望に確実に対応するよう心がけることが重要である。素材展示会では、スワッチ（素材見本）展開が多いため、素材演出と実売のためのスワッチは常に連動させることが大切である。

①は各テーマごとの素材コンセプト演出とスワッチを直結させたメーカー展示会。

②は天井までのダイナミックなボリュームとテクニックを駆使した素材演出。

③は素材の色・柄をわかりやすくテーマに即して素材演出。

④はジャパンクリエーション2001のメーカーブース。

⑤はジャパンクリエーション2001のテキスタイルコンテストブース。

　消費者がますます多様化、個性化する現在、アパレルは素材重視の傾向にあり、素材の新製品開発・新情報提案が重要視される。素材演出も時代に対応したプレゼンテーションが求められる。（見本市・展示会は170ページ、一覧表は172ページ参照）

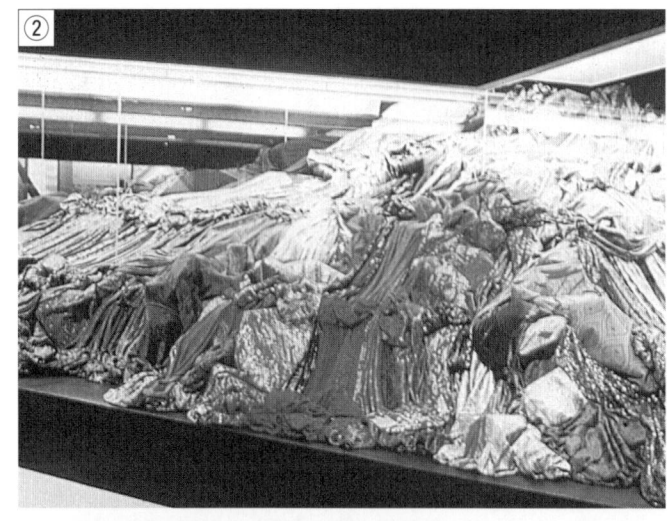

第5章
ビジュアルプレゼンテーションテクニック

インテリア関連
生活雑貨関連

大きなばらを中心としたフラワープリントのカーテンファブリックは、縦89cm、横128cmのリピート柄。ロマンティックでゴージャスなカーテン地に、柄と同系色の無地、スカラップトリミングの薄いレースを合わせて。大理石調ステージに柱、トルソー、ソファで演出。クッション、タッセルをコーディネート。（技法は154〜155ページ参照）

同プリント地で統一させたカーテンとクッションのインテリアファブリック。テーブルや椅子の小道具と植物や野菜、食器など、テイストを合わせてコーディネート。南ヨーロッパのリゾートをイメージし演出。
コットンプリント　約10m

ブルー、イエローのバスタオル、フェイスタオル、ハンドタオルとその関連グッズを、アートボディ、同系色のひまわりでさわやかに演出。POPはロゴタグを活用。（技法は162～163ページ参照）

和食器による正月・祝の膳をテーブルセッティング。黒塗りのテーブルの上で和紙とナプキンの白、テーブルランナーと松飾りの緑、重箱と椀と取り皿の朱をメインカラーに、大きく流した水引で全体を引き締め新春を演出。

洋食器によるブライダルギフトテーマの提案。ハート形のリース、ギフトボックス、キャンドル、ワインボトル、バラやスマイラックスの葉などでロマンティックに演出。洋食器の同一ブランドを紹介。（157〜159ページ参照）

清潔感のある白い棚に、赤と白に統一したカジュアルテイストのキッチンウェアを素材や用途別にグルーピングして、新鮮で楽しいキッチン用品を構成演出。（160ページ参照）

1. インテリア関連・生活雑貨関連

　世の中が豊かになり、人々はライフスタイルに関心を持つ機会が多くなった。第3章、第4章では、ショーイングやピンワークなど、アパレルおよびアパレル関連を中心としたビジュアルプレゼンテーションテクニックを取り上げてきたが、この第5章では、快適な生活空間を楽しむためのアイテムにVPの重点を置き、インテリア関連・生活雑貨関連をピックアップして解説する。なお、フーズ関連は第2章の構図・構成解説とともに扱った。

　ファッションは「生活のしかた」とも言われる現在、人々は心身ともに豊かな新しいライフスタイルに関心を持ち、生活意識、価値観はますます個性化、多様化する。その生活空間を快適にするエレメント（要素）は、家具、カーテン、カーペット、床材、壁装材、照明器具、絵画、植物、インテリア小物類、生活小物類などさまざまなものがある。多様なエレメントの中で、カーテン、テーブルウェア、タオル、キッチンウェア、コスメティック、ステーショナリー、バストイレタリー、ガーデニンググッズなどを取り上げて、VPのライフスタイル提案の一例とする。

◆観葉植物（インテリアグリーン）

コンシナ　アオワーネッキー　オーガスタ　ガジュマル　カシワバゴム　カポック

ゲッキツ　ケンチャヤシ　フィスカ・ロブスタ　ゴールドクレスト　ベンジャミナ　ベンジャミナ（スタンダード）

パキラ　マッサンゲアナ　ポトス　ユッカ・エレファンティペス　アレカヤシ　フェニックス・レベレニー

2. ウインドートリートメント（窓装飾）

建物に窓があり、いろいろな形や大きさがあり、窓辺にはさまざまな表情がある。機能的、装飾的要素を持つウインドートリートメントスタイルには、スタイルカーテン、ローマンシェード、ブラインド、ロールスクリーンなどがあり、豊かで快適な生活空間を演出する。

（1）ウインドートリートメントファブリックス：カーテン

カーテンファブリックスは、ドレープ（厚地）、無地、プリント、ケースメント（透し織）、レースなどがあり、カーテンの美しいドレープ演出は、ピンワークテクニックを応用して表現することもできる。

●ドレープカーテン表現テクニック

① カーテンレールにドレープが美しく出やすいように、カーテン生地を少し斜めに掛け、レールから2〜2.5cmくらい下にシルクピンを30cmくらいの間隔で止める。

② ピンがドレープの下に隠れるように重ねて、立体的なドレープを寄せる。

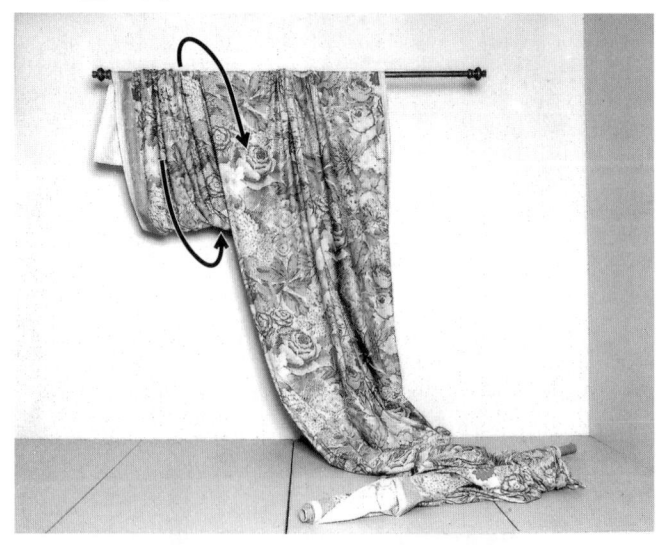

③ カーテンレールに最初のドレープをゆったりと一回転させる。カーテンレールに掛かった次の布は、①②と同様にドレープを寄せる。

④ さらにもう一回転させ、残りの布は全体の柄が見えるように垂らしてまとめる。トリムがついている布はトリムも見せたほうがよい。自然で美しいドレープと全体のシルエットを美しくまとめて仕上げる。

(2) カーテン演出

大きなばらを中心としたフラワープリントのカーテン地とスカラップトリミングのレースのカーテン地、柄と同系色の無地のカーテン地2種、クッション、タッセルを大理石調ステージに柱、トルソーの演出小道具でロマンティックにゴージャスに演出。

● フラワープリントのカーテン地とタッセルを、同系色の無地カーテン地でクロス張りしたボディに演出。
(◆ボディの布の張替え方参照)

● 石膏トルソーのプロップスに、綿100％の大きなフラワープリントのカーテン地をランダムドレープでダイナミックに演出。

● ソファにコーディネートした無地カーテン地をランダムに造形的に演出。クッション、タッセルを構成して。

◆ボディの布の張替え方

立体裁断の要領で簡単にいろいろな布でボディの布を張り替えられる。

① 立体裁断の技法で右の前身頃から布の中心線をボディの前中心に合わせ、バスト、ヒップをぴったりフィットさせて脇にピンを打つ。ウエスト、肩の余りをつまむ。後ろも同様にし、脇・肩の布を整理し首の布をつける。これを基に左身頃に写し、中表にしてミシンをかける。
② ボディに着せ後中心を縫い、首の布、裾を整える。

その他
● ストレッチ素材を筒状に裁断、縫製して上からすっぽりかぶせ裾でまとめる。
● ストレッチ素材をそのままフィットさせたり（137ページ参照）、英字新聞など好みの紙を張るのもよい。

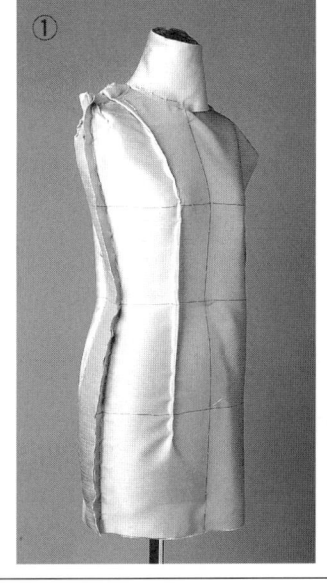

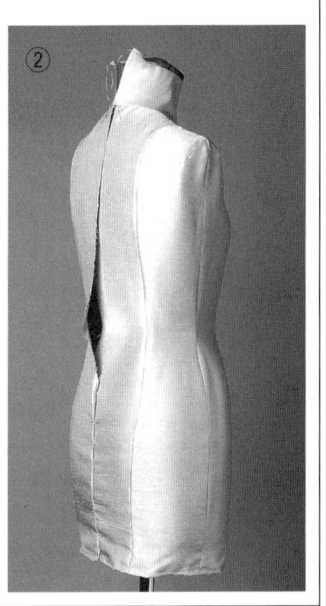

第5章 プレゼンテーションテクニック インテリア関連、生活雑貨関連

(3) カーテンアクセサリー

- バランス
- トリム
- ふさかけ
- タッセル
- トリム
- カーテンウエイト

- 止飾り
- ランナー
- 装飾用レール
- プリーツ
- フリンジ
- カーテンホルダー
- ウエイトテープ

(4) ウインドートリートメント（窓装飾）スタイル

1) スタイルカーテン

- センタークロスカーテン
- クロスオーバーカーテン
- ハイギャザーカーテン
- スカラップカーテン
- セパレートカーテン
- カフェカーテン

2) ローマンシェード

- プレーンシェード
- シャープシェード　※バーの入ったもの
- バルーンシェード
- オーストリアンシェード
- ピーコックシェード
- ムースシェード　※センタープルアップ

3) ブラインド

- ベネシャンブラインド
- バーチカルブラインド

4) ロールスクリーン

- ロールスクリーン

3. テーブルウェア

テーブルウェアは食器、グラス、カトラリー、テーブルリネン、食卓の小物などを総称。テーブルウェアを扱う売り場の演出として、テーブルウェアの知識とテーブルセッティングの基本的なルールを理解したうえで、プレゼンテーションする。

(1) テーブルセッティング

テーブルセッティングとは、食卓の演出である。それぞれの国々には食習慣があり、文化や歴史がある。そのスタイルにはさまざまなルールや表現があるが、テーブルを囲んでの日常の食卓、記念日や行事を祝う食卓、人を招き集う楽しさ、季節の変化や味わいを楽しむ食空間など、食を楽しむ気持ちは誰でもが持っているものである。和のテイストであれ、その他のアジアン、ヨーロピアン、アメリカンなどさまざまなスタイルの中でテイストを絞り、そのイメージを魅力的に演出し、提案する。ここではヨーロッパの一般的なテーブルセッティングの例をあげる。セッティングの方式は大きく、イギリス式、フランス式の二つに分けられる。

イギリス式は、カトラリーを始めからセットし、グラスは大きい順に水、赤ワイン、白ワイン用と並べる。フランス式は、カトラリーなどの紋章が見えるように裏返して、料理を運ぶときに一緒に置かれる。また、グラスの彫りや紋章も会食者に見えるように置くなど、国によっての違いも見られる。

●ブライダルギフトをテーマとして、テーブルウェアを提案し、演出。

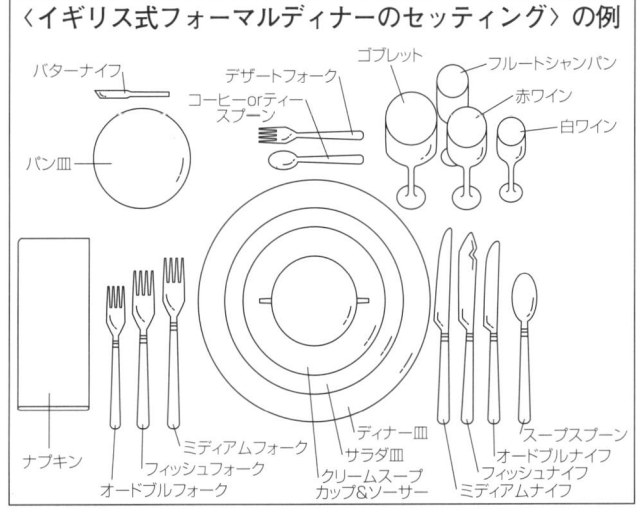

(2) 食器

プラター（約35cm）、ディナー皿（約23～27cm）、デザート皿（約20～22cm）、スープ皿（約20～23cm）、パン皿（約19～20cm）、ティーorコーヒーカップ&ソーサー、ティーorコーヒーポット、シュガーポット、クリーマーなど。

(3) グラス

①ビア、②オンザロック、③タンブラー（ジュース）、④タンブラー（水）、⑤ブランデー、⑥ワイン（白）、⑦ワイン（赤）、⑧ビア、⑨フルートシャンパン、⑩カクテル、⑪シャンパン、その他ゴブレット（水）、リキュールなど。

〈イギリス式フォーマルディナーのセッティング〉の例

(4) カトラリー

⑫シュガーレードル、⑬コーヒースプーン、⑭ティースプーン、⑮アイスクリームスプーン、⑯デザートフォーク、⑰ケーキフォーク、⑱バターナイフ、⑲ソーススプーン、⑳スープスプーン、㉑デザートスプーン、㉒デザートフォーク、㉓ミディアムフォーク、㉔フィッシュナイフ、㉕ミディアムナイフなど。

第5章 プレゼンテーションテクニック インテリア関連、生活雑貨関連

(5) テーブルリネン

　テーブルクロス、テーブルランナー、テーブルマット、ナプキンをテーブルリネンと呼び、キッチン用の布までを総称。テーブルセッティングは、清潔感、機能性とともに装飾効果の役割を持つ。テーブルクロスは食卓のベースの色としての効果があり、ナプキンは、色と形で食卓の演出効果を高めてくれる。

　ナプキンの素材は麻が代表的で、上質の白が正式とされ、軽くたたんでシンプルに置くことを心がける。白地に白糸刺繍の麻、薄い色の麻などもある。麻の次がダマスクで、紋織り（ダマスク織り）のことである。綿は色や柄を気軽に楽しめる。化繊混紡は色柄もよく洗濯も容易であり、コーティング加工など豊富である。ペーパーナプキンは色や柄も多く気軽に使える。

　ナプキンのサイズとして、レストランやホテルのディナー用（約50～55cm×50～55cm）、家庭一般やレストランのランチ用（約40～45cm×40～45cm）、ティータイム用（約30～35cm×30～35cm）、ペーパーナプキン用（正方形＝約15cm、長方形＝約15cm×18cm）などがある。

a. テーブルクロス（クリスマス用）
b. テーブルクロスとテーブルウエイト
c. テーブルマット
d. ナプキン

(6) テーブルアクセサリー

　テーブル花や、キャンドル、その他のテーブル上の小物など、イメージ効果を考えて、コーディネートし、演出する。

◆ナプキンのたたみ方

　ナプキンのたたみ方には何百種とあり、国によっても呼び名が異なる。ナプキンは正式なものほどシンプルを心がけるが、食卓の演出を高める小道具としてテーブルセッティングのイメージに合わせた色と形で添え、美しく演出する。

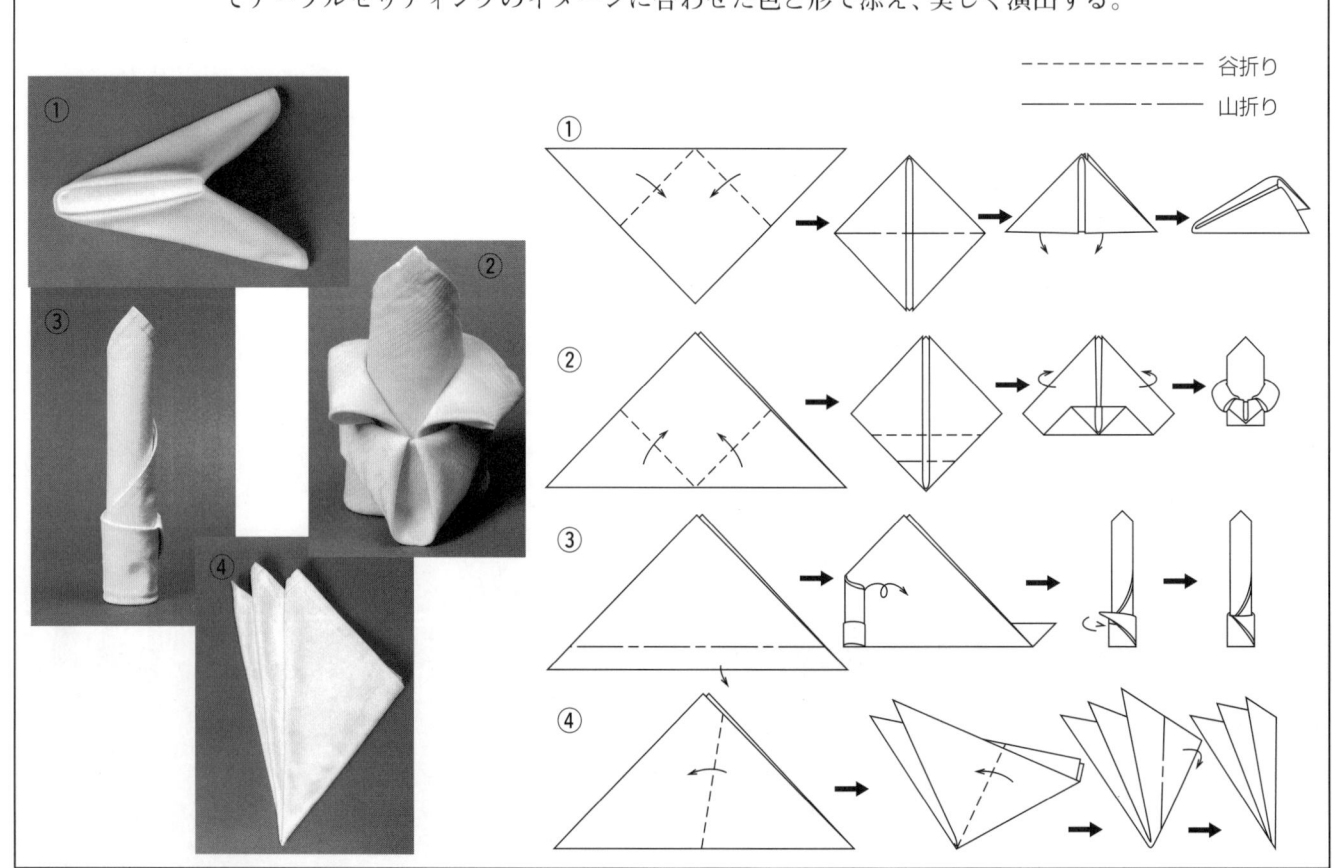

--------- 谷折り
— - — - — 山折り

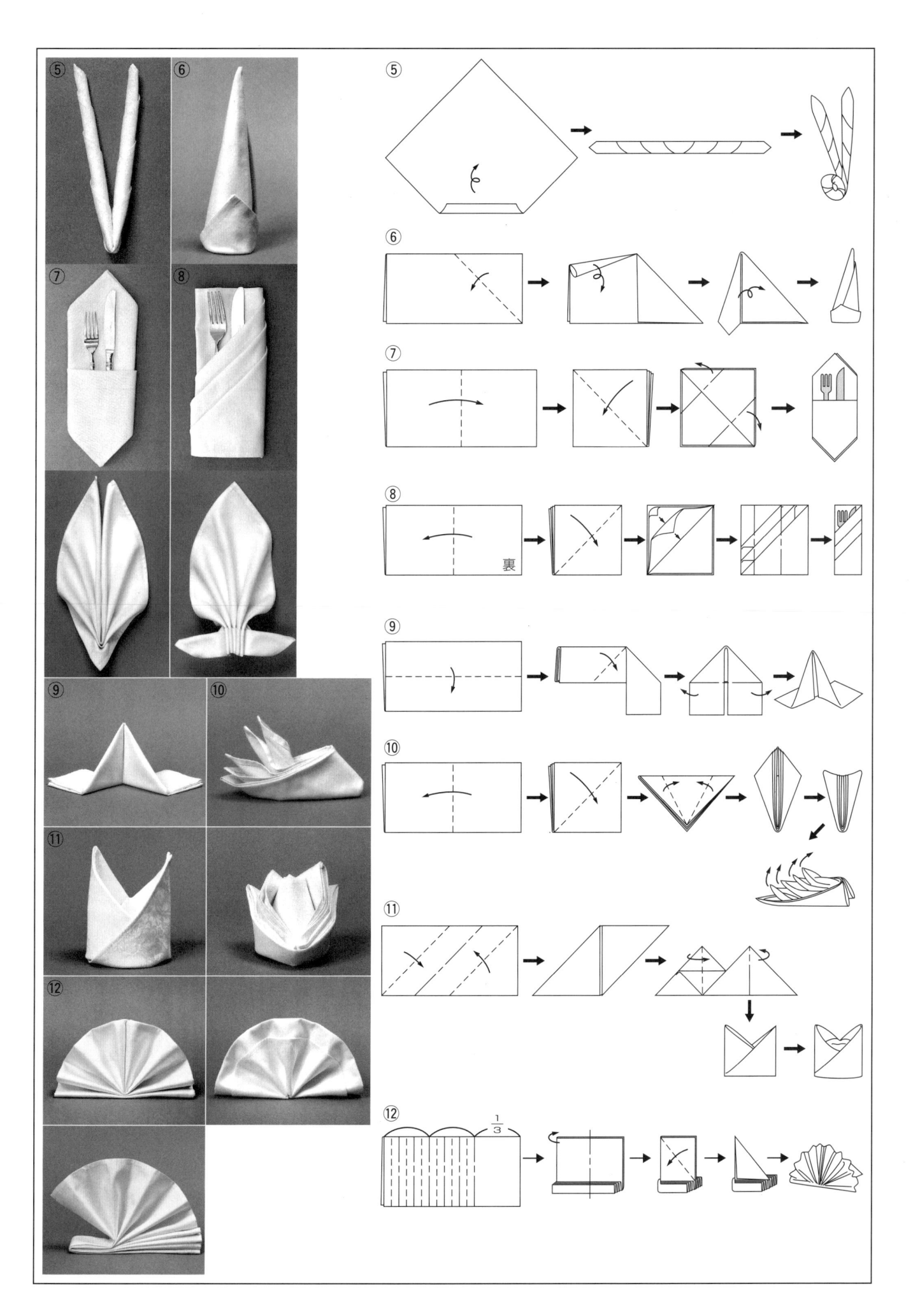

第5章　プレゼンテーションテクニック　インテリア関連、生活雑貨関連

4. キッチンウェア

　快適な生活空間を個性的に楽しむ人々が増えている。キッチンはインテリアと同様にいろいろなスタイルがあり、シンプル、ナチュラル、モダンやカントリー・アンティーク・アジア風がある。

　キッチン用品は各種素材とアイテムが豊富で、見せる収納と隠す収納がある。インテリアとして置いたり、吊るしたりと飾る楽しみもある。

　売り場演出では、テイストを合わせて毎日の暮らしが楽しくなるようなライフスタイル提案をすると効果的である。

カジュアルテイストのキッチンウェアを赤、白に統一し、清潔感のある白いシステム什器に野菜のダミーと彩り鮮やかな野菜の絵の額を掛けキッチン用品を演出。

赤いドットの鍋にギンガムチェックの鍋つかみ、サラダボールにサーバーと野菜を入れ、右端のカップの中にフォーピークスにたたんだナプキンを入れた。キッチン風景を連想させる演出。

ギンガムチェックのキッチンクロスと調理道具をバーに下げ、多種類をわかりやすく表現。

ベークライトのカップや調味料入れ、保存用器などを高く積み重ねて、豊富さとサイズのバリエーションを表現した三角構成。白いキャニスターとペーパーナプキンがアクセントカラーとなっている。

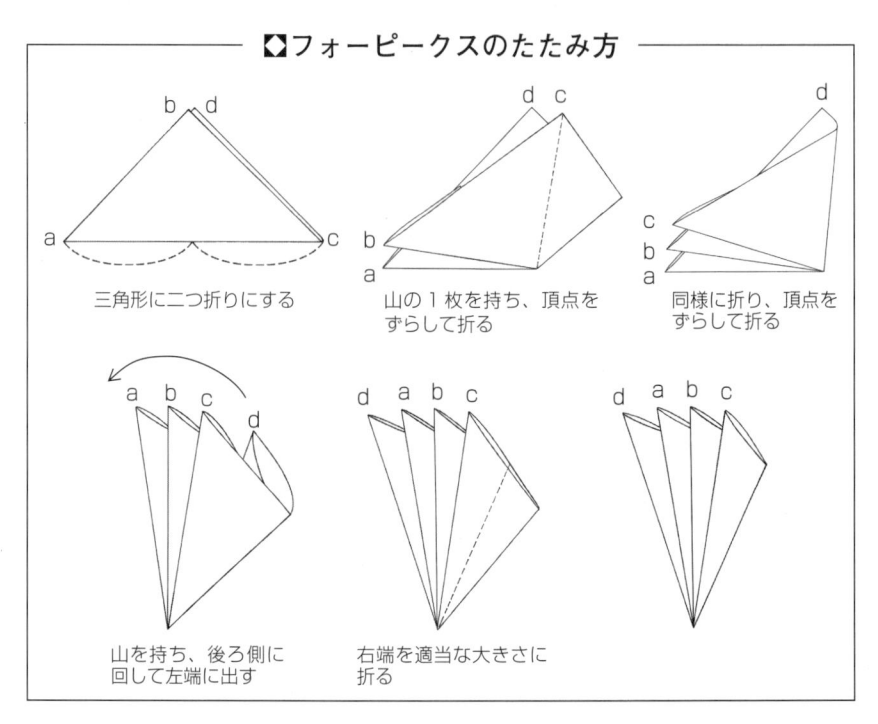

◆フォーピークスのたたみ方

三角形に二つ折りにする

山の1枚を持ち、頂点をずらして折る

同様に折り、頂点をずらして折る

山を持ち、後ろ側に回して左端に出す

右端を適当な大きさに折る

◧日本の正月・祝い事

　日本には古くからの伝統としきたりによる祭や年中行事、贈答の習わしなどがある。現在は簡略化されているものも多いが、その様式や形はそれぞれの地方によってさまざまである。日本の正月は本来、信仰に基づく儀式で、お飾りをして家を清め新年に天から降臨される歳神様（お正月様）を迎えて豊作や幸せを祈願するものである。

●正月飾り

①門松

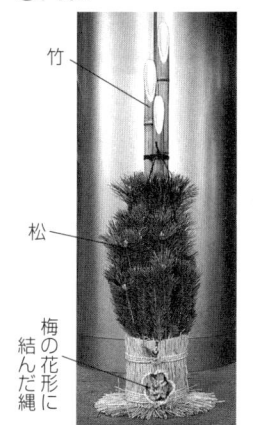

　門松は歳神様が宿る場所として、また常緑樹に神が宿っていると考えられ、神聖な木の枝を立てたものである。3本の竹を松の小枝で囲み、根もとにわらを巻き縄で結んだものを家の門口の両脇に一対として立てる。最近は松の小枝に輪飾りまたは半紙を巻き水引きをかけた略式のものを飾る家庭が多い（向かって左に雄松、右に雌松）。

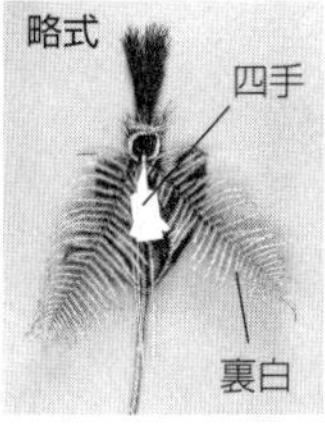

②注連縄（しめなわ）・注連飾り（しめかざり）

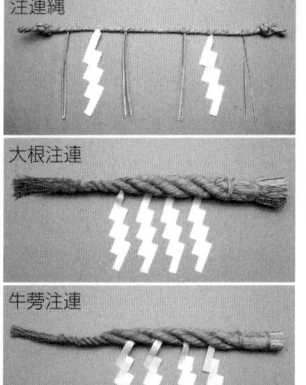

　注連縄は、わら縄に四手をはさんでたらしたもので、信仰に基づくものである。神前や神事の場に不浄なものの侵入を禁ずるという意味があり、神を迎える清浄な神域の印である。注連飾りは正月用に新しいわらをなって縄を作り、縁起物（それぞれの土地によって縄の形、縁起物が違う）で飾り、歳神様が迷わないように門や戸口に飾る。神棚の注連飾りはない始めの太い方を右にして張る。

③四手（しで）

　注連縄に白紙の切り紙をはさむが、この白紙を四手（紙垂）という。四手は御幣あるいは幣束ともいい、神様を守る力があるとされている。御幣は広義には神様に奉るものを総称していう言葉である。幣は織物を意味し、布を奉るときに串にはさんだのが変化し、紙の御幣の形になった。神の象徴として、神前に捧げるための玉串、お祓いの道具として用いられるようになった。

四手の作り方
半紙の1/4を二つ折りにする。それを四等分に折り目をつけ、2/3くらいまで切込みを入れる。四垂れ以外もある。

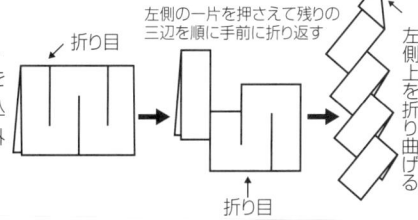

④鏡餅

　丸い形が昔の鏡に似たところからきた名で、神様に供えるものとして大小二つの餅を重ね、縁起物をつけて飾る。1月11日に餅を神棚から下げて食べることを「鏡開き」という。

※正月飾りは12月26日から28日くらいまでに飾り、29日は苦の日、31日は一夜飾りと言って避けられている。1月7日までを「松の内」といい、1月7日には松飾りをはずし、七草粥を食べる習慣がある。

●水引

　水引は物を束ねるための紙糸で、和紙を細くよってこよりにし、水のりを引き固めたもの。古くから冠婚葬祭、慶事、進物、心付に水引を使って金銭を包む習慣があり、その流儀は全国さまざまである。水引の色は慶事には紅白や金銀、弔事には黒白、銀白などが使われる。結び方は婚礼には決してほどけないように「結び切り」に、その他の祝い事には何度あってもよいことから結びが解ける「蝶結び」、弔事には「結び切り」が基本である（キリスト教式は水引をかけない）。また、包みに向かって右側が濃い色になる。

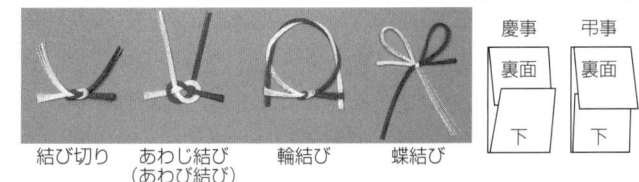

5. タオル、バス・トイレタリー

　日常生活の中で、最も身近に接する機会の多い、洗浄、洗顔、化粧などに関するバス・トイレタリー用品の代表的なタオルのプレゼンテーションテクニックを解説する。タオルの種類はおもに、ボディタオル（約100×150cm）、バスタオル（約75×150cm）、スポーツタオル（約50×100cm）、フェイスタオル（約37×80cm）、ハンドタオル・ウォッシュタオル（約30×30cm）などがある。素材は、綿を中心にしたパイル織（添毛織）の一種で、両面がループ状のものと、片面カットしたものなどがあり、ジャカード、プリント、刺繍、カラータオルなどの色・柄がある。タオルは、吸水性、通気性に富むのはもちろんだが、ファッショナブルに生活空間を楽しむグッズの一つでもある。

（1）タオルの基礎テクニックと構成

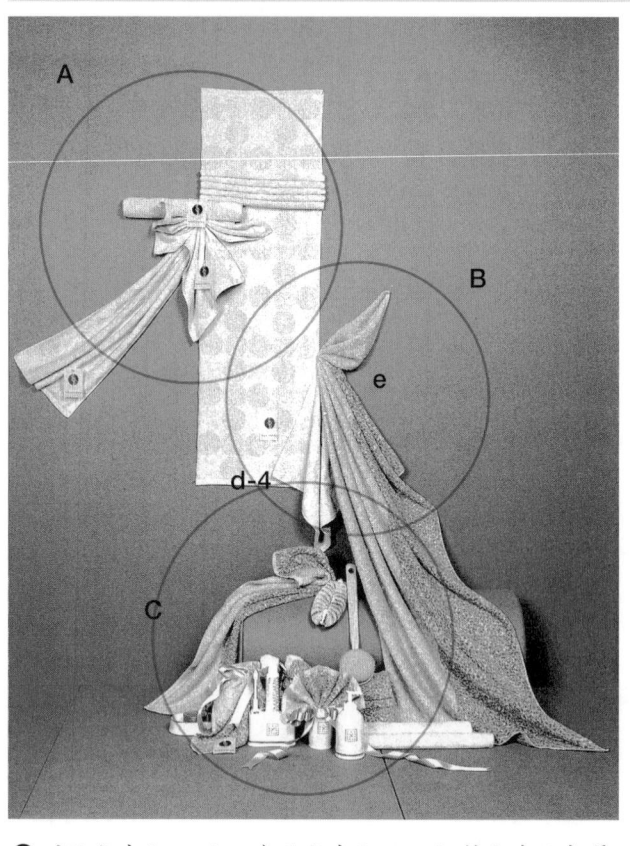

● バスタオル、フェイスタオル、ハンドタオルとその関連グッズの構成。ロゴ入りタグをPOPとして活用。A、B、C手順のグルーピング構成。三角構成。（ピンナップ技法は74、75ページ参照）

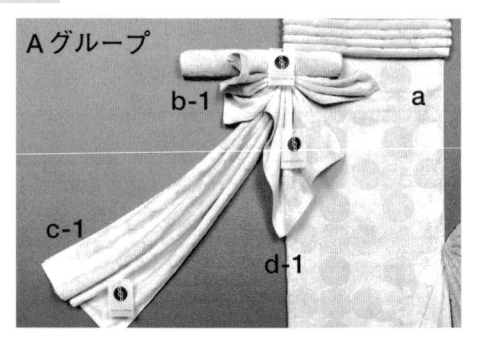

a. 立体的連続ひだの作り方
① バスタオルを外表に二つ折りにして、両サイドをつまみ、ひだの上側両サイドにピンを打つ。
② ひだが垂直に立つようにして、ひだの下側両サイドにピンを打ち、立体的なひだを作る。
③ 二つ目以降は②を繰り返す。

b. フェイスタオル、ハンドタオルの巻き方
b-1 ①② フェイスタオルは、外表に二つ折りにして、内側になるほうを6〜7cm控える。両サイドを持って、わ側から巻き込む。内側が表に出ないようにする。
b-2 ハンドタオル（ウォッシュタオル）は内側に薄紙を4〜5cm控えて入れて巻き込むときれいに仕上がる。

c. フェイスタオルのドレープの作り方
c-1 フェイスタオルの直線的なドレープ
① 長いほうの両サイドを持って、均等に四つのひだ山が出るように折りたたむ（128ページ縦地だたみA参照）。

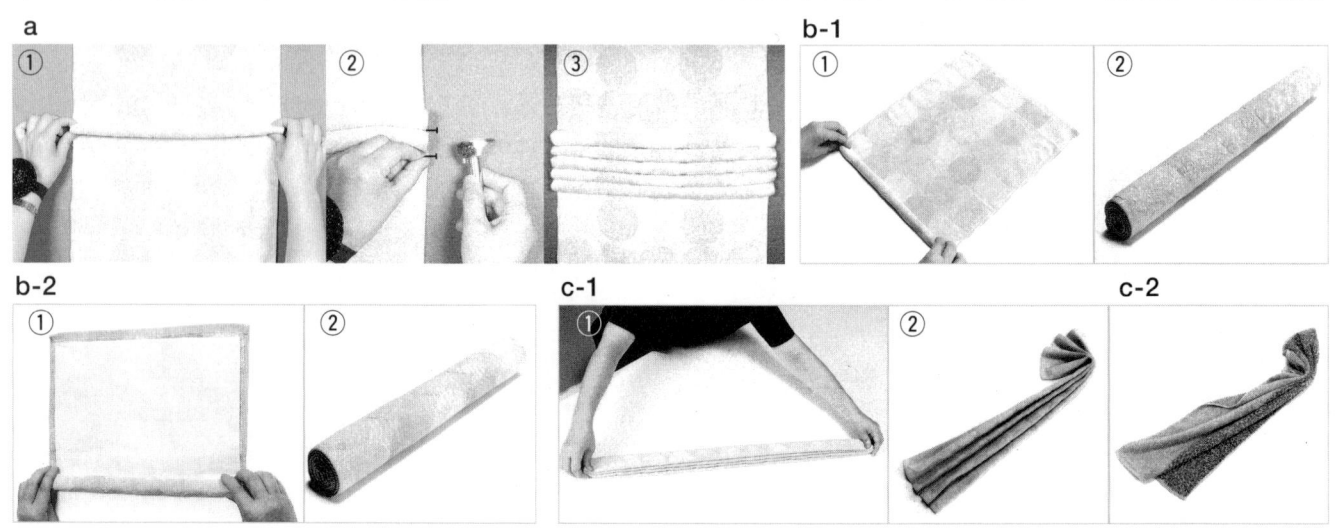

② 上側を短く、下側を長くして二つに折ってピンを打つ。直線的なドレープができる。
c-2 端を斜めにつまんでドレープを作ると少しソフトなドレープができる。

d.ハンドタオル（ウォッシュタオル）のドレープの作り方
d-1 端の一点を持ってアンビエをとり、ピンを打つ。ソフトで華やかなドレープができる（118ページ参照）。
d-2 平面上で端の一点を持って、斜めにドレープをつまみ上げる。ランダムでソフトなドレープができる。
d-3 ① c-1-①参照。
　② たたんだ中心を折り曲げて、コップに差し込んで扇状に開く。輪ゴムなどで固定するのもよい。
d-4 端の一点をピンで打ち込み、そのまま自然にたらすと斜めのソフトなドレープができる。

e.バスタオルのアンビエの作り方（119ページ参照）
　端の一点を固定するか、誰かに持ってもらって、適度な深さのドレープをとる。ボリューム感のあるドレープができる。

f ハンドタオル（ウォッシュタオル）を外表に、短いほうを二つ折りにして筒状に巻き込む。その上に、クロスさせたリボンでまとめ、かごに入れる。

g.タオルのたたみ方
g-1 タオルの端を見せないたたみ方
　① 長いほうの両サイドの端を二つに折り、中心に合わせる。
　② 短いほうの端をさらに二つに折って中心で合わせる。厚みのでた分少し隙間をあけるとよい。
　③ さらに②を二つに折る。
　④ フェイスタオル1枚、ハンドタオル2枚を重ねたもの。
g-2 デザイナーロゴやマーク入りのタオルのたたみ方は、ロゴ、マークがよく見えるようにして折りたたむことが大切である。

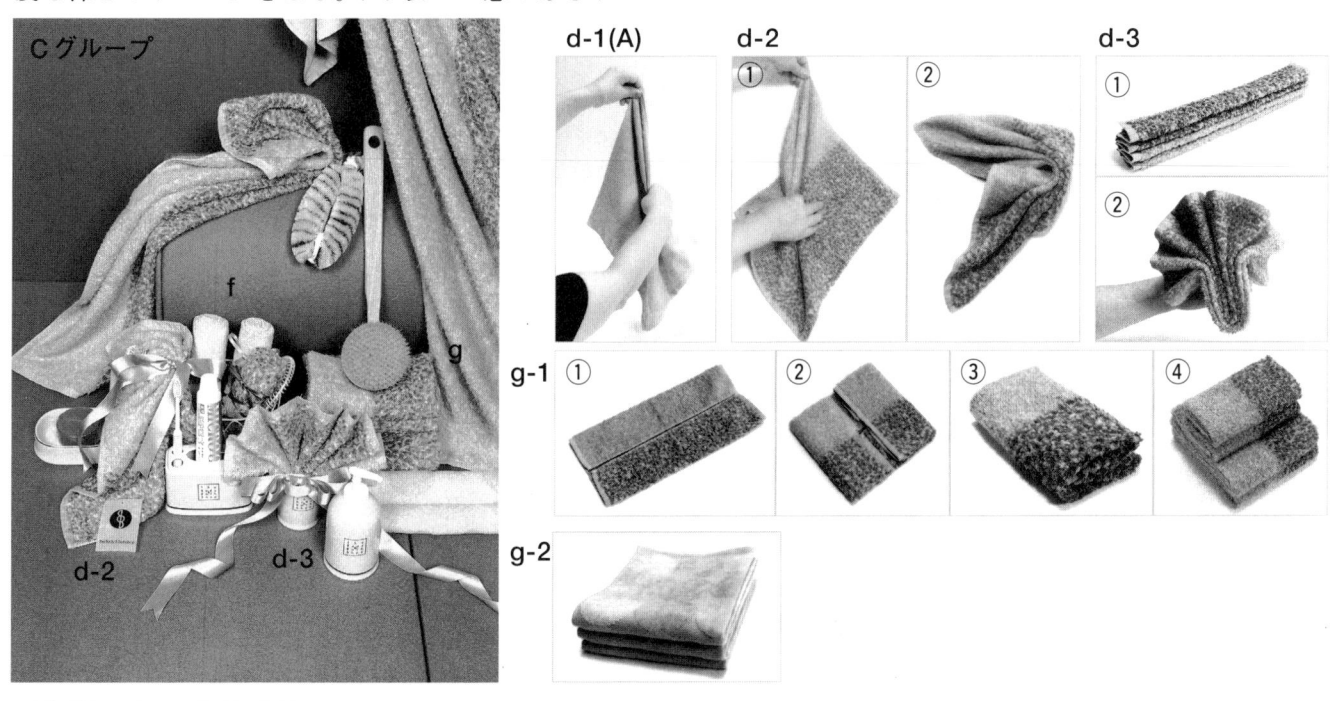

(2) 売り場棚什器トップのPP演出

ボディタオル、バスタオル、フェイスタオル、ウォッシュタオル（ハンドタオル）のデザイナーブランドのタオル演出。デザイナー、アイテム、サイズ、色、柄などが一目瞭然に見やすく、わかりやすい商品紹介をする。ピンをいっさい使用しないで、掛ける、重ねて置くのテクニック。棚下段はPPに対するIP展開をする。

6. 化粧品

　化粧品は、容器やパッケージデザインの美しさを生かして、グレードに合わせた演出をするとよい。
　ハイグレードのスキンケアとメイクアップ商品をグルーピングさせ、生花をアイキャッチャーにし、クリアなイメージをアクリルキューブで演出。
　花はイメージと季節感を加えて新鮮に表現。

7. ステーショナリー

　ステーショナリーは、キャラクター商品からデザイン性の高いものまでさまざまあるので、VPテーマを明確に設定し、テイストをそろえた商品で構成・演出する。
　シルバーメタリックのステーショナリーと関連グッズの中に、ノートパソコンを効果的に配置し、フレッシャーズのライフスタイルを提案。

8. クリーングッズ

　クリーングッズは、明るく清潔感のあるように心がけて演出する。
　同テイストで統一した歯磨き、洗顔用品などをリピート構成で表現。クリアな三つのカラーに分類し、カラービニールチューブで曲線を作り、リズミカルに演出。
（28ページ参照）

9. ガーデニンググッズ

　ガーデニンググッズは、暮らしの中で園芸を楽しむ雰囲気を表現しながら提案するとよい。
　ガーデニング用具と作業着に、花や緑、チェアを加えて構成。日だまりのテラスでのワンシーンを演出。

第6章
ディスプレイ・VP・VMDの実際

1．ディスプレイ・VP（ウインドーディスプレイ）

正月　和光「龍の年」
　写真提供、ディレクション　八鳥治久

クリスマス　和光「かまくら」
　写真提供、ディレクション　八鳥治久

クリスマス　株式会社髙島屋新宿店「Hearty Christmas〜21世紀への扉〜」
　　　　　ディレクション　ATA　本井英明

クリスマス　株式会社伊勢丹新宿本店「クリスマスワンダーランド」
　　　　　ディレクション　（株）伊勢丹／デザイン　ミューアソシエイツ　前田典子

第6章　ディスプレイ・VP・VMDの実際　167

クリスマス　ミキモト本店「サンタクロース・フロム・ザ・フューチャー」
　写真提供、ディレクション、デザイン　（株）ミキモト　渡邊雅稔

クリスマス　銀座ラ・ポーラ「クリスマス・アニャック」
　ディレクション　大野木啓人／デザイン　田丸靖史

2. VMD

「SPRING ENERGY　春の鼓動」をテーマとして、ホワイトやベージュを基調に、春の風や光を思わせる素材の商品とその宣伝、装飾を連動させた三位一体の百貨店VMD（株式会社 東武百貨店池袋店）。写真は広告宣伝パンフレット、店内導入ショーウインドーディスプレイ（VP）、店内レディス売り場中央エスカレーター前のフロアディスプレイ（VP）、インショップのPPとIP。

取材協力、写真提供　（株）東武百貨店 池袋店／ディレクション　営業促進部宣伝装飾　宇田川敦史

3. 見本市・展示会

「ジャパン・クリエーション」

　ジャパン・クリエーションはグローバルな視野に立った繊維総合見本市である。「ジャパン・クリエーション2001」は、2000年12月6日から8日の3日間、東京国際展示場（東京ビッグサイト）で開催され、2001年秋冬・2002年春夏の二つのシーズントレンドを提案。海外では世界に先駆けてパリで開催されるプルミエール・ビジョンが特に有名である（他の見本市・展示会は172ページ参照）。

取材協力　ジャパン・クリエーション実行委員会事務局

「ユーロショップ」

　ユーロショップはグローバルな店舗総合見本市で、3年ごとの2月にドイツのデュッセルドルフで開催される。新時代に向けての什器、器具、マネキン、ボディ、VMD、VP、POS、IT、照明などの新製品紹介、新店舗・売り場・情報提案の見本市である（写真は「ユーロショップ2002」）。日本では年1回、3月にアジア最大の店舗総合見本市（ジャパンショップ）が開催される。また、什器、器具、マネキンなどの製作会社も独自に展示会・内見会などを開催している（他の見本市・展示会は172ページ参照）。

Adel Rootstein 社

Window 社

New John Nissen 社

メーキャップ実演

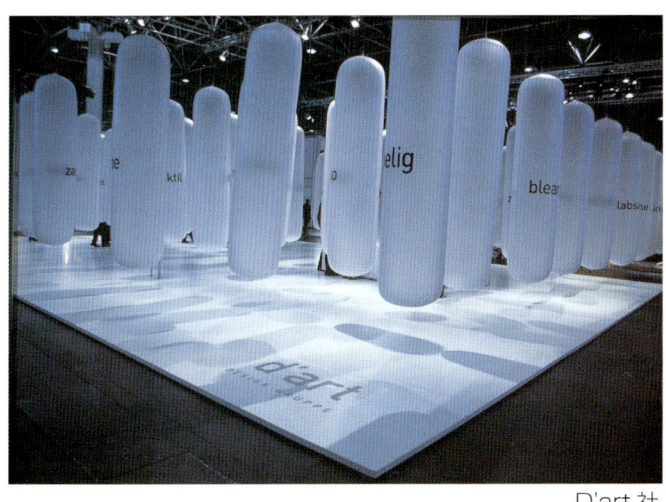

D'art 社

Moch 社

写真提供　インスピレーション　ジャパン　コーポレーション　佐藤昭年

4. 見本市・展示会一覧表（日本・海外）

ディスプレイ、インテリア、テキスタイル、アパレルにおいて、それぞれ関連する見本市や展示会は、重要な情報源である。ここでは、日本・海外の多くの中から主要なものをピックアップし、一覧表にしているが、近年、新たな規模拡大や、海外の展示会への出展、さらに合同展など、動きが活発になってきている。

（2002年現在）

分類	日本 名称	開催時期・会場	海外 名称	開催時期・会場
ディスプレイ・インテリア関連	●JAPAN SHOP（アジア最大の店舗総合見本市）	3月 東京ビッグサイト	●EURO SHOP（世界最大の店舗総合見本市）	3年に1回 ドイツ デュッセルドルフ
	●SIGN & DISPLAY SHOW（広告景観を創造するハードとソフトの情報）	9月 東京ビッグサイト	●GLOBAL SHOP（全米一のトレードショー、VMD、POP、店舗什器）	3月 アメリカ シカゴ
	●Japan POP Festival（POP広告、アワードコンテスト）	10月 池袋サンシャインシティ	●メゾン・エ・オブジェ（インテリア、ギフト、家具展）	1月/9月 フランス パリノール見本市会場
	●東京テーブルウェアトレードショー（食器中心のリビング商品展）	1月 東京ビッグサイト	●アンビアンテ（インテリア小物、雑貨見本市）	2月 ドイツ フランクフルト
	●テーブルウェアフェスティバル（テーブルウェア、食空間提案）	2月 東京ドーム	●ピッティ・インマージネ・カーザ（インテリアグッズ見本市）	3月/9月 イタリア フィレンツェ
	●東京インターナショナルギフトショー（日本最大のパーソナルギフトと生活雑貨の国際見本市）	2月/9月 東京ビッグサイト	●サローネ・インテルナツィオナーレ・デル・モービレ（国際家具見本市）	4月 イタリア フィレンツェ、ミラノ
	●インテリアライフスタイル展（ライフスタイル提案型見本市）	6月 東京ビッグサイト	●ハビタ（家具、インテリア見本市）	10月 イタリア フェラーラ、フィエラ
	●IFFT東京国際家具見本市（家具、インテリア全般）	11月 東京ビッグサイト	●ラ・ミア・カーザ（国際インテリア、家具見本市）	11月 イタリア フィエラ、ミラノ
テキスタイル関連	京都スコープ（服地、服資材、アパレルメーカーの商談）関西中心	5月/11月 国立京都国際会館	●ハイムテキスタイル（国際ホームテキスタイル見本市）	1月 ドイツ フランクフルト
	●JAPANTEX（インテリアファブリックス展）	11月 東京ビッグサイト	●ピッティ・インマージネ・フィラティ（ヤーン・ニット生地見本市）	2月/7月 イタリア フィレンツェ
	●JAPAN CREATION（日本の繊維総合見本市）	12月 東京ビッグサイト	●モーダ・イン（テキスタイル見本市）	2月/9月 イタリア フィエラ、ミラノ
	●東京レザーファッションフェア	12月 東京国際フォーラム	●プルミエール・ヴィジョン（世界最大の国際テキスタイル見本市）	2月/9月 フランス パリノール見本市会場
			●プラート・エキスポ（テキスタイル見本市）	3月/9月 イタリア フォルテッツァ・ダ・バッソ
			●イデア・コモ（婦人服用の中・高級テキスタイル見本市）	3月/10月 イタリア チェルノッビオ
			●インターテキスタイル北京・上海	3月/10月 中国 北京、上海
			●国際ファッションファブリック見本市（IFFE）	4月 アメリカ ニューヨーク ジェイビッツセンター
			●エクスポフィル（ヤーンコレクション）	6月/12月 フランス パリノール見本市会場
アパレル関連	●IFFインターナショナル・ファッション・フェア（アジア最大のファッション製品のトレードフェア）	1月 パシフィコ横浜	●ピッティ・インマージネ・ウォモ（メンズ）	1月 イタリア フォルテッツァ・ダ・バッソ
	●TFW東京ファッションウイーク（関東中心のメーカー、アパレル見本市）	5月/11月 東京ビッグサイト	●ピッティ・インマージネ・ビンボ（子供服）	1月/6月 イタリア フォルテッツァ・ダ・バッソ
	FASHION FORUM OSAKA	10月 大阪サンライズビル	●パリ国際婦人プレタポルテ展	1月/9月 フランス パリ ポルト・ド・ベルサイユ見本市会場
	ISF（インポートシューズ＆バッグ最大の見本市）	10月 池袋サンシャインシティー	●フーズネクスト（スポーツ、カジュアル）	1月/9月 フランス パリ ポルト・ド・ベルサイユ見本市会場
			●MAGIC（メンズアパレル総合見本市）	2月/8月 アメリカ ラスベガス
			●モミ・モーダミラノ（レディスウェア国際見本市）	2月/10月 イタリア フィエラ、ミラノ
			●インターセレクション（トータルアパレルファッション展）	5月/11月 フランス パリノール見本市会場
			●モーダ・プリマ（国際ファッション展）	6月/11月 イタリア フィエラ、ミラノ
			●プレビュー・イン・テグ	3月 韓国 大邱展示場
	※その他アパレルメーカーの展示会が開催されている。		●プレビュー・イン・ソウル	10月 ソウル貿易展示センター

参考文献

『図説ディスプレイ用語事典　みせ・みせもの・つくりもの・かざりもの百科』　松本次郎、小浜昭造、北健一責任編集　グラフィック社　1976年
『VMD用語事典』　日本ビジュアルマーチャンダイジング協会編著　エポック出版　1999年
『ファッションビジネス用語辞典』　ファッションビジネス学会監修　文化学園学校教科書出版部　1996年
『ディスプレイの世界　ディスプレイのデザインとマネジメント』　ディスプレイの世界編集委員会編　六曜社　1997年
『VMDビジュアル・テキスト　陳列・ディスプレイ・VP・VMDの世界』　佐藤昭年著　文化出版局　1995年
『別冊チャネラー　ディスプレイ・イヤーブック'92』　伊藤誠三編　日本ビジュアルマーチャンダイジング協会協力　(株)チャネラー　1991年
『ピンワーク　ディスプレイの基礎』　笹原紀代著　文化出版局　1984年
『フォーマルウェア・ルールブック』　日本フォーマルウェア協会　2000年
『ファッション色彩［Ⅰ］』　財団法人日本ファッション教育振興協会　2006年
『服飾デザイン』　文化服装学院編　文化出版局　2005年
『アパレルの素材と製品』　文化服装学院編　文化出版局　1987年

協力

株式会社 キイヤ
株式会社 野沢園
株式会社 七彩
文化学園ファッションリソースセンター　コスチューム資料室　テキスタイル資料室

9ページ写真　ディレクション、デザイン　(株)ミキモト　渡邊雅稔

監修

文化ファッション大系監修委員会

大沼　淳
高久　恵子
松谷　美恵子
坂場　春美
阿部　稔
德永　郁代
横田　寿子
小林　良子
石井　雅子
川合　直
平沢　洋

執筆

高野　文代
小林　良子
黒米　孝子
天野　豊久

表紙モチーフデザイン

酒井　英実

写真

石橋　重幸
藤本　毅
藤井　勝己
安田　如水

文化ファッション大系 ファッション流通講座⑧
ディスプレイ・VP・VMD
文化服装学院編

2004年4月1日　第1版第1刷発行
2023年2月6日　第5版第3刷発行

発行者　清木孝悦
発行所　学校法人文化学園 文化出版局
〒151-8524
東京都渋谷区代々木3-22-1
TEL03-3299-2474（編集）
TEL03-3299-2540（営業）
印刷所　株式会社文化カラー印刷

©Bunka Fashion College 2007　Printed in Japan

本書の写真、カット及び内容の無断転載を禁じます。

・本書のコピー、スキャン、デジタル化等の無断複製は著作権法上での例外を除き、禁じられています。本書を代行業者等の第三者に依頼してスキャンやデジタル化することは、たとえ個人や家庭内の利用でも著作権法違反になります。
・本書で紹介した作品の全部または一部を商品化、複製頒布することは禁じられています。

文化出版局のホームページ　https://books.bunka.ac.jp/